科学出版社“十四五”普通高等教育本科规划教材

地理信息系统理论与应用丛书

空间数据库管理系统概论

（第二版）

程昌秀　编著

科学出版社

北　京

内 容 简 介

以数据为中心的应用模式是未来地理信息科学发展的重要趋势。掌握空间数据库相关理论和方法，势必成为地理学、测绘学及相关专业学生日后开展各类工作的重要基本技能。

本书以“单机→C/S→B/S→云”的升级为主线，首先系统介绍了结构化关系数据库的相关理论和技术；其后，针对非结构化的地理空间数据，以国际国内相关标准为抓手，系统阐述了从关系数据库向空间数据库的升级和扩展过程，梳理了空间数据相关的核心概念、重要理论与关键知识点，主要包括：空间数据模型、空间结构化查询语言、空间索引、空间查询处理与优化等。

本书旨在服务于地理学、测绘学及相关专业本科生的教学工作，或相关专业技术人才的职业培训工作。

图书在版编目（CIP）数据

空间数据库管理系统概论/程昌秀编著. —2 版. —北京：科学出版社，2023.11

（地理信息系统理论与应用丛书）

科学出版社“十四五”普通高等教育本科规划教材

ISBN 978-7-03-076834-6

Ⅰ. ①空…　Ⅱ. ①程…　Ⅲ. ①空间信息系统-高等学校-教材　Ⅳ. ①P208

中国国家版本图书馆 CIP 数据核字（2023）第 210711 号

责任编辑：朱　丽　董　墨 / 责任校对：郝甜甜
责任印制：吴兆东 / 封面设计：无极书装

科学出版社 出版
北京东黄城根北街 16 号
邮政编码：100717
http://www.sciencep.com
北京富资园科技发展有限公司印刷
科学出版社发行　各地新华书店经销
*
2012 年 11 月第　一　版　开本：787×1092　1/16
2023 年 11 月第　二　版　印张：15 1/4
2025 年 1 月第二十三次印刷　字数：360 000

定价：128.00 元

（如有印装质量问题，我社负责调换）

序　一

随着对地观测技术的发展、谷歌地图（Google Map）的出现以及“智慧地球”战略的提出，地理信息系统（GIS）的研究不断深入、应用更加广泛，地理空间信息已成为整个信息社会的重要战略资源。2004 年 1 月，*Nature* 期刊刊登了题为 *Map Opportunities* 的文章，将地理空间信息技术（geotechnology）和生物技术（biotechnology）、纳米技术（nanotechnology）看成 21 世纪最为重要和最具发展前景的三大新兴技术领域。2006 年 2 月，*Nature* 期刊再次刊登题为 *The Web-Wide World* 的文章，论述谷歌地球（Google Earth）以及 GIS 的未来发展，对相关领域产生了很大影响。微软公司适时推出了以虚拟地球（virtual earth）为代表的数字地球。谷歌和微软两大 IT 界巨头也加入了关于 GIS 研发与应用的竞争，极大地促进了 GIS 技术发展和应用普及。近两年，美国奥巴马政府对 IBM 提出的“智慧地球”概念给予了积极回应，并上升到美国国家战略，这在世界范围内引起轰动。日本、韩国等也分别提出“U-Japan”“U-Korea”战略。

地理空间数据库作为存储、管理、查询地理空间数据的核心技术与平台，是 GIS 的三大基础构成之一。空间数据库技术的发展对 GIS 技术的发展具有重大影响。为此，国家“863”计划地球观测与导航技术领域在“十五”和“十一五”期间，立项支持开展全国产业化地理空间数据库技术的研发和应用示范。作为我国地理空间数据库技术研究重要团队之一，中国科学院资源与环境信息系统国家重点实验室对空间数据库管理系统进行了深入剖析与系统实践，在海量空间数据管理、高效搜索引擎等核心技术方面取得了重要进展。由程昌秀完成的这本专著，综合反映了她在近 10 年来的科研进展和成果。“十年磨一剑”，这是特别值得提倡的。

该书系统阐述了空间数据库的发展、空间数据模型、空间查询语言等核心概念，深入讨论了空间索引、空间查询优化、空间并发控制等系统内部的关键技术问题，并论述了空间数据库发展前沿方向。这是一本集国内外空间数据库理论与方法研究成果之大作，是我国 GIS 科学与技术研究领域的重要之作，可喜可贺!该书不仅可作为我国 GIS 研究生空间数据库教育的公共教材，也可作为空间数据库高级研究和开发人员的技术指南。相信该书的出版对我国 GIS 科学和技术的发展将产生重大的促进作用。

同时，希望作者继续关注该领域的国内外研究动态和最新成果，随时对新理论、新方法进行总结、归纳和提炼，以便在该书后续再版中纳入，不断丰富完善该书的体系和内容。

王家耀

中国工程院院士

2011 年 11 月 5 日于郑州

序　二

1998 年美国原副总统戈尔提出“数字地球”。十年后 IBM 提出“智慧地球”。2018 年中国信通院提出“数字孪生城市”。近年虚实相生的“元宇宙”又正值风口。在这些新技术、新理念、新应用的驱动下，地理信息系统（Geography Information System，GIS）不断转型升级，或将成为未来元宇宙的操作系统。空间数据库作为专门用于存储和管理地理空间数据的基座，是 GIS 的重要组成部分。管理全量数据的空间数据库必将成为打造数字孪生、元宇宙的重要基础。

为发展自主知识产权的空间数据库技术，国家先后布局了系列关键技术研发和应用示范项目。程昌秀教授作为空间数据库领域的核心骨干，对国内外经典空间数据库管理系统进行了深入剖析与系统实践，在海量空间数据管理、高效搜索引擎等核心技术方面取得重要进展。2012 年编著了《空间数据库管理系统概论》。2014 年，作者开始依托该著作反哺教学，并在教学实践中不断完善理论体系、丰富实践案例，形成了《空间数据库管理系统概论（第二版）》和《空间数据库实验教程》两部教材。

《空间数据库管理系统概论（第二版）》系统阐述了“研教用”相融合的完备的课程理论和核心知识点。在共性方面，该书以国际国内标准为抓手，系统凝练了数据模型、9 交模型、拓扑分析、索引等空间数据库领域共性的理论、方法和技术；在个性方面，本书以历史为主线、以产品为案例，通过归纳分类和提炼演绎，系统地梳理了不同技术方法的特点与时代局限性。这种共性与个性相结合的编写方式，方便读者全面、系统、客观地掌握国内外现有空间数据库的系列方法与技术。此外，针对地理时空大数据，该书最后一章还重点介绍了分布式存储、分布式计算、NoSQL 等新兴的方法与技术，旨在开阔学生视野、启发创新思维。

《空间数据库实验教程》由浅入深地设计了系列跨领域、多尺度、具有地理特色的空间数据库实验案例，强化了读者理论联系实践的能力，深化了读者对空间数据库在地学相关领域应用的认知。此外，本教程还以北京市出租车时空轨迹大数据为例，展示了轨迹分析在城市感知中的应用与实践，以及分布式存储与计算技术在轨迹大数据管理中的效用，旨在培养与社会需求相接轨的专业人才。

作者近年在空间数据库教学方面的相关实践和探索受到师生好评，荣获第三届高等学校 GIS 教学成果特等奖、北京高校优质本科课程。相信两部教材的出版将对我国 GIS 相关专业的教学与人才培养产生重大的推动作用。同时，希望作者持续关注该领域国内外最新动态与成果，以便纳入该书后续的版本中。

周成虎

中国科学院院士

2023 年 10 月

前　　言

地理信息系统（GIS）向云计算的数字化转型和升级势必需要经历从以功能为中心到以数据为中心、从数据引擎到空间数据库、从单机环境到云平台的三大转变。可见，空间数据库相关理论和技能的学习对地理学、测绘学及相关专业学生日后开展各类工作有重要意义。

空间数据库是计算机科学与地理学的交叉领域。《空间数据库管理系统概论（第二版）》（以下简称：本教程）是以空间数据库"单机→C/S→B/S→云"的升级为主线，系统讲述了上述升级过程中积淀的核心概念、重要理论与关键知识点，并以国际国内相关标准为抓手，系统介绍了空间数据库系统的共性理论、方法和技术，具体如图 1 所示。

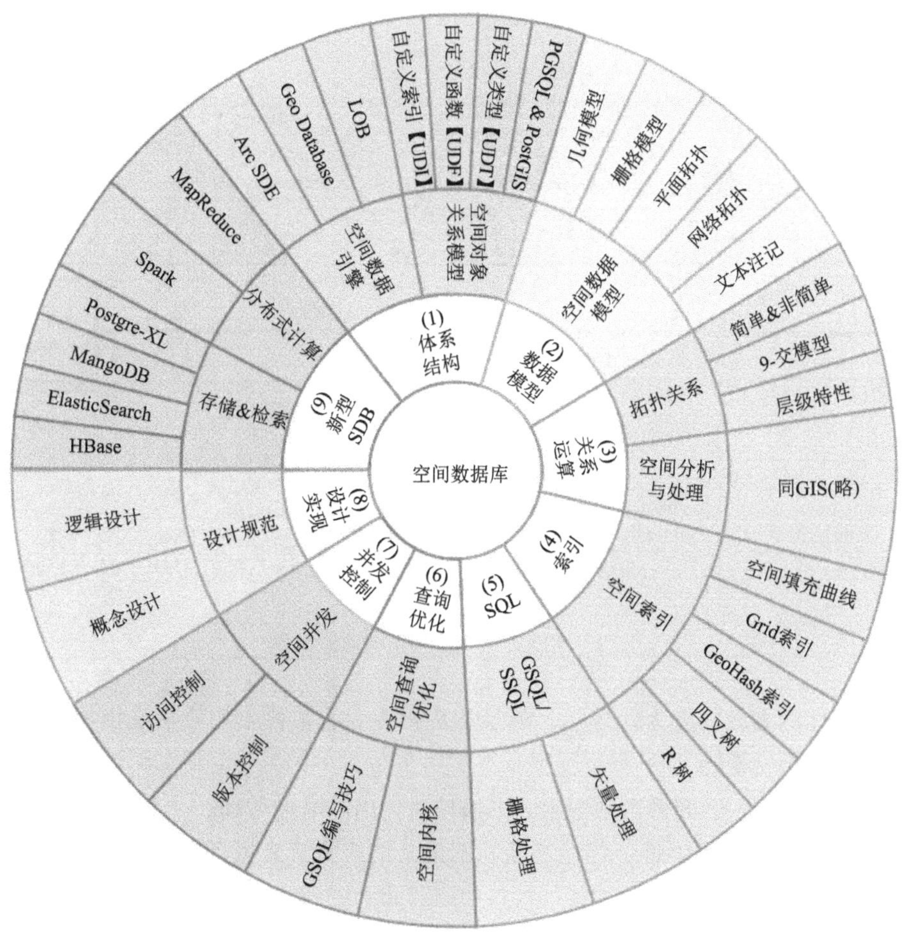

图 1　"共性理论-关键内容-知识要点"的课程内容

图 1 中白色内层区域列出了计算机领域数据管理的共性理论，即归纳了体系结构、数据模型、关系运算、索引、结构化查询语言（Structured query language，SQL）、查询优化、并发控制、设计与实现、新型空间数据库（spatial database，SDB）等九大数据库关键理论；对应本教程第 1 章到第 6 章。图 1 中灰色区域则从内层的九大共性理论出发，结合地理空间数据的管理、处理与分析的特殊性，扩展了非结构化地理空间数据管理的关键基础理论（灰色中间层），并辐射出相关知识点（灰色外层），形成了从理论到方法到技术的一套完备的空间数据库教学内容理论体系和知识点；对应本教程的第 7 章到第 12 章。本书相关电子教学资源请访问 https://cheng.bnu.edu.cn/获取。

为深入理解本教程中相关理论并结合具体案例开展实践，《空间数据库实验教程》是与之配套使用的实验教程。涉及地层孢粉观测数据、蓝湖地区地图数据、黄河流域典型要素数据库、出租车时空轨迹与社区规划等实践案例，如图 2。

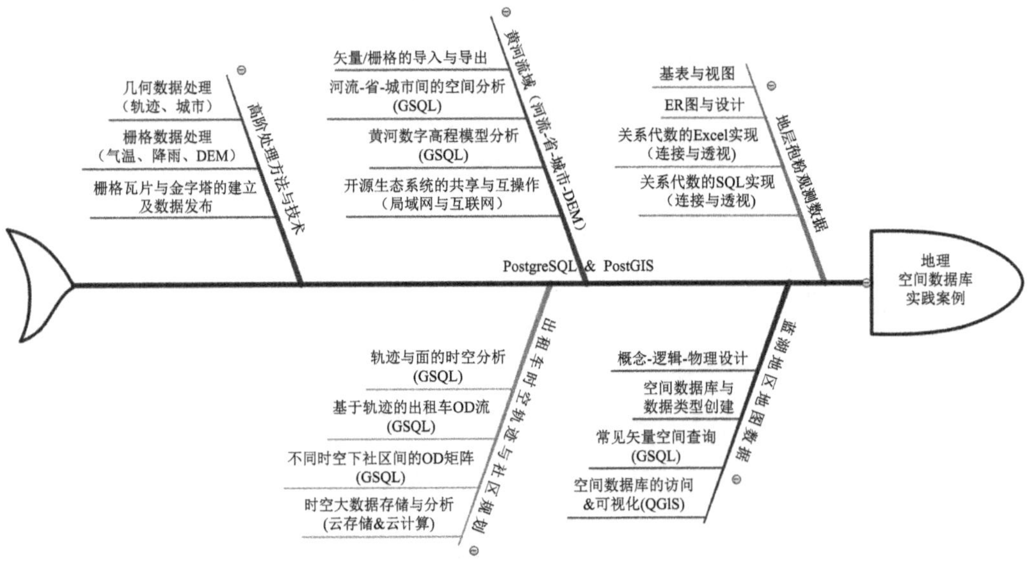

图 2　空间数据库管理系统实践案例

希望上述两本教材能为地理学、测绘学及相关专业本科生的教学或相关专业技术人才的职业培训提供帮助。

感谢耿佳辰硕士、魏赞美硕士生为书稿校对付出的辛勤劳动。

作者能力有限，书中难免存在疏漏与不足，请广大读者批评指正。

作　者

2023 年 5 月

目　　录

第二篇　空间扩展篇

第一篇　通用基础篇

空间数据库管理系统根植于传统数据库之上，因此，在学习空间数据库管理系统之前，先要学习计算机领域数据管理的相关概念、理论和知识点。具体内容如下：

第 1 章介绍了数据库领域的常用术语；以数据库领域的图灵奖为主线，梳理了数据库领域近百年做出的重要理论成就。这些成就也是后续章节介绍的重点。

第 2 章介绍了数据库管理模型的发展史，引出了成熟的关系数据库和对象-关系数据库；介绍了关系数据库的核心理论基础——关系范式和关系代数，其中，关系范式是空间数据库表结构设计的重要基础理论，而关系代数是后续学习结构化查询语言（structured query Language, SQL）的重要基础理论；最后介绍了关系数据库管理系统的七大优势。

第 3 章重点介绍了结构化查询语言的历史、特点，以及相关的语法规则和查询案例，通过本章的学习希望读者掌握 SQL 的撰写。

第 4 章重点介绍了数据库的设计过程与设计步骤，以及关键步骤所需的设计工具和文档范例，使读者掌握数据库设计的相关流程和规范。

第 5 章介绍了常见的索引数据结构及其查询执行过程，便于读者理解数据库内部的机制，为后续实践中数据库的调优工作奠定基础。

第 6 章介绍了关系数据库中并发访问控制机制与安全访问控制机制的基本理论和知识点，以及在并发和安全方面需要注意的问题。

从20世纪60年代至今，数据库技术经历了四代演变，造就了巴赫曼（Bachman）、科德（Codd）、格雷（Gray）和斯通布雷克（Stonebraker）四位图灵奖得主，形成了相对丰富、完善的基础理论体系，带动了一个巨大的软件产业。

第1章 绪　　论

1.1 基本术语

1. 数据库

目前，数据库（database，DB）尚无统一公认的定义。但具体地讲，可以将其理解为：反映某一主题信息的数据集合。这些数据按一定的数据模型组织、描述与存储，具有较小的冗余度、较高的数据独立性和可扩展性，并可供用户共享使用。

2. 数据库管理系统

数据库是数据的集合，而数据库管理系统（database management system，DBMS）则是位于用户与操作系统之间管理数据库的软件系统，用于科学、合理地组织管理数据，实现数据的高效存取和维护；即数据库的所有操作（建立、使用和维护）都是在数据库管理系统的统一管理和控制下进行。常见的数据库管理系统有甲骨文的Oracle、微软的MSQL、开源的PostgreSQL等。

与操作系统一样，数据库管理系统也是个复杂的基础软件系统，主要功能包括：

（1）数据的定义与操作：DBMS 提供数据定义语言（data definition language，DDL）与数据操作语言（data manipulation language，DML）等。DDL可以帮助用户对数据库中的数据进行定义；DML 可以帮助用户对数据库中的数据进行插入、删除和修改等操作。

（2）数据的组织、存储和管理：DBMS 需要对元数据（描述数据的数据）和用户数据等各类数据进行分类、组织、存储和管理，需要确定以何种文件结构和存取方式存储上述数据、并实现数据间的联系，旨在提高磁盘利用和存取效率。

（3）后台事务的管理和运行：DBMS 的统一管理与控制可以保证数据的安全性和完整性，保证多用户并发的正常使用以及发生故障后的系统恢复。

（4）数据库的建立和维护：DBMS 通常会提供一系列用于建库和维护的实用程序和管理工具，主要包括：数据入库、数据备份与恢复、性能监视与分析等。

3. 数据库系统

数据库系统（database system，DBS）是由数据库及其 DBMS 和相关应用软件组成，是为适应数据处理的业务逻辑发展而来的数据管理应用系统。数据库系统一般由四部分组成：①数据库：存储在磁带、磁盘、光盘或其他外存介质上，并按一定结构组织在一起的相关数据的集合。②数据库管理系统（DBMS）：描述、管理、维护数据库的程序系统；它用一种公用、可控制的方法，实现数据的插入、修改和检索。③数据库管理员（database administrator，DBA）：是管理和维护数据库管理系统（DBMS）的相关工作人员的统称，属于运维工程师的一个分支，主要负责业务数据库从设计、测试到部署交付的全生命周期管理；④应用系统：根据业务逻辑，程序员采用开发工具研发的应用程序；⑤最终用户：应用系统的使用者。DBS 中上述各部分的关系可用图 1-1 表示。

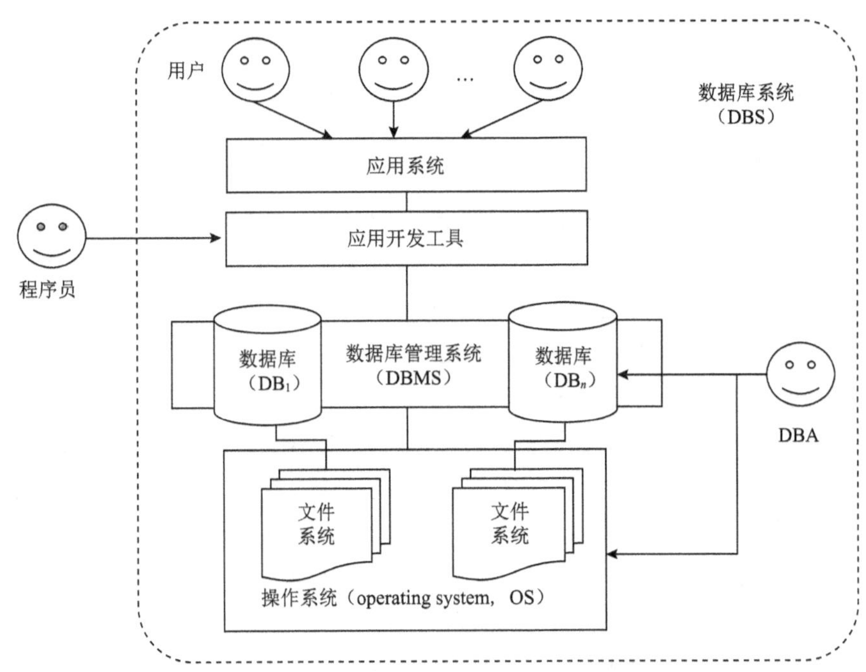

图 1-1　DB、DBMS、DBS 的区别与联系

数据库管理系统、数据库系统有时也会简称为数据库；因此有时需要读者结合上下文理解“数据库”一词的真正含义。本书主要介绍数据库管理系统，后续多数“数据库”其实都对应“数据库管理系统”的概念。

1.2　数据库领域的四个图灵奖

数据库经历了半个多世纪的发展，从概念的提出到早期的数据库，再到流行至今的关系数据库，可谓是发展迅猛。数据库技术的繁荣发展与兴盛不衰，也得益于以数据库领域四位图灵奖获得者为代表的许多优秀科学家。

查理斯·巴赫曼（Charles W.Bachman）（1924～2017）是网状数据库的创始人。1961 年任职于通用电器公司，负责公司生产信息和控制系统的研发。该系统底层（integrated data store，IDS）就是一种较为原始的数据库管理系统，即建立在存储器和虚拟内存之上的用于检索动态和静态数据的系统。IDS 是巴赫曼网状模型数据库的基础，也是第一个基于磁盘的数据库管理系统。1964 年，IDS 推出后成为最受欢迎的数据库产品之一。后来，巴赫曼开始在许多标准化组织任职，积极推动、促成数据库标准的制定，特别是网状数据库模型及其数据的定义和数据操作规范。后来，巴赫曼的设计思想和实现技术被许多数据库产品仿效。巴赫曼被誉为数据库观念的践行者。1973 年，因“数据库技术方面的杰出贡献”被授予图灵奖，并做了题为“作为导航员的程序员（the programmer as navigator）”的演讲。他以哥白尼的《天体运行论》颠覆地心说做类比，指出过去几十年间，人们对信息系统的理解，并不比托勒密学说强多少，“新”时代应当抛弃那种“以计算机为中心”的思维模型，而应该“以数据库为中心”。

埃德加·科德（Edgar F.Codd）（1923～2003）作为密歇根大学计算机科学博士，是 IBM 公司（International Business Machines Corporation）研究员，被誉为“关系数据库之父”。1970 年，科德发表了题为“大型共享数据库的关系模型”的论文，首次提出了数据库的关系模型。论文建议不要将数据保存在层次结构中，而是保存在由行和列组成的表中，且这些数据应独立于硬件存储，并使用一种非过程化的语言访问，即数据库用户和应用程序不需要知道数据结构就可以查询数据。论文发表后，科德又发布了更详细的指导关系数据的理论和方法，逐步发展为存储和操作大量业务数据的一套复杂、完整的理论体系。起初科德的理论并未受到 IBM 重视，后来因关系模型简单明了且具有坚实的数理基础，逐步受到学术界和产业界的高度重视和广泛响应，并很快成为数据库市场的主流技术基础。1981 年，因“在数据库管理系统理论和实践方面的杰出贡献”被授予图灵奖；鉴于科德对关系型数据库奠基性的贡献，也被誉为“关系数据库之父”。1980 年以来，基于关系模型发展出的关系型数据库（例如，Oracle、MSSQL、PostgreSQL 等）基本占据了数据库市场的主导地位。当今，许多单位、企业的数据库都构建在关系模型基础上，例如，银行依赖关系数据库追踪资金流动，零售商使用关系数据库监控库存水平，人力资源部使用它来管理员工账户，图书馆、医院和政府机构在其中存储百万条记录。事实上，世界上几乎所有单位都在使用关系数据库管理自己的业务数据。

詹姆斯·格雷（Jim N. Gray）（1944～2012）于 1969 年获得加州伯克利分校首个计算机科学博士学位后，在 IBM 研究院参与了科德等在关系型数据库、结构化查询语言（SQL）等方面的开拓性研发。格雷进入数据库领域时，关系数据库的基本理论已经成熟，但各公司在关系数据库管理系统（relational DBMS，RDBMS）的研发中都遇到了一系列技术问题，特别是在数据库规模越来越大、结构越来越复杂、用户越来越多的情况下，如何保障数据的完整性（integrity）、安全性（security）、并发性（concurrency），以及一旦出现故障后，数据库如何从故障中恢复（recovery）。这些问题严重制约了关系数据库管理系统的大规模推广与应用。格雷转向数据库底层，思考大规模数据库面临的并发和故障恢复等基本问题，厘清了事务的基本概念以及著名的 ACID 特性，并给出许多具体实现机制。事务处理广泛应用于数据库和操作系统领域，并在多用户并发、数据共享与一致性维护等方面起着重要作用。今天所有商务和金融系统的可靠运行都离不开格雷的成就。1998 年，作为"事务处理"的发明人，格雷被授予图灵奖，成为数据库领域第三位图灵奖得主。此后，他还创立了微软研究院，致力于用计算机的海量数据处理技术解决各学科领域的问题。根据他的一次学术演讲，2009 年微软出版了 *The Fouth Paradigm:Data-Intensive Scientific Discovery*（《第四范式：数据密集型的科学发现》）。格雷被业界称为"天才科学家"，是大数据浪潮当之无愧的先驱。

迈克尔·斯通布雷克（Michael Stonebraker）（1943～）于 1966 年在普林斯顿大学获得学士学位，分别于 1967 年、1971 年在密歇根大学获得硕士、博士学位。在科德关系数据库论文的启发下，他组织伯克利师生研发了最早的关系数据库之一 Ingres。在 Ingres 的基础上发展出 Informix、Sybase 和 SQL Server 三大主流商用数据库。Ingres 在查询语言设计、查询处理、存取方法、并发控制和查询重写等方面都有重大贡献。1990 年，他又开启了 Postgres 项目，目的是在关系数据库之上增加对更复杂的数据类型的支持，例如对象数据、地理数据、时间序列数据等，该项目后来演变为知名的开源数据库管理系统 PostgreSQL。此后，多家公司的产品都是在 PostgreSQL 的基础上研发而来，其中包括他自己创办的 Ilustra（后被 Informix 收购）等。上述主流数据库管理系统之间的关系大致如图 1-2 虚线框内所示。

之后，斯通布雷克启动的联邦数据库 Mariposa 与稍早的 XPRS、Distributed Ingres 两个项目合作，开启了分布式数据库的先河。Shared Nothing 架构这一重要概念，也是那个时期提出来的；这已经成为当今大型数据系统的基石之一。2001 年，他到麻省理工学院（MIT）后，与多所大学合作积极研发了系列新型的数据库系统。2002 年研发了流数据库 Aurora，以此创办 StreamBase 公司，产品用于许多金融机构的 CEP 系统；公司后被 TIBCO 收购。2005 年，研发并行的列式数据仓库系统 C-Store，创办 Vertica 公司，后被 HP 以 3.4 亿美元收购。2006 年，依托数据集成项目 Morpheus 创办本地搜索公司 Goby。2007 年，依托分布式内存的 OLTP（OnLine Transaction Processing）系统 H-Store 创办 VoltDB 公司，获得 1360 万美元投资。2008 年，依托数据库 SciDB 创办 Paradigm4 公司。2013 年，与卡塔尔年轻人共同创办企业数据集成公司 Tamr，次年获得 Google 公司等 1600 万美元投资。

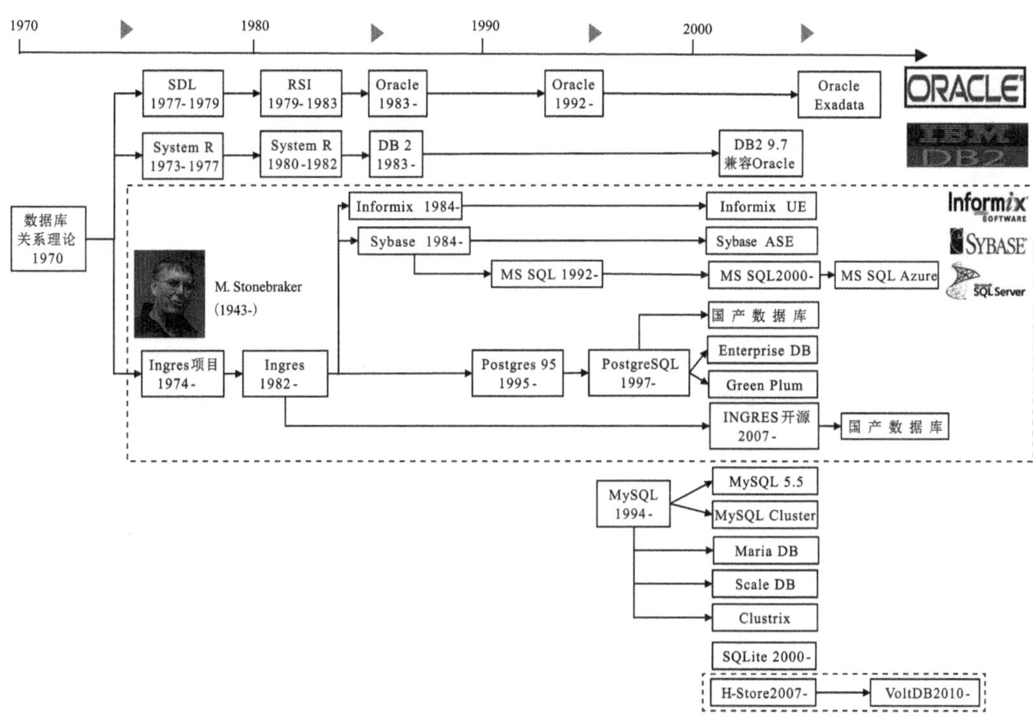

图 1-2 斯通布雷克培育的经典数据库产品

除系列数据库相关产品外，斯通布雷克在加州大学伯克利分校计算机科学系任教长达 29 年，在此期间还培养了丹尼尔·阿巴迪（Daniel Abadi）（Hadapt 联合创始人）、迈克尔·凯利（Michael J. Carey）（加利福尼亚大学尔湾分校教授，美国工程院院士，ACM Fellow[①]）、罗伯特·爱泼斯坦（Robert Epstein）（Sybase 创始人）等行业核心人物，如图 1-3。再加上与其有过合作的学生，比如 TokuDB 的约翰·帕特里奇

图 1-3 斯通布雷克培养的人才

① ACM Fellow 是由美国计算机协会（Association for Computing Machinery, ACM）授予资深会员的荣誉，授予对于计算机相关领域有杰出贡献的学者。

（John Partridge），整个美国数据库相关的核心公司和人物，无论是 SQL、数据仓库、NoSQL、大数据还是 NewSQL，都与他有着千丝万缕的联系。2015 年，因“在数据库系统方面的创新成就”成为数据库领域第四位图灵奖得主。他的可贵之处在于理论与实践两手都硬，他不局限于学术界，也经常在技术社区分享自己的真知灼见，被誉为“冲浪在数据潮头的实干家”。

【练习题】

1. 数据库、数据库管理系统、数据库系统三者的概念，它们之间有何区别与联系。
2. 简述数据库领域四位图灵获奖者的核心贡献。

20 世纪 70 年代关系模型问世；80 年代关系数据库已成为整个社会各类信息的重要基础设施。时至今日，尽管经历了半个世纪的发展，关系数据库依然是业界主流。主要原因在于：关系数据库作为成熟的数据库技术理念，其精髓的关系范式与关系代数，严谨的一致性、原子性、完整性、安全性等控制机制，是其他数据库管理系统难以取代的。

第 2 章　数据库管理系统相关理论

2.1　数据库管理模型的发展史

从 20 世纪 60 年代至今，数据库管理模型大体经历了层次模型、网络模型、关系模型、对象模型、对象-关系模型五个阶段的演替。数据库技术的形成、发展和日趋成熟，使计算机数据处理技术跃上了一个新台阶，极大地推动了计算机的普及与应用。

2.1.1　层 次 模 型

层次模型是数据库系统中最早使用的模型，出现在 20 世纪 60 年代。典型的产品代表是 IBM 的 IMS。其数据结构类似一棵倒置的树，每个节点表示一个记录，记录之间的联系是一对多的关系。以图 2-1（a）的空间场景为例，其层次模型如图 2-1（b）；最顶层节点是实体 E，该实体由 I、II 两个多边形组成，其中多边形 I 由 a、b、e 三条边组成，边 a 由节点 V_1、V_2 组成。

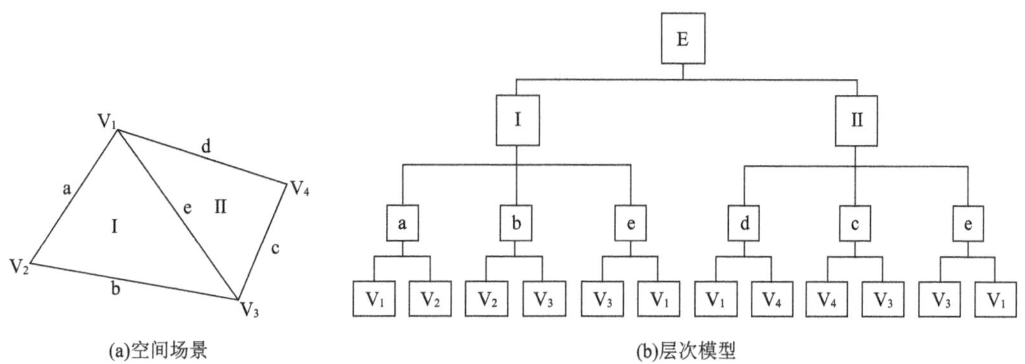

图 2-1　空间场景及其层次模型示意

层次模型具有结构简单、易于实现、在某些特定应用中效率高等优点。但当涉及节点与连接关系的修改时，效率相对低下；此外，对于非层次性的应用情景，例如现实世界中多对多的联系，层次模型难以表达。

2.1.2　网 状 模 型

网状模型于 1964 年由巴赫曼提出，是层次模型的一种改进。基于网状模型的典型数据库管理系统有巴赫曼的 IDS、HP 的 IMAGE 等。它们采用网状结构表示实体及实体间的联系。网状模型中每个节点代表一个记录，该记录可包含若干字段，节点间的链接用指针表示。网状模型去掉了层次模型中父子节点一对多的限制，可以实现现实世界中多对多联系的表达。以图 2-1（a）的空间场景为例，其层次模型如图 2-2。由于网状模型支持记录间多对多的联系，故网状模型中的节点 V_i（i 从 1 到 4）不会重复存储。

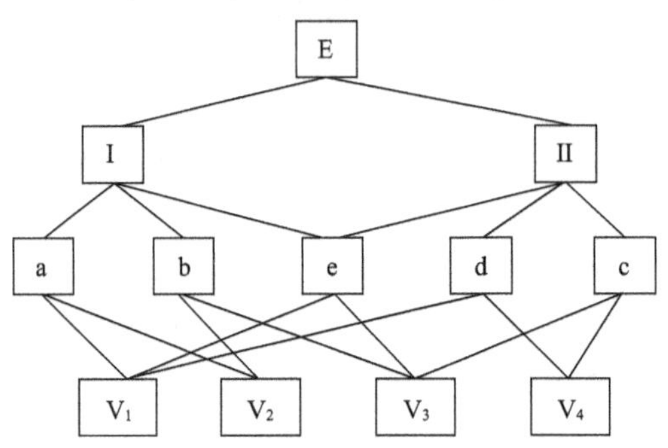

图 2-2　空间场景的网状模型示意

网状模型的优点是可以反映现实世界中的多对多关系，数据具有一定的独立性和共享性；与层次模型相比，网状模型提供了更大的灵活性，能更好地描述现实世界，检索性能和效率较好。网状模型的缺点是结构复杂、用户使用难度较大、记录联系变动后涉及链接指针的调整，故其扩充和维护都比较复杂。

2.1.3　关 系 模 型

1970 年科德以集合论的关系概念为基础提出关系代数后，关系模型迅速发展并成熟起来。采用关系模型作为逻辑组织的数据库被称为关系型数据库，简称关系数据库。斯通布雷克研发的 Ingres 以及以 Ingres 为基础迅速发展出来的 Oracle、MSSQL、Informix、Sybase、PostgreSQL 等都是典型的关系数据库。目前，关系数据库基本占据了市场的主导地位。

关系模型用二维表的形式表示实体和实体间联系；故关系数据库则由若干表组成。当然，关系模型对二维表有一定要求，对二维表的操作也有特殊定义，相关内容后续章节再详细介绍。以图 2-1（a）的空间场景为例，其关系模型可用图 2-3 中的 3 个表描述。

关系模型没有层次模型或网状模型中记录级的链接指针；关系模型中记录间的联系通过表中的同名属性实现，例如图 2-3（a）和（b）中的同名属性“边 ID”建立了多边形表与边表之间的连接关系；此外，关系模型可以表达一对一、一对多和多对多的联系；表中的数据独立性强，数据的加入和删除操作也相对方便。

多边形 ID	顺序号	边 ID	边长
I	1	a	30
I	2	e	40
I	3	b	30
II	1	e	40
II	2	c	25
II	3	d	28

（a）

边 ID	起节点 ID	终节点 ID
a	V_2	V_1
b	V_3	V_2
c	V_3	V_4
d	V_4	V_1
e	V_1	V_3

（b）

节点 ID	X	Y
V_1	19.8	34.2
V_2	38.6	25.0
V_3	26.7	8.2
V_4	9.5	15.7

（c）

图 2-3　空间场景的关系模型示意

关系模型也有不足：首先，关系模型主要适用于结构化数据，难以处理非结构化数据。所谓结构化数据也称作行数据，可用二维表结构进行逻辑表达和实现，且严格遵循常规数据类型与长度规范的数据。非结构化数据通常指不定长或无固定格式，不适于用数据库的二维表来表现的数据，包括所有格式的图形、图像、视频、各类办公文档、邮件、各类报表等。其次，关系模型的数据有冗余，易造成数据不一致，在使用中应注意维护冗余数据间的一致性，例如，当 V_1 改名为 V_7 后，图 2-3（b）和（c）表中相应记录都得进行变更。最后，关系模型不能表达面向对象技术中的继承、嵌套、递归等关系。

2.1.4　对 象 模 型

面向对象（object-oriented，OO）是一种认识世界的思维方法；它以“对象”为最基本的元素，尽可能按照人类认识世界的方法和思维方式来分析和解决问题。例如，上节提到的继承、嵌套、递归等关系，都是面向对象技术的常见概念。采用面向对象概念和控制机制组织的数据库被称为对象型数据库管理系统，简称：对象数据库管理系统（ODBMS）。1990 年以来，面向对象已成为软件开发的主流技术。随着面向对象技术在软件开发领域的盛行，面向对象的思想也逐步侵蚀到数据库领域。

在面向对象技术中，对象是指具体的某一个事物，即在现实生活中能够看得见摸得着的事物；对象是属性和方法的结合体，它不仅能够进行操作，还能及时记录操作的结果。类是具有相同属性和方法的对象的抽象。因此，类是对象的抽象化，对象是类的实例化。聚合是类间常见的一种关系，用于表示整体与部分的关系，表现形式是成员变量。以图 2-1（a）的空间场景为例，图 2-4 左侧给出了其对象模型的表达；其中，Polygon、Edge 和 Point 是 3 个抽象的类，首先 Point 类包含空间坐标 x、y 两属性，当然也可能包括一些方法；Edge 类是由 Point 类聚合而成，即 Edge 某一属性是 Point 对象或对象指针的集合，记为{Point}；Polygon 类是由 Edge 聚合而成，其实现技术同上。图 2-4 中右侧给出了类实例化后的对象图及对象间的聚合联系。

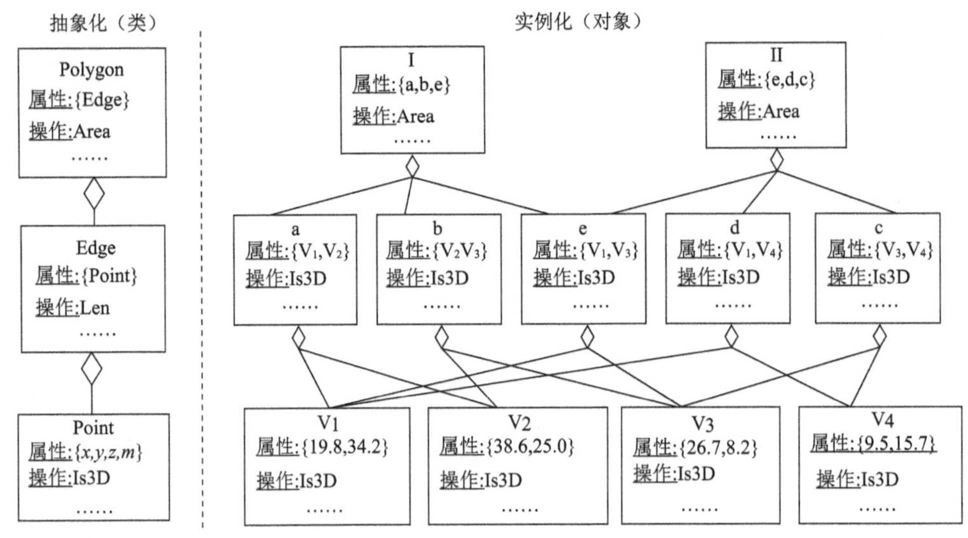

图 2-4　空间场景的对象模型示意

对象模型语义丰富、关系明了。由于对象间的继承、嵌套等关系，使模型数据间的一致性易于保持。对象模型不仅能表达现实世界中常见的一对一、一对多、多对多的联系，还能表达继承、聚合、组合、依赖等面向对象技术中的相关概念和机制。当然，对象数据库在面临数据间连接关系的修改时，也存在扩充、维护相对复杂的问题；同时，在面向对象数据库中，实现事务管理、并发控制、恢复、查询、版本管理、完整性、安全性等功能，都是比较困难的。可惜理想丰满、现实骨感，至今尚无成熟的对象型数据库管理系统可用。

2.1.5　对象-关系模型

鉴于关系数据库在数据组织、访问、持久性、事务管理、并发控制、恢复、查询、版本管理、完整性、安全性等方面已有成熟的技术可用（详见 2.3 节），仅在非结构化数据、面向对象等方面尚有不足，业界提出了合二为一的方案，即对象-关系模型，即在关系模型技术上增加面向对象的概念和技术，实现非结构化数据的管理、提供一些面向对象的技术支持，此类数据库被称为对象-关系型数据库，简称对象-关系数据库（ORDBMS）。

1999 年，国际标准组织 ISO/IEC JTC1 SC32 提出了数据库的新标准 SQL99，为对象-关系数据库的蓬勃发展奠定基础。2000 年后，Oracle、DB2、MSSQL、MySQL、PosgreSQL 等关系数据库管理系统都扩展了面向对象的相关概念和技术，实现了非结构化数据的管理，成为对象-关系数据库的典范。后续，为加强图形、图像、视频、文本等各类非结构化数据的管理，SQL/MM 系列标准也陆续出台。

SQL99 支持大对象类型（large object，LOB），即可变长的大对象数据，为非结构化数据的存取奠定了基础。此时，我们可以把 GIS 空间坐标序列当作一个大的二进制对象数据类型放入数据库，此时数据库仅为存取数据的容器，有关空间数据的解译和操作还是由空间数据引擎（中间件）完成，即后续 7.2.3 节介绍的第三代空间应用体系结构。此外，SQL99 以 LOB 为基础，基于面向对象技术，在数据库内实现了用户自定义数据类型（UDT）、用户自定义函数（UDF）、用户自定义索引（UDI）等，形成了真正的对象-关系数据库系统，即后续 7.2.4 节介绍的第四代空间应用体系结构。基于系列用户自定技术，Oracle、DB2、MSSQL、MySQL、PosgresSQL 等经典的关系数据库都分别扩展了 Oracle Spatial、Spatial Extender、Spatial 2008、Spatial、PostGIS 等空间模块。

以图 2-1（a）的空间场景为例，在对象-关系数据库中，其数据表如表 2-1；其中，名称、面积等结构化数据依然采用关系模型表达，几何形状则采用系统扩展定义的 Geometry 数据类型表达。当然，数据库管理系统中也有与 Geometry 配套的函数和索引，Polygon 是 Geometry 的子类，继承了 Geometry 的所有属性、函数和索引。Polygon（19.8 34.2, 38.6 25.0, 26.7 8.2, 19.8 34.2）表示的是一个起点为（19.8 34.2）、中间点为（38.6 25.0）和（26.7 8.2）、终点为（19.8 34.2）围成的多边形。

表 2-1　空间场景的对象关系表达

ID	名称	面积	形状（Geometry）
1	I	212.66	Polygon（19.8 34.2, 38.6 25.0, 26.7 8.2, 19.8 34.2）
2	II	197.73	Polygon（19.8 34.2, 26.7 8.2, 9.5 15.7, 19.8 34.2）

对象-关系数据库具有如下优点：①实现了非结构化数据的管理；②保持了对象之间的独立性，因此数据修改操作涉及的表或行相对较少；③除空间扩展外，对象-关系数据库还可以根据应用行业的需求，扩展出丰富的数据类型、函数和索引。当然，对象-关系数据库也有不足：①它仅实现了对象模型的部分理念和功能，很多复杂的关系和功能尚难实现；②数据的一致性也需要程序员额外定义和维护，例如，I 多边形的 V_1 点移动时，可能 II 多边形中相应的点也要发生同样的移动。

2.2　关系范式和关系代数

由上可知，关系模型目前在数据库管理系统中起着举足轻重的作用。下面重点介绍模型的基本概念、关系范式和关系代数。

2.2.1　关系模型及基本术语

关系模型根据数学概念建立，它是将数据的逻辑结构归结为满足一定条件的二维表，数学上称为“关系（relation）”。

为了方便学习，下面以表 2-2 为例，重点介绍关系模型的几个术语：

- 关系（relation）：满足一定条件的二维表，是同类实体的各种属性的集合。

- 元组（tuple）：二维表中的行。
- 属性（attribute）：二维表中的列；属性的个数称为关系的元或度；列的值称为属性值。
- 分量（component）：每一行对应的列的属性值，即元组中的一个属性值。
- （值）域（domain）：属性值的取值范围。
- 关系模式（relation schema）：二维表表头的描述，包括关系名、属性名等。例如，表 2-2 的关系模型可表示为：学生（学号，姓名，性别，年龄，专业代码，专业名称，班级名，图书证号）。
- 码或键（key）：关系中能唯一确定（标识）元组的属性集；码的真子集也是码。例如，表 2-2 中可以唯一确定一个元组的属性集有{学号}、{图书证号}等，当然在{学号}或{图书证号}后加入任何属性后也是码。以{学号}为例，{学号，姓名}、{学号，性别}、{学号，姓名，性别}等组合都是码，上述属性组成的码中的真子集{学号}依然是码。
- 超码或超键（super key）：若在码中移去某属性后，它仍然是这个关系的码，这样的码称为超码或超键。例如，表 2-2{学号，姓名}移去姓名后，{学号}仍是这个关系的码。
- 候选码或候选键（candidate key）：若在码中移去任一属性后，它都不能成为这个关系的码，这样的码称为候选码或候选键。可见，候选码是属性不可再移除的码。例如，表 2-2 中仅{学号}、{图书证号}是候选码。
- 主码或主键（prime key）：在众多候选码中，选择一个作为主码。例如，可以选择表 2-2 中的{学号}或{图书证号}作为主码。一个关系只能有一个主码。
- 主属性和非主属性：候选码对应的属性为主属性，其他属性为非主属性。
- 全码或全键：一个关系模式中的所有属性的集合。
- 外码或外键：外码不是其所在关系的主码，但它却是另一个关系的主码；主要用于建立表间同名属性的参照关系。
- 参照关系与被参照关系：是指以外码相互联系的两个关系，它们之间可以相互转化。

表 2-2　学生表示例

学号	姓名	性别	年龄	专业代码	专业名称	班级名	图书证号
200208101	高云	男	19	M_001	土地资源管理	02 资源	Lib_001
200208102	宁子聪	男	18	M_001	土地资源管理	02 资源	Lib_002
200200101	任丽超	女	20	G_003	地理信息科学	02 地理	Lib_003
…	…	…	…	…	…	…	…

由于有些术语较难理解和记忆，通常也用表中通俗的概念描述。表 2-3 建立关系术语与表格概念之间的关系，方便后续理解。

表 2-3　关系术语与表格概念的对应

关系术语	表格概念
关系名	表名
关系模式	表头（表的格式）
关系	（一张）二维表
元组	记录或行
属性	字段或列
属性名	列名
属性值	列值
分量	一条记录中的一个列值
非规范的关系	表中有表（大表嵌小表）

2.2.2　关系的基本要求

严格来说，不是任何一张二维表都是关系。作为关系至少应满足如下两个条件。条件 1：列是同质的。即每一列中的分量来自同一域，即数据类型相同。图 2-5（a）给出了列同质和列不同质的两个案例。条件 2：属性不同名。即不同的列可来自同一域，但每列必须有不同的属性名。图 2-5（b）给出了属性不同名和同名的两个案例。

学号	姓名	性别	年龄
200208101	高云	男	19
200208102	宁子聪	男	18
200200101	任丽超	女	20
……	……	……	……

（√）

学号	姓名	性别	年龄
200208101	高云	男	19
200208102	宁子聪	男	18
200200101	20	女	任丽超
……	……	……	……

（×）

（a）列同质

学号	姓名	曾用名	性别	年龄
200208101	高云	高六	男	19
200208102	宁子聪	宁四	男	18
200200101	任丽超	任五	女	20
……	……		……	……

（√）

学号	姓名	姓名	性别	年龄
200208101	高云	高六	男	19
200208102	宁子聪	宁四	男	18
200200101	任丽超	任五	女	20
……	……		……	……

（×）

（b）属性不同名

图 2-5　关系的两个基本条件

2.2.3　关 系 范 式

为减少关系中的数据冗余、提高运算效率，1971 年科德首先提出了规范化的问题，并给出了范式（normal form）的概念。所谓范式就是规范化的关系模式。通俗地讲：关系规范化就是确保数据正确分布到数据库的表中。正确的数据结构可以极大简化应用程序查询、窗体、报表、代码等工作。关系范式是数据库设计中的重要理论基础。

关系模型给出了五个范式的规范化过程，从第一到第五范式是一个从松到严的过程，即符合第 n 个范式，就一定符合第 n–1 个范式。通常来说，数据库中的关系最好满足前三个范式。下面结合实例，介绍从第一到第三范式的规范化过程。

1. 第一范式（1NF）

符合第一范式的关系应具有如下性质：①不允许存在重复元组，即关系一定存在着主码，用于唯一标识某条记录。②元组无序，即元组之间不存在先后顺序，元组在表中的物理位置是随机的，但这并不排除可以按用户的指令对元组进行各种排序。③属性无序，即整个表格中，各属性间不存在固定的前后顺序。元组无序与属性无序两个特征意味着用户可以对表格进行任意插入或删除，不必考虑其物理存储。④每个元组的各属性值是原子的，即二维表格的所有行与列的格子中间都是单一数值，不允许存放两个或更多的数值。以图 2-6 为例，其中第 1、第 2 张表的工资列都是非原子的，不符合第一范式；而第 3 张表的各列都是原子的，符合第一范式。由此可见，表 2-1 中不定长的非结构化的空间数据（geometry）难以满足该项约束。

姓名	性别	职称	工资（元）
张芳	女	教授	2000（基本）；800（职务）
王刚	男	讲师	1600（基本）；500（职务）
余梅	女	助教	1200（基本）；300（职务）

（×）

姓名	性别	职称	工资（元）	
			基本	职务
张芳	女	教授	2000	800
王刚	男	讲师	1600	500
余梅	女	助教	1200	300

（×）

姓名	性别	职称	基本工资（元）	职务工资（元）
张芳	女	教授	2000	800
王刚	男	讲师	1600	500
余梅	女	助教	1200	300

（√）

图 2-6　属性是否为原子的示例

第一范式是开展关系运算最基本的要求；但满足第一范式的关系在后续数据运算中仍可能存在一些问题，因此需要继续规范化，直至满足第二、第三范式。例如，以{学号，课程号}为主码的图 2-7 为例，虽然它已符合第一范式，但其依然存在许多数据管理上的问题。

（1）数据冗余：例如，{200208101，高云，男，19，M_001，土地资源管理，02 资源，Lib_001}的信息在表中重复出现了三遍。当“高云”转专业时，则需修改三条记录中的专业代码和专业名称。

学号（PK）	姓名	性别	年龄	专业代码	专业名称	班级名	图书证号	课程号（PK）	课程名称	先修课程号	学分	成绩
200208101	高云	男	19	M_001	土地资源管理	02 资源	Lib_001	901	GIS 原理		3	92
200208101	高云	男	19	M_001	土地资源管理	02 资源	Lib_001	802	土地资源规划	901	2	86
200208101	高云	男	19	M_001	土地资源管理	02 资源	Lib_001	803	空间分析	901	3	89
200208102	宁子聪	男	18	M_001	土地资源管理	02 资源	Lib_002	901	GIS 原理		3	81
200208102	宁子聪	男	18	M_001	土地资源管理	02 资源	Lib_002	802	土地资源规划	901	3	97
200200101	任丽超	女	20	G_003	地理信息科学	02 地理	Lib_003	901	GIS 原理		3	79
200200101	任丽超	女	20	G_003	地理信息科学	02 地理	Lib_003	803	空间分析	901	3	78
……	……	……		……	……	……	……	……	……	……	……	……

图 2-7　符合第一范式的关系

（2）第一类异常：由于{学号，课程号}为表的主码，两者缺一不可。在插入数据时，可能出现如下异常：①在学生没有选课的情况下，学生的信息无法提前录入；②课程在没被选的情况下，课程的信息也无法提前录入。在删除时，可能出现如下异常：①若选某课程的所有学生被删除了，则此课程的相关信息也丢失了；②若某学生选的课程都被删除了，则此学生的相关信息也丢失了。

（3）第二类异常：当插入数据时，可能出现如下异常：①在没有学号、课程号的情况下，专业代码和专业名称等非主属性无法提前录入；②若某专业所有学生被删除了，则此专业相关的信息也就丢失了；同样某专业的所有信息被删除后，则该专业下的学生信息也就丢失了。

为了避免上述问题，需要继续进行第二、三范式的规范化。

2. 第二范式（2NF）

在满足第一范式的条件下，若关系的非主属性完全依赖于其候选键，则其满足第二范式。对于关系 R（U），若主键 $X \to Y$，且对于 X 的任何真子集 X'，都有 $X' \to Y$，则称 Y 完全依赖于 X；否则 Y 部分依赖于 X。

以图 2-7 为例，X 为{学号，课程号}的联合主键，Y 为非主属性，即姓名、性别、专业代码、专业名称、班级名、课程号、课程名称、先修课程号、学分、成绩。目前，根据 X\{学号，课程号\}可以推出任何非主属性 Y，但是用 X 的真子集 X'也可以推出 Y，例如，根据{学号}可以推出{姓名，性别，年龄，专业代码，专业名称，班级名，图书证号}，根据{课程号}可以推出{课程名称，先修课程号，学分}，如图 2-7 上面的虚线的链接关系；故该关系存在部分函数依赖。

为了消除部分函数依赖，需要把存在部分函数依赖的属性进行拆分，拆分为相对独立的关系。由于{姓名，性别，年龄，专业代码，专业名称，班级名，图书证号}仅依赖于{学号}，而{课程名称，先修课程号，学分}仅依赖于{课程号}、只有{成绩}完全依赖于{学号+课程号}，因此可将其分解为三个表，去除重复行后得到图 2-8 中第二范式的三个表。

学号	姓名	性别	年龄	专业代码	专业名称	班级名	图书证号
200208101	高云	男	19	M_001	土地资源管理	02 资源	Lib_001
200208102	宁子聪	男	18	M_001	土地资源管理	02 资源	Lib_002
200200101	任丽超	女	20	G_003	地理信息科学	02 地理	Lib_003
……	……	……	……	……	……	……	……

（a）学生表

课程号	课程名称	先修课程号	学分
901	GIS 原理		3
802	土地资源规划	901	2
803	空间分析	901	3
……	……	……	……

（b）课程表

学号	课程号	成绩
200208101	901	92
200208101	802	86
200208101	803	89
200208102	901	81
200208102	802	97
200200101	901	79
200200101	803	78
……	……	……

（c）选课表

图 2-8　符合第二范式的关系

可见，第二范式通过减少非主属性对联合主键的依赖，保证了实体间的相对独立性。此外，第二范式还给出了实体间多对多的经典表达模式，以学生、课程两实体间选课的多对多关系（一名学生可选多门课、一门课程接收多名学生）为例，学生实体及其属性、课程实体及其属性分别用两个独立的关系表示，如图 2-8（a）和（b）；而学生与课程之间的多对多关系则通过图 2-8（c）表示，即第 1 列为学号，第 2 列为课程号，表中的元组记录了学生与课程之间的多对多关系，基于学生与课程发生关系后衍生出的属性{成绩}，则可作为图 2-8（c）的非主属性，完全依赖于学号与课程号的联合主键。

完成第二范式的规范化后，虽然解决了上节中提到的第一类异常问题；但第二类异常问题仍然没解决。第二类异常属于第三范式的范畴。

3. 第三范式（3NF）

在关系满足第二范式的条件下，若其任何非主属性都不传递依赖于候选键，则这个关系满足第三范式。第三范式消除了传递函数依赖。所谓传递函数依赖是指，对于关系 $R(U)$，若候选键 $X \to Y$，$(Y! \subseteq X)$，$Y! \to X$，$Y \to Z$，则称 Z 对 X 传递函数依赖，记为：$X \xrightarrow{传递} Z$。以图 2-8（a）为例，其中学号（X）可以推出专业代码（Y），但是通过专业代码（Y）推不出学号（X），但可以推出专业名称（Z），此时专业名称（Z）对学号（X）传递函数依赖。为了消除传递函数依赖，需要把 Y 以及 Y 能推出的 Z 单独拎出来作为一个相对独立的关系。图 2-8 中（a）拆分并去重后如图 2-9（a1）和（a2）。

学号	姓名	性别	年龄	专业代码	班级名	图书证号
200208101	高云	男	19	M_001	02 资源	Lib_001
200208102	宁子聪	男	18	M_001	02 资源	Lib_002
200200101	任丽超	女	20	G_003	02 地理	Lib_003
……	……	……	……	……	……	……

（a1）学生表

专业代码	专业名称
M_001	土地资源管理
G_003	地理信息科学
……	……

（a2）专业表

课程号	课程名称	先修课程号	学分
901	GIS 原理		3
802	土地资源规划	901	2
803	空间分析	901	3
……	……	……	……

（b）课程表

学号	课程号	成绩
200208101	901	92
200208101	802	86
200208101	803	89
200208102	901	81
200208102	802	97
200200101	901	79
200200101	803	78
……	……	……

（c）选课表

图 2-9　符合第三范式的关系

可见，第三范式通过减少非主属性对候选键的传递依赖，保证了实体间的相对独立性。此外，第三范式还给出了实体间一对多的经典表达模式。以专业与学生间一对多关系（一个专业可以有多名学生、一名学生仅属于一个专业）为例，专业和学生可分别用两个独立的关系表示[例如图 2-9（a1）和（a2）]，专业与学生间的一对多关系，可在学生表中设置“专业代码”为外键，参照“专业表”中的主键，以实现专业与学生间的一对多关系。

2.2.4　关 系 代 数

关系模型实体及实体间的联系都采用了单一的数据结构（关系）来表达，而没有人为定义指针，因此对于数据的操作不需要进行导航，只需将其归结为对关系的运算。利用关系代数中的并、交、差、连接、除等运算符，并将这些运算符作用于一定的运算对象（数据表）上，则可以得到预期的运算结果。这种关系运算是进一步理解关系模型、理解 SQL 语句的重要基础。因此，下面简单介绍关系代数的相关内容。

关系代数是一种抽象的查询逻辑，在数学上用关系运算符表达。任何一种运算都是将一定的运算符作用于一定的运算对象上，得到预期的运算结果。所以运算对象、运算符、运算结果是运算的三大要素。关系代数的运算对象（输入）是关系，运算结果（输出）也是关系。关系代数用到的运算符包括四类：传统集合运算符、关系运算符、比较运算符和逻辑运算符，如表 2-4。其中，传统集合运算符是将关系视为元组的集合，在水平（行）方向进行运算；专门的关系运算符不仅涉及行，而且涉及列；比较运算符和逻辑运算符是用来辅助专门的关系运算符进行列操作的。

表 2-4　关系代数运算符

	符号	含义		符号	含义
传统集合运算符	∪	并（UNION）	比较运算符	>	大于
	−	差（MINUS）		≥	大于等于
	∩	交（INTERSECT）		<	小于
	×	笛卡儿积（CROSS JOIN）		≤	小于等于
				=	等于
				≠	不等于
关系运算符	σ	选择（SELECT）	逻辑运算符	¬	非
	π	投影（PROJECT）		∧	与
	⋈	连接（JOIN）		∨	或
	÷	除法（DIVIDE）			

由于上述关系运算符号，难以通过键盘输入，因此就产生了 SQL 的 SELECT 语句。因此在第 3 章学习 SQL 语句时，需要懂得 SQL 语句与关系运算的联系。

1. 传统集合运算符

传统集合运算包括并、差、交、笛卡儿积四种，如图 2-10，图中也给出了运算符的 SQL 表达，后续可参照第 3 章的内容深入理解。假设关系 R、S 具有相同的目 n（即两个关系都有 n 个属性），且相应的属性取自同一个域，相关运算的定义如下：

（1）并（union）：记为 $R\cup S$，其结果是 n 目关系，其元组或属于 R 或属于 S，如图 2-10（a）；

（2）交（intersect）：记为 $R\cap S$，其结果是 n 目关系，其元组既属于 R 又属于 S，如图 2-10（b）；

（3）差（minus）：记为 $R-S$，其结果是 n 目关系，其元组属于 R 但不属于 S，如图 2-10（c）；

（4）笛卡儿积（cross join）：记为 $R\times S$，若关系 R 和 S 的目分别为 n 和 m、元组数分别为 k 和 l，则其结果目是（$n+m$），元组数为 $k\times l$ 个，如图 2-10（d）。

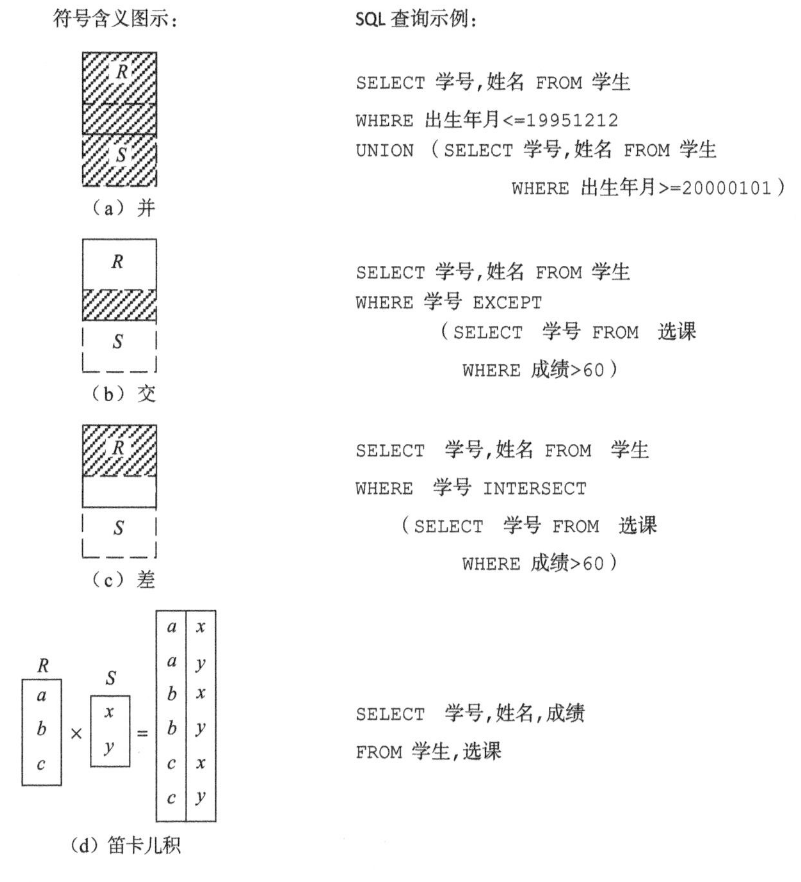
符号含义图示：
SQL 查询示例：
R
S
（a）并
SELECT 学号,姓名 FROM 学生
WHERE 出生年月<=19951212
UNION （SELECT 学号,姓名 FROM 学生
WHERE 出生年月>=20000101）
（b）交
SELECT 学号,姓名 FROM 学生
WHERE 学号 EXCEPT
（SELECT 学号 FROM 选课
WHERE 成绩>60）
（c）差
SELECT 学号,姓名 FROM 学生
WHERE 学号 INTERSECT
（SELECT 学号 FROM 选课
WHERE 成绩>60）
a b c
x y
a x
a y
b x
b y
c x
c y
SELECT 学号,姓名,成绩
FROM 学生,选课
（d）笛卡儿积

图 2-10　传统集合运算符运算示意

2. 关系运算符

关系运算包括选择、投影、连接、除法等，如图 2-11，图中也给出了运算符的 SQL 表达，后续可参照第 3 章的内容深入理解。

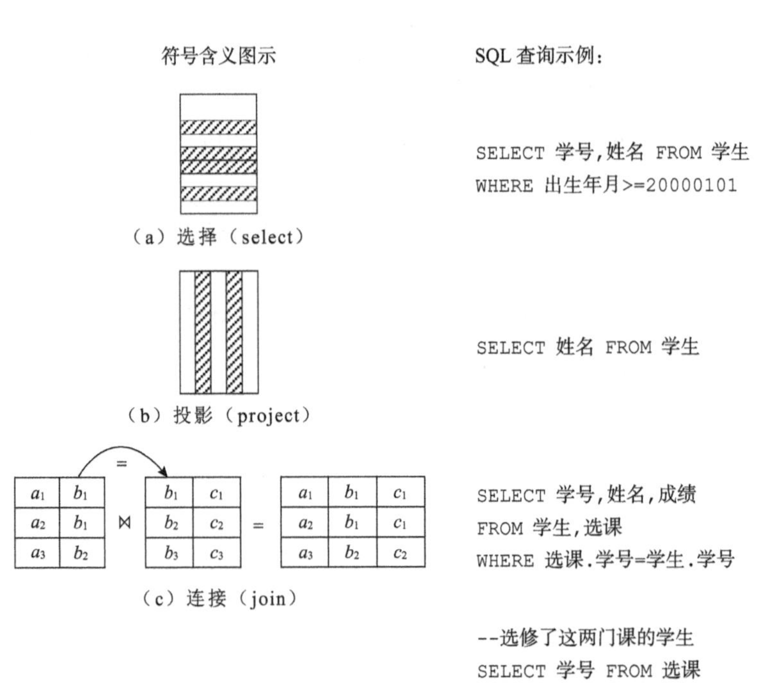

符号含义图示
SQL 查询示例：
SELECT 学号,姓名 FROM 学生
WHERE 出生年月>=20000101
（a）选择（select）
SELECT 姓名 FROM 学生
（b）投影（project）
=
a1 b1
a2 b1
a3 b2
⋈
b1 c1
b2 c2
b3 c3
=
a1 b1 c1
a2 b1 c1
a3 b2 c2
SELECT 学号,姓名,成绩
FROM 学生,选课
WHERE 选课.学号=学生.学号
（c）连接（join）

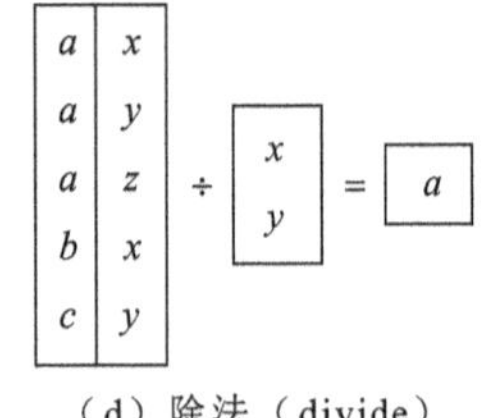

a x
a y
a z
b x
c y
÷
x
y
=
a

（d）除法（divide）

```
--选修了这两门课的学生
SELECT 学号 FROM 选课
WHERE 课程号='G_01' OR 课程号='L_02'
GROUP BY 学号 HAVING COUNT(*)=2
/*去掉查询结果中选课记录数为 1 的学生*/
--仅仅选修了这两门课程的学生
SELECT 学号 FROM 选课
WHERE 学号 IN(SELECT 学号 FROM 选课
        WHERE 课程号='G_01'OR 课程号='L_02'
        GROUP BY 学号 HAVING COUNT(*)=2)
GROUP BY 学号 HAVING COUNT(*)=2
/*去掉查询结果中选课记录数>2 的学生*/
```

图 2-11　专门关系运算符运算示意

（1）选择（select）：又称限制（restriction），是从关系 R 中选出满足给定条件的元组；记作 $\sigma_F(R)=\{t|t\in R\wedge F(t)=\text{‘真’}\}$，其中 F 表示选择条件，即一个逻辑表达式，其基本形式为 $X_1\theta Y_1$，θ 为运算符，X_1、Y_1 是属性名或常量，如图 2-11（a）。在基本的选择条件上可以进行非（¬）、与（∧）、或（∨）等逻辑运算。

（2）投影（project）：是从关系 R 中取出若干属性列组成新的关系，即选取关系的列子集；记作 $\pi_A(R)=\{t[A]|t\in R\}$，其中 A 为 R 的属性列，如图 2-11（b）。

（3）连接（join）：是从关系 R 和 S 的笛卡儿积中选择满足一定条件的元组，记作 $R\bowtie S=\{t_rt_s|t_r\in R\wedge t_s\in S\wedge t_r[A]\theta t_s[B]\}$，其中 A、B 分别为 R、S 上度数相等且可比的属性组，θ 是比较运算符，如图 2-11（c）。

（4）除法（divide）：对于关系 $R(X,Y)$ 和 $S(Y,Z)$，R 的 Y 与 S 的 Y 属性名可以不同，但属性值域必须统一，除法通常被记作 $R\div S=\{t_r[X]|t_r\in R\wedge\pi_Y(S)\subseteq Y_x\}$，其中，$Y_x$ 为 x 在 R 中的象集，$x=t_r[X]$；其结果是得到一个新关系 $P(X)$，该关系是满足

下列条件的元组在 X 属性列上的投影；所谓条件是元组在 X 上分量值 x 的象集 Y_x 包含 S 在 Y 上投影的集合，除法的示意如图 2-11（d）。

2.3　关系数据库管理系统的优势

关系数据库管理系统历史悠久、理论基础雄厚，在实际应用中又扩展了系列丰富、复杂的管理机制，使关系数据库在数据组织、访问、持久性、事务管理、并发控制、恢复、查询、版本管理、完整性、安全性等方面，都明显优于传统文件型数据管理方式。

1. 数据冗余少，共享访问与共享编辑能力强

关系数据库在三大范式的规范下，信息尽可能存储在唯一的地方，数据冗余少，减少了数据维护成本，避免了数据的不一致性，极大提高了数据的共享程度。此外，操作系统的文件型管理方式虽支持多用户同时读一个文件，但不支持多用户同时编辑该文件；而关系数据库则支持多用户并发编辑，极大提高了数据共享编辑的能力。

2. 易懂、通用

尽管关系数据库产品各异，但都遵循 SQL 标准的三级模式体系结构，即外模式（external schema）、模式（schema）和内模式（internal schema），详见 3.2 节。关系数据库用逻辑上相对统一的模式、外模式，屏蔽了复杂各异的物理存储内模式，使得不同关系数据库都采用表、视图的方式理解数据库结构，因此相对易懂、通用。

3. 存储容量大

操作系统中单个文件的最大存储容量通常是 2GB。当数据量超过 2GB 时，用户不得不用多个文件存储数据、并维护文件间的联系。但是，在关系数据库中，表的存储容量不受限，且表的物理存储是由对用户透明的内模式实现，即用户无需关心超过 2GB 的表该如何存放在文件中。

4. 查询功能强、查询效率高

与文件管理系统相比，关系数据库具有强大的查询功能。关系代数的运算符是数据查询的底层算子。根据应用系统的查询需求，程序员仅需把由若干关系运算符和表组成的查询逻辑表达式转换为 SQL 即可，具体执行和操作过程都由关系数据库自行完成。在后续 SQL 的相关章节中，注意学习：①SQL 与关系运算符的对应关系；②如何用 SQL 表达复杂的查询逻辑。

与文件管理系统相比，关系数据库管理系统还具有查询效率高的优点。索引和查询优化是支撑数据库管理系统效率的关键。操作系统中文件的读取类似于磁带，是“顺序读取”的；若要读取到文件中的一个片段，则需从指针当前位置向下，直到读到该数据片段。索引技术是对文件中的数据建立相应的检索规则，类似于词典中 a～z 的检索表；当需读取具有某种特征的数据片段时，可根据索引，找到其存储的地址（例如，字典中的页数）后，直接定位到该地址读取数据。这种方式通常称为“随机读取”，具有较高的访问效率。此外，关系数据库内核的查询优化模块也是提高性能的助推器，即当 SQL 提交到内核后，查询优化模块会根据 SQL 逻辑迅速生成若干执行计划，并在其中选择执行时间最短的计划执行。有关索引和查询优化的相关内容见第 10 章和第 11 章。

5. 数据的高安全

除高效外，高安全、高并发是关系数据库的另外两个核心关键技术。下面逐步介绍高安全和高并发。

关系数据库的安全措施是层层设置的，如图 2-12。用户登录数据库系统时，系统首先根据输入的用户标识进行身份鉴定，只有合法的用户才准许进入数据库系统；对已进入数据库系统的用户，数据库管理系统还要进行存取访问控制，即只允许用户执行合法操作；操作系统也会有自己的保护措施；最后数据还可以以密文形式存储到数据库中（例如 md5 加密等信息）。若数据以密文形式存储，即使前三层被黑客攻破，最后黑客看到的也是密文，难以破解。而文件系统仅有后两层安全措施。后续 6.2 节将详细介绍关系数据库的用户标识和鉴定、访问控制、视图、审计、数据加密存储等安全控制机制。

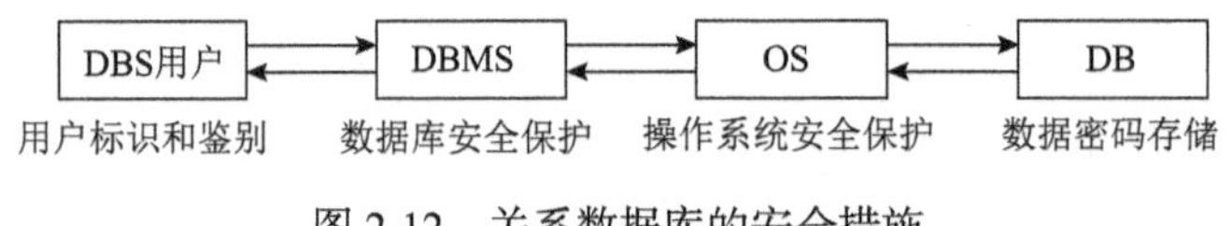

图 2-12 关系数据库的安全措施

6. 并发访问与控制

数据库的特点之一是支持多用户共享数据资源。当成百上千用户并发存取同一数据时，若不加以控制，可能会导致存取的数据发生错误，最终影响数据的一致性。并发控制机制是衡量关系数据库性能的重要标志之一。

所谓并发控制是通过一些管理机制，让多个事务尽可能并发执行，同时又要保证事务间的操作互不干扰，即事务前后数据的状态是一致的。常用的并发控制机制有锁、版本管理等。后续 6.1 节将详细介绍关系数据库常用的并发控制机制。

7. 数据完整性维护

数据完整性（data integrity）是指数据的精确性和可靠性。数据的完整性可以防止数据库中出现不符合语义规定的数据，防止因错误数据导致无效的操作或产生无效的信息。数据完整性主要有四类：

（1）实体完整性（entity integrity）：用于保证表中所有的行唯一，即表中的主键在所有行上必须取唯一值。当然，主键可以是一个字段，也可以是几个字段的联合。

强制保证实体完整性的机制有：SQL 中 CREATE TABLE 主码（PRIMARY KEY）的约束、唯一性（UNIQUE）约束、自增（IDENTITY）数据类型等。例如：图 2-9 中学生表的学号取值必须唯一，它唯一标识了相应记录所代表的学生；姓名不能作为主键，因为可能存在两个学生同名同姓的情况。

（2）域完整性（domain integrity）：用于保证表中列输入的有效性。强制域完整性的方法有：通过设定数据类型保证存入数据的有效性；通过外键（FOREIGN KEY）约束、检查（CHECK）约束、默认值（DEFAULT）定义以及是否允许为空值（NOT NULL）等定义，限制格式及可能值的取值范围。例如，图 2-9 中学生表的性别列只能是“男”或“女”，选课表的成绩列必须在 0～100 之间。

（3）参照完整性（referential integrity）：用于保证（被引用表）主键和（引用表）外键之间的参照关系，它涉及两表中主键与外键的一致性。这种一致性主要有三个层次：①引用参照：引用表中外键的属性值在被引用表的主键中能查找到，例如，图 2-9 中选课表中的课程号必须能在课程表中查到，即课程号有效；②级联更新：当（被引用表）主键的值发生变更后，自动触发（引用表）相应外键值的更新；③级联删除：当（被引用表）中的某条记录删除后，自动删除（引用表）中与该记录相关的所有记录。

（4）用户定义的完整性（user-defined integrity）：除上述完整性约束以外，关系数据库还支持用户根据应用需要，通过规则（rule）和触发器（trigger）定制各类完整性约束。例如，图 2-1（a）的空间场景中 I 多边形的 V_1 点移动变更时，II 多边形相应的点也要发生相应的移动。

域完整性、实体完整性以及参照完整性分别在列、行、表级别上实施；而用户定义的完整性可以在任何级别实施。数据完整性可以在任何时候启用，但启动时，系统会先检查当前表中数据是否满足该完整性，只有在满足的情况下，才能实施成功。

【练习题】

1. 简述数据库领域数据管理模型的发展史，说明不同模型的区别与联系。
2. 简述对象关系模型的产生与发展过程，思考其优缺点。
3. 什么是数据库的关系范式？常见的关系范式有哪些？不同的关系范式解决了数据管理中的哪些问题？
4. 关系代数有几类运算符，分别都有哪些具体的运算符。
5. 与文件系统相比，关系数据库管理系统的优势在哪里。
6. 若去掉图 2-3（a）表中的“顺序号”字段，该表是否符合第一范式。
7. 请将表 2-5 中示出的孢粉观测数据表进行规范处理。注意，表 2-5 是科学家们在不同站点钻取土柱后，观测各土柱不同深度（表征不同历史年代）下土壤样本中各植被花粉数量的实验记录表；表中的花粉可能存在成百上千种，但每份土样样本中观测到的可能只有几种；设计过程中关于孢粉分类及描述信息、孢粉的拉丁名等信息也需要存储在数据库中。此外，这里假设各站点同一深度对应的历史年代相同。

表2-5　孢粉观测数据集

站点编号	经度/（°）	纬度/（°）	高程/m	深度/cm	年代（a）	木本（个）：茎很坚固，内部有木材							藤本（个）：攀附于其他物体或匍匐于地面		草本（个）：茎柔软、多汁、富于弹性		未知（个）
						桤木（*Alnus*）	桦木（*Betula*）	帚石南（*Calluna*）	杜鹃（*Ericales*）	白蜡树（*Fraxinus*）	冬青（*Ilex*）	……	常春藤（*Hedera*）	……	金丝桃（*Hypericaceae*）	……	（Unknown）
LCH77	149.019	5.181560	3215.725	0	−36	0	10	0	8	0	10	……	0	……	0	……	4
LCH77	149.019	5.181560	3215.725	3	13	38	28	210	0	11	12	……	4	……	66	……	4
LCH77	149.019	5.181560	3215.725	20	288	23	22	NULL	0	8	10	……	0	……	26	……	1
LCH77	149.019	5.181560	3215.725	40	612	24	34	129	0	9	20	……	0	……	37	……	2
LCH77	149.019	5.181560	3215.725	60	936	29	36	86	0	9	21	……	0	……	22	……	3
LCH77	149.019	5.181560	3215.725	80	1261	25	44	80	0	1	12	……	0	……	11	……	1
LCH77	149.019	5.181560	3215.725	120	1909	52	71	192	0	4	NULL	……	0	……	39	……	1
LCH77	149.019	5.181560	3215.725	240	3854	69	26	71	1	8	17	……	0	……	17	……	1
LCH77	149.019	5.181560	3215.725	260	4178	57	38	50	0	3	13	……	0	……	17	……	2
LCH66	163.103	5.624758	2524.844	220	3529	43	42	72	0	14	25	……	0	……	35	……	3
LCH66	163.103	5.624758	2524.844	260	4178	57	38	50	0	3	13	……	0	……	17	……	2
LCH66	163.103	5.624758	2524.844	280	4502	46	24	28	0	1	8	……	0	……	6	……	0
LCH55	210.065	5.584827	2664.252	0	−36	0	10	0	8	0	10	……	0	……	0	……	4
LCH55	210.065	5.584827	2664.252	3	13	38	28	210	0	11	12	……	4	……	66	……	4
LCH55	210.065	5.584827	2664.252	20	288	23	22	192	0	8	10	……	0	……	26	……	1

续表

站点编号	经度/(°)	纬度/(°)	高程/m	深度/cm	年代(a)	木本（个）：茎很坚固，内部有木材							藤本（个）：攀附于其他物体或匍匐于地面		草本（个）：茎柔软、多汁、富于弹性		未知（个）
						桤木（*Alnus*）	桦木（*Betula*）	帚石南（*Calluna*）	杜鹃（*Ericales*）	白蜡树（*Fraxinus*）	冬青（*Ilex*）	……	常春藤（*Hedera*）	……	金丝桃（*Hypericaceae*）	……	(Unknown)
LCH55	210.065	5.584827	2664.252	60	936	29	36	86	0	9	21	……	0	……	22	……	3
LCH55	210.065	5.584827	2664.252	80	1261	25	44	80	0	1	12	……	0	……	11	……	1
LCH55	210.065	5.584827	2664.252	120	1909	NULL	71	192	0	4	19	……	0	……	39	……	1
LCH55	210.065	5.584827	2664.252	140	2233	26	43	108	0	2	23	……	0	……	15	……	1
LCH55	210.065	5.584827	2664.252	180	2881	34	33	64	0	3	14	……	0	……	16	……	0
LCH55	210.065	5.584827	2664.252	220	3529	43	42	72	0	14	25	……	0	……	35	……	3
LCH55	210.065	5.584827	2664.252	280	4502	46	24	28	0	1	8	……	0	……	6	……	0

8. 在 Excel 中，利用 Lookup 函数将习题 7 规范化后小表进行连接，形成一张集所有信息于一体的大表，并体会关系代数中连接操作的含义；然后，基于大表，用 Excel 中数据透视的功能生成与表 2-5 类似的报表。

9. 若习题 7 中的假设（同一深度对应相同历史年代）不成立，又该如何对表 2-5 进行规范处理?

海量数据库中优质 SQL 的执行效率可能比劣质 SQL 高数百倍。因此，撰写高质量的 SQL，是提高数据库系统性能的关键。

第 3 章　结构化查询语言（SQL）

SQL 是关系运算符的一种类自然语言的文字化表达，是访问数据库的标准语言，是一种非常重要且不可替代的语言。因此，SQL 诞生半个世纪以来，虽然小众、简单，但一直稳居编程语言排行榜前十，图 3-1 是 2002～2022 年 TOP 10 编程语言 TIOBE 指数的走势。

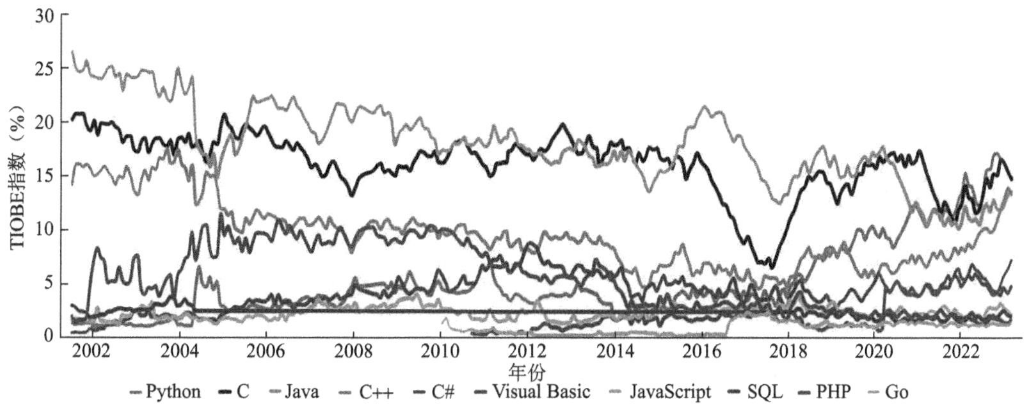

图 3-1　TOP 10 编程语言 TIOBE 指数走势（2002～2022）（https://www.tiobe.com/tiobe-index/）

此外，随着数据时代的到来，无论是政府、企业还是研究机构都围绕其业务逐步建立了各种数据库，逐步形成了以数据库为核心的业务模式；访问数据库的 SQL 逐步成为近年就业需求的热点。2021 年 Glass 收集并分析了数百万个招聘信息，SQL 成为招聘信息中出现次数最高的编程语言，如图 3-2（a）。2022 年在 IEEE Spectrum 推出的编程语言排行榜中，SQL 在就业需求中也稳居第一，如图 3-2（b）。

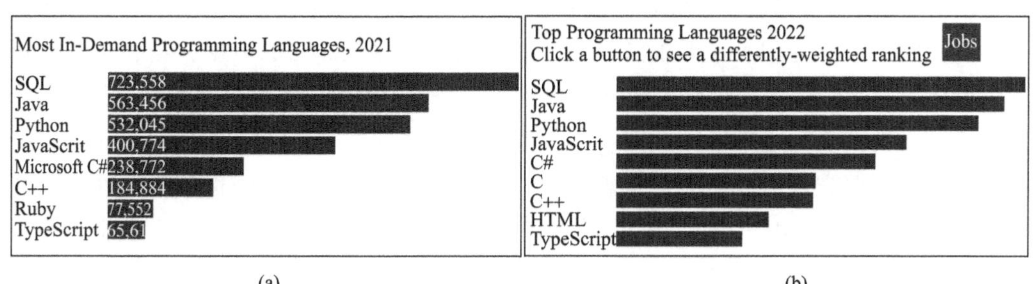

图 3-2　SQL 逐步成为近年就业需求的热点

3.1　SQL 的产生与发展

结构化查询语言（SQL）是关系数据库的标准语言。SQL 是 1974 年由波依斯（Boyce）和钱伯林（Chamberlin）提出，并在 IBM 公司的 System R 上实现。1986 年 10 月，美国国家标准局数据库委员会批准 SQL 作为美标，并公布了 SQL 标准文本（SQL/86）。1987 年，国际标准化组织（ISO）也通过了这一标准。随着数据库技术的不断发展，SQL 标准得到不断丰富和完善，DBMS 生产商也广泛地接受国际标准化组织于 1992 年发布的 SQL 92 的标准（也称 SQL 2）。

随着对象关系型数据库的发展，国际化标准组织于 1999 年发布了 SQL 99（也称 SQL 3），增加了面向对象特性、正则表达式、存储过程、Java 等支持。随着地理空间数据、遥感影像、视频文本等数据的积累，2000 年后 ISO/IEC 的标准化组织开始面向上述数据制定 SQL 多媒体标准——SQL/MM，其中第 3、4 部分是关于地理空间数据和遥感影像（栅格数据）的访问标准。

其后，SQL 先后于 2003 年、2008 年、2011 年、2016 年、2019 年，分别引入了 XML 函数、TRUNCATE、时序数据、JSON、多维数组等功能。

3.2　SQL 标准的三级模式

所谓模式是数据库中全体数据的逻辑结构和特征的描述，是所有用户的公共数据的集合。所谓外模式是数据用户（包括应用程序员和最终用户）能够看见和使用的局部数据的逻辑结构和特征的描述，是数据库用户的数据的集合，是与某一应用有关的数据的表示方式。所谓内模式是数据物理结构和存储方式的描述，是数据在数据库内部的表示方式。

SQL 的三级模式结构如图 3-3。图 3-3 中间层的模式由若干基本表（base table）组成。基本表，也称基表或表，可以理解为存放数据、独立且实际存在的表；数据库中一个关系就对应一个表。图 3-3 上层的外模式则由若干视图（view）和部分表组成，用户可以用 SQL 对这些表和视图进行查询或其他操作。所谓视图是在若干表的基础上，通过某种定义形成的虚表，即视图只存放其定义而不存放真正的数据。当表中的数据发生变化时，视图的数据也随之改变。因此，视图是一个虚表，在概念上与表等同，用户可以在视图上再定义视图。图 3-3 下层的内模式则由若干存储文件（stored file）组成。这些存储文件可以对应一个表也可以对应多个表，表的索引也放在文件中；文件存储的物理结构对用户是透明的，即表与存储文件之间的关系由 DBMS 负责，无需用户操心。此外，由于模式和外模式的概念是通用的，故可以跨数据库平台使用。

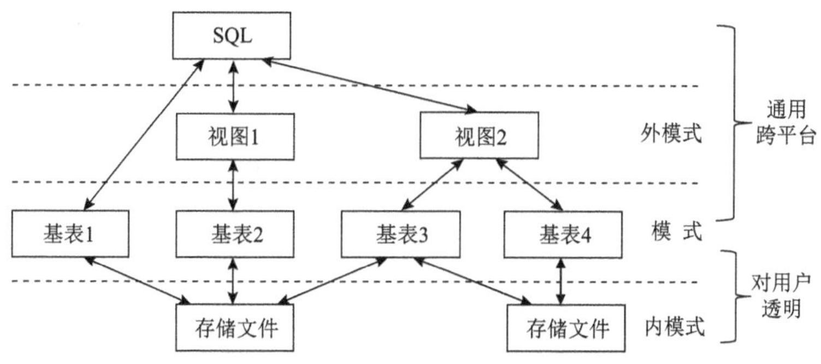

图 3-3　SQL 对关系数据库模式的支持

3.3　SQL 的特点

SQL 是关系数据库的标准语言，对关系模型的发展和商用 DBMS 的研制起着重要作用。大部分 DBMS 都支持 SQL，SQL 成为操作数据库的标准语言。除作为国际标准外，SQL 之所以能为用户和业界所接受，也是因为它是一个综合的、功能极强的、简洁易学的语言；其特点如下：

（1）综合统一：SQL 集数据定义语言（data definition language，DDL）、数据操作语言（data manipulation language，简称：DML）、数据控制语言（data control language，DCL）、数据查询语言（data query language，DQL）的功能于一体，语言风格统一，可以独立完成数据库生命周期中的全部活动，包括：定义关系模式、插入数据、建立数据库，对数据库中的数据进行查询和更新，数据库重构和维护，数据库安全性、完整性控制等。

（2）高度非过程化：程序员用 SQL 进行数据操作，只要指出“做什么”，而无须指明“怎么做”，因此无需了解存取路径。存取路径的选择以及 SQL 的执行过程由 DBMS 自动完成，从而大大减轻了用户负担，提高了数据的独立性。

（3）面向集合的操作方式：SQL 采用集合操作方式，不仅操作对象、查找结果可以是元组的集合，而且一次插入、删除、更新操作的对象也可以是元组的集合。

（4）一种语法结构、多种使用方式：SQL 作为独立的语言，可以独立地在联机交互的方式中使用，即用户可以在终端键盘上直接键入 SQL 命令对数据库进行操作；SQL 作为嵌入式语言，还可以嵌入到高级语言（如 C++，Java）程序中，供程序员使用。而在两种不同的使用方式下，其语法结构基本一致。

（5）语言简洁，易学易用：SQL 功能极强，但语言十分简单，核心功能仅用 9 个动词；接近英语口语，易学易用。

SQL 成为国际标准，对数据库以外的领域也产生了很大影响，很多软件产品将 SQL 的数据查询功能与图形功能、软件工程工具、软件开发工具、人工智能相结合，如 ArcGIS、Excel 等。

3.4 数据定义语言（DDL）

关系数据库系统支持三级模式结构，其模式、外模式和内模式中的基本对象有表、视图、索引。因此，SQL 的数据定义功能包括模式定义、表定义、视图和索引的定义，如表 3-1。在正式介绍 SQL 前，先介绍基本撰写规则和基本数据类型。

表 3-1 DDL

操作对象	操作方式			
	创建	删除	打开	修改
数据库	CREATE DATABASE	DROP DATABASE	USE	
模式	CREATE SCHEMA	DROP SCHEMA		
表	CREATE TABLE	DROP TABLE		ALTER TABLE
索引	CREATE INDEX	DROP INDEX		
视图	CREATE VIEW	DROP VIEW		

3.4.1 基本撰写规则和基本数据类型

SQL 对象包括数据库模式、表、视图、列名等。这些对象名必须符合一定规则或约定，一般遵守下列规则：①SQL 对象名长度的限制：不同的数据库略有差异，通常 Oracle 最长不超过 30 个字符、PostgreSQL 不超过 63 个字符、MySQL 不超过 64 个字符。②SQL 对象名应以字母开头，其余字符可以由字母、数字、下划线组成；但不同的数据库也略有差异，Oracle 可以是任何字符、MySQL 可以是任何数字、字符或符号，但不能全部由数字组成。

在编写 SQL 语句时，尽量遵从以下准则以提高语句的可读性：①虽然 SQL 语句对大小写不敏感，但通常为提高可读性，关键字常大写；②SQL 语句可写成一行或多行，习惯上每个子句占用一行；③关键字不能在行与行之间分开；④SQL 语句的结束符为半角分号“;”，分号必须放在语句中的最后一个子句后面，但可以不在同一行。

为了读懂 SQL 语句的语法格式，下面介绍一些约定符号：①尖括号“< >”中的内容为实际语义；例如：<表名>意味着必须在此处填写一个表名。②中括号“[ ]”中的内容为任选项；例如：[UNIQUE]意味着 UNIQUE 可以有也可以没有。③大括号“{ }”与竖线“|”表明此处为选择项，在所列出的各项中仅需选择一项；例如：{A|B|C|D}意思是 A、B、C、D 中取其一即可。④SQL 中的数据项分隔符为“,”。

SQL 中域的概念用数据类型来实现。SQL 定义表的列时需要指明其数据类型及长度、取值范围以及可以做哪些运算，如表 3-2。表 3-2 中的数据类型都是定长的，即结构化数据。例如，对于 SMALLINT 是占用 2 个字节的整数，若无符号，则其取值范围

为 $0\sim2^{16}$（65536）；若有符号，第一位作为符号位，则其取值范围为 -2^{15}（−32768）$\sim2^{15}$（32768）。

表 3-2　数据类型与含义

数据类型	含义
BOOLEAN	布尔类型：其值为“f”（真）或“t”（假）
CHAR(n)	长度为 n 的定长字符串
VARCHAR(n)	最大长度为 n 的变长字符串
INT/INTEGER	长整数；同 int4
SMALLINT	短整数；同 int 2
NUMERIC(p,d)	定点数，由 p 位数字（不包括符号、小数点）组成，小数后面有 d 位数字
REAL	取决于机器精度的浮点数
DOUBLE PRECISION	取决于机器精度的双精度浮点数；同 float8
FLOAT(n)	浮点数，精度至少为 n 位数字
DATE	日期，包含年、月、日，格式为 YYYY-MM-DD
TIME	时间，包含某日的时、分、秒，格式为 HH:MM:SS

注：字符和日期类型的数据在 SQL 语句中用单引号括起来，如：Ci.Capital = 'Y'。

3.4.2　数据库、模式的创建和删除

若把数据库看作是一个大仓库，仓库中的房间就是模式。模式是包含表、视图、索引、约束、存储过程等各种对象的集合。简单地说，数据库是仓库，模式是仓库中的房间，模式（房间）中的储物柜是表。下面是创建、打开和删除模式的 SQL 语句。

（1）创建数据库模式的命令

```
CREATE  {SCHEMA|DATABASE} <模式名或数据库名>
[AUTHORIZATION <所有者名> ]
```

【例 1】创建 SC 数据库，创建“S-T”模式，并授权给 wang 用户。

```
/*创建 SC 数据库*/
CREATE DATABASE SC;
/*创建“S-T”模式，并授权给 wang 用户*/
CREATE SCHEMA “S-T” AUTHORIZATION wang;
```

其中，标识符的大小写等效；数据库的所有者必须为数据库系统的合法用户，且具有建立数据库的权限。

（2）打开数据库

```
USE <数据库名>
```

（3）删除数据库模式的命令

```
DROP {SCHEMA|DATABASE} <模式名或数据库名> <CASCADE|RESTRICT>
```

【例 2】删除模式 wang，同时删除该模式中所有已定义的表、视图等；删除数据库 SC。

```
/*删除模式“S-T”， 并级联删除模式中的表、视图等*/
DROP SCHEMA “S-T” CASCADE;
/*删除数据库 SC*/
DROP DATABASE SC;
```

3.4.3 表的创建、修改和删除

（1）定义表

```
CREATE TABLE <表名>
(<列名> <数据类型>[ <列级完整性约束条件> ]
[,<列名> <数据类型>[ <列级完整性约束条件>]]
   ......
[,<表级完整性约束条件> ]
);
```

其中，常见的列级完整性约束有：主码约束（PRIMARY KEY）、唯一性约束（UNIQUE）、非空值约束（NOT NULL）三种；常见的表级完整性约束为主外键在两个表间的引用关系等。

下面以图 2-8 的三个表为例，为了简化 SQL 语句的长度，我们仅选择了图 2-8 表中的部分列建表，后续 SQL 语句都是以这三个表为例撰写的。

【例 3】创建学生表（student）、课程表（course）和选课表（cs），其创建语句如下。

```
/*创建学生表*/
CREATE TABLE student
(sno CHAR(5) NOT NULL UNIQUE,                /* 列级完整性约束条件*/
 sname CHAR(20) UNIQUE,                      /* sname 取唯一值*/
 sgen CHAR(2),
 sage INT,
 smajor CHAR(15)
);
```

```
/*创建课程表*/
CREATE TABLE course
(cno CHAR(4) PRIMARY KEY,
 cname CHAR(40),
 cpno CHAR(4),
 ccredit SMALLINT,
 /* 表级完整性约束条件，cpno 是外码，参照被引用表 course 的 cno*/
 FOREIGN KEY(cpno) REFERENCES course(cno)
);
/*创建选课表*/
CREATE TABLE sc
(sno CHAR(5),
 cno CHAR(4),
 grade SMALLINT,
 /*主码由两个列构成，必须作为表级完整性进行定义*/
 PRIMARY KEY(sno,cno),
 /* 表级完整性约束条件，sno 是外码，参照被引用表 student 的 sno */
 FOREIGN KEY(sno) REFERENCES student(sno),
 /* 表级完整性约束条件，cno 是外码，参照被引用表 course 的 cno */
 FOREIGN KEY(cno) REFERENCES course(cno)
);
```

（2）删除表

```
DROP TABLE <表名>
[RESTRICT | CASCADE];
```

其中，RESTRICT 表示仅删除基本的定义和表的数据；CASCADE 表示在删除表定义和表数据的同时，也删除相关的索引、视图、触发器等。缺省时默认为 RESTRICT。

【例 4】删除 student 表

```
DROP TABLE student;
```

这里需要注意，只能删除自己建立的表，不能删除其他用户所建的表。

（3）修改表

```
ALTER TABLE <表名>
[ADD <新列名> <数据类型> [完整性约束条件]]
[DROP COLUMN <列名> <完整性约束条件>]
[ALTER COLUMN <列名> <数据类型>];
```

其中，<表名>是要修改的表名；ADD 后是需要增加新列及其完整性约束条件；DROP 后是需要删除的指定完整性约束条件；ALTER COLUMN 后是需要修改的列名及其数据类型。

【例 5】 向 student 表中间增加“入学时间（yofenrollment）”列，其数据类型为日期型。

```
ALTER TABLE student
ADD yofenrollment DATETIME;
```

注意，新增加列的值一律为空。

【例 6】 删除 student 表“入学时间（yofenrollment）”的列。

```
ALTER TABLE student
DROP COLUMN yofenrollment;
```

【例 7】 为减少数据对磁盘的占用，可将入学年龄的数据类型改为短整型（占用 2 个字节），原定义的 INT 数据类型占用 4 个字节。

```
ALTER TABLE student
ALTER COLUMN sage SMALLINT;
```

注意，修改原有的列定义有可能会破坏已有数据。

【例 8】 删除 student 表中姓名列的唯一值约束。

```
ALTER TABLE student
DROP UNIQUE(sname);
```

注意，ALTER 有如下限制：①不能改变列名；②若列中已有数据，则不能减少该列数据类型的长度或数据的长度；③不能将含有空值的列的约束改为 NOT NULL；④除 NULL|NOT NULL 约束外，其他约束的修改都必须先删除原约束，然后再修改其约束的定义。

3.4.4　索引的创建和删除

索引是常用的数据检索手段，实际就是记录了关键字与其相应存储地址的对应关系。关于索引的基本原理与机制，后续章节将详细介绍。

（1）创建索引

创建索引的 SQL 语法如下：

```
CREATE [UNIQUE] [CLUSTERED] INDEX <索引名> ON
<表名>(<列名>[<次序>][,<列名>[<次序>]]…);
```

其中，用<表名>指定要建索引的表名字；索引可以建立在该表的一列或多列上；用<次序>指定索引值的排列次序，ASC 表示升序，DESC 表示降序：UNIQUE 表明此索引的每一个索引值只对应唯一的数据记录；CLUSTER 表示要建立的索引是聚簇索引，即索引列属性值的顺序与记录的物理存储顺序一致。

根据创建索引的语法，可以从不同视角对索引语句进行分类：

- **直接创建和间接创建**

直接创建索引是 DBA 或表的属主（表的创建人）根据需要，利用 SQL 语句对属性列创建索引。以在 student 表 sname 列上创建名为 stusname_index 的索引为例，其 SQL 语句如下。

```
CREATE INDEX stusname_index ON student (sname);
```

间接创建索引是在定义表的语句中指定某些列为主键约束（PRIMARY KEY）或者唯一约束（UNIQUE）后，数据库管理系统会自动为其创建索引。

无论是直接创建，还是间接创建，索引一旦建立，DBMS 通常会自动选择合适的索引参与查询，而且会自动完成索引的更新和维护。

- **唯一性索引和普通索引**

唯一性索引保证索引列中全部数值是唯一的，对聚簇索引和非聚簇索引都可以使用。以在 student 表 sno 列上创建名为 stusno_index 的唯一性聚簇索引为例，其 SQL 语句如下。

```
CREATE UNIQUE COUSTERED INDEX stusno_index ON student(sno);
```

对于含有重复值的列不能建 UNIQUE 索引。对某个列建立 UNIQUE 索引后，插入新记录时 DBMS 会自动检查新记录在该列上是否出现重复值，相当于对该列自动增加了一个 UNIQUE 约束。

普通索引不要求索引列中全部数值唯一。以在 student 表 smajor 列上创建名为 stusmajor_index 的普通索引为例，其 SQL 语句如下。

```
CREATE INDEX stusmajor_index ON student (smajor);
```

- **单个索引和复合索引**

所谓单个索引是指索引建立语句中仅包含一个字段名，上述 SQL 语句创建的索引都是单个索引。所谓复合索引，也称组合索引，在索引建立语句中同时包含多个字段名，最多可包含 16 个字段。以在 student 表 smajor、sage 列上创建名为 smajor_sage_index 的组合索引为例，其 SQL 语句如下。

```
CREATE INDEX smajor_sage_index ON student(smajor,sage);
```

- **聚簇索引和非聚簇索引**

聚簇索引是指建立索引后表中数据需按指定列属性值的升序或降序的顺序存放，即聚簇索引的索引项顺序与表中记录的物理顺序一致。例如：

```
CREATE CLUSTERED INDEX Stusname_index ON student(sname);
```

表示在 student 表 sname（姓名）列上建立一个名为 Stusname_index 的聚簇索引，而且 student 表中的记录将按照 sname 值的升序存放。这里需要注意：①一个表最多只能建立一个聚簇索引；②聚簇索引适用于很少对表中数据进行增删修改的情况，且最好为结构化数据。

（2）删除索引

创建索引的 SQL 语法如下：

```
DROP INDEX <索引名>;
```

删除索引时，系统会从数据库中删去该索引有关的描述和数据。例如，删除之前建立的 stusname_index 索引的 SQL 语句如下。

```
DROP INDEX stusname_index;
```

3.4.5　视图的创建和删除

视图是一种虚表，可以根据用户需求从不同角度组织数据，以简化 SQL 或应用代码的复杂性。视图对重构的数据提供了一定程度的逻辑独立性；同时，也在一定程度上保障了数据的安全性。

（1）创建视图

创建视图的 SQL 语法如下：

```
CREATE VIEW <视图名>[(<列名> [,<列名>]…)]
AS <子查询>
[WITH CHECK OPTION];
```

其中，列名要么全部省略、要么全部指定；子查询的语法详见 3.6 节的 SELECT 语句，但视图的子查询中不允许含有 ORDER BY 子句和 DISTINCT 短语；WITH CHECK OPTION 表示对视图进行修改、插入和删除操作时，需要保证修改、插入或删除的数据满足视图定义中子查询 WHERE 子句的条件表达式。

RDBMS 执行 CREATE VIEW 语句时只是把视图定义存入数据库中，并不执行子查询语句；当请求查看视图数据时，才按视图的定义将数据从表中查出。

【例 9】建立“地理信息科学”专业学生的视图。

```
CREATE VIEW gis_student
    AS SELECT sno,sname,sage
       FROM student
       WHERE smajor='地理信息科学';
```

【例 10】建立“地理信息科学”专业学生的视图，并要求进行修改和插入操作时仍需保证该视图只有地理信息科学专业的学生。

```
CREATE VIEW gis_student
    AS SELECT sno,sname,sage
       FROM student
       WHERE smajor='地理信息科学'
       WITH CHECK OPTION;
```

此时，当对 gis_student 视图记录进行增删修改时，系统会自动加上 smajor='地理信息科学'的条件。

除单表外，还可以基于多表或视图建立视图。此外，还允许视图的 SELECT 子查询中使用表达式或 GROUP 子句。

【例 11】**基于多表的视图**：建立选修了 901 号课程的地理信息科学专业的学生视图，字段包括：学号、姓名、成绩。

```
CREATE VIEW gis_s1(sno,sname,grade)
    AS SELECT student.sno,student.sname,sc.grade
       FROM student,sc
       WHERE smajor='地理信息科学' AND student.sno=sc.sno
           AND sc.cno='901';
```

【例 12】**基于视图的视图**：在 GIS_S1 视图的基础上，选择成绩在 90 分以上的学生，创建视图。

```
CREATE VIEW gis_s2
   AS SELECT sno,sname,grade
      FROM gis_s1
      WHERE grade>=90;
```

【例 13】**带表达式的视图**：创建一个拥有学号、姓名、出生年（Sbirth）的学生视图。若 sage 字段是学生们入学时的年龄，则其 SQL 如下。

```
CREATE VIEW stu_new(sno,sname,sbirth)
    AS SELECT sno,sname,Yofenrollment-sage
       FROM student;
```

【例 14】**分组视图**：创建仅有学生学号、学生平时成绩（Gavg）两个字段的视图。

```
CREATE VIEW s_g(sno,gavg)
    AS SELECT sno,AVG(grade)
```

```
FROM sc
GROUP BY sno;
```

（2）删除视图

删除视图的 SQL 语法如下：

```
DROP VIEW <视图名>
[ RESTRICT | CASCADE];
```

注意，使用 CASCADE 表示把该视图和基于它创建的所有视图一并删除。

3.5 数据控制语言（DCL）

SQL 数据控制语言用于为用户授权或撤销授权，其操作动词如表 3-3。关于 DCL 的使用案例详见 6.2.2 节。

表 3-3 DCL

操作对象	操作方式	
	授权	撤销授权
用户	GRANT	REVOKE
角色	GRANT	REVOKE

目前，在数据管理工具中，DDL 和 DCL 基本可用图形用户界面（graphical user interface，GUI）的方式交互实现，很少需要写 SQL 语句。但后续介绍的 DML 和 DQL 还是经常需要独立撰写的。

3.6 数据操作语言（DML）

DML 用于执行数据的查询、更新、插入和删除的情况，其操作动词如表 3-4。

表 3-4 DML

操作对象	操作方式		
	增	删	改
表	INSERT	DELETE	UPDATE
行	INSERT	DELETE	UPDATE

3.6.1　增加表中的数据

向表中插入数据的方式有两种：

（1）插入记录

将新记录插入指定表中的 INSERT 语句语法如下：

```
INSERT INTO <表名>
[(<列名 1>[,<列名 2>…])]
VALUES(<常量 1> [,<常量 2>]…)
```

其中，INTO 后可以不指定列名，也可以指定部分列名，其顺序可以与表定义中的顺序不同；VALUES 后常量值的数量、类型都必须与 INTO 后的列名相匹配。在执行插入语句时，RDBMS 会检查所插记录是否符合表上定义的实体完整性、域完整性、参照完整性以及用户定义的完整性等约束；若不符合，则无法插入。

【例 15】将一位新生（学号：200215128；姓名：陈冬；性别：男；专业名称：IS；入学年龄：18）插入到 student 表中。

```
INSERT INTO student(sno,sname,sgen,smajor,sage)
VALUES('200215128','陈冬','男','IS',18);
```

【例 16】为陈冬插入一条选课记录（'200215128','1'）。

```
INSERT INTO sc(sno,cno)
VALUES ('200215128','1');
```

注意，执行该语句时，RDBMS 会将用户输入的 SQL 自动改写为：INSERT INTO sc VALUES ('200215128', '1', NULL)，即在新插入记录时为 grade 的属性自动赋空值。

（2）插入子查询结果

将子查询结果插入指定表的 INSERT 语句语法如下：

```
INSERT INTO <表名>
[(<列名 1> [,<列名 2>…])]
子查询;
```

其中，INTO 后的列名数量、类型都必须与子查询中的列名相匹配。在执行插入语句时，RDBMS 会检查所插记录是否符合表上定义的实体完整性、域完整性、参照完整性以及用户定义的完整性等约束；若不符合，则无法插入。

3.6.2　修改表中的数据

修改表中数据的 UPDATE 的语法如下：

```
UPDATE <表名>
SET <列名>=<表达式>
[,<列名>=<表达式>]…
[WHERE <条件>];
```

其功能为修改指定表中满足 WHERE 子句条件的记录。其中，SET 子句用于指定需要修改的列和修改后的取值；WHERE 子句用于指定要修改的记录应满足的条件，缺省时表示修改表中的所有记录。通常修改数据的方式有三种：修改某记录的值、修改所有记录的值、修改满足子查询条件记录的值，其示例分别如下。

【例 17】将学生 200215128 的入学年龄改为 22 岁

```
UPDATE student
SET sage=22
WHERE sno='200215128';
```

【例 18】将所有学生的入学年龄增加 1 岁

```
UPDATE student
SET sage=sage+1;
```

【例 19】将 IS 专业学生的入学年龄增加 1 岁

```
UPDATE student
SET sage=sage+1
WHERE smajor='IS';
```

3.6.3　删除表中的数据

删除表中数据的 DELETE 的语法如下：

```
DELETE
FROM <表名>
[WHERE <条件>];
```

其功能为删除指定表中满足 WHERE 子句条件的记录；WHERE 子句指定需要删除记录应满足的条件，若没有 WHERE 子句，则表示删除表中所有记录、但是表结构的定义仍在数据库中。

【例 20】删除学号为 200215128 的学生记录。

```
DELETE FROM student
```

```
WHERE sno='200215128';
```

【例 21】删除所有的学生选课记录。

```
DELETE FROM sc;
```

【例 22】删除 IS 专业所有学生的学生选课记录。

```
DELETE FROM sc
WHERE smajor='IS';
```

3.7　数据查询语言（DQL）

数据查询语句只有 SELECT 一个句子，但 SELECT 的语法相对复杂，其功能丰富、使用方式也很灵活。SELECT 的语法如下：

```
SELECT [ALL|Distinct] <目标列表达式>[, <目标列表达式>]…
FROM <表名或视图名>[, <表名或视图名>]…
[WHERE <条件表达式>]
[GROUP BY <列名 1> [HAVING <条件表达式>]]
[ORDER BY <列名 1> [ASC|DESC]]
```

3.7.1　单 表 查 询

1. 选择表中若干列（关系代数的投影操作）

在单表中选择若干列，通常有查询指定列、查询全部列、查询经过计算的列值三种方式，其示例分别如下。

【例 23】查询全体学生的学号与姓名。

```
SELECT sno,sname
FROM student;
```

【例 24】查询全体学生的所有属性

```
SELECT *
FROM student;
```

【例 25】查询全体学生的姓名、出生年份和所学专业，要求用小写字母表示所学专业名。这里需要注意：学生的年龄是入学时采集的，而这批学生的入学年份是 2002 年。

```
SELECT sname,'Year of Birth:',2002-sage,LOWER(smajor)
FROM student;
```

其中，2002-sage 为算数表达式；LOWER 为函数；Year of Birth 为查询结果中该列的新名字，用于改变查询结果的列标题。

2. 选择表中若干行（关系代数的选择操作）

（1）满足条件的记录（行）查询

在单表中查询满足条件的记录（行）的相关查询条件如表 3-5。

表 3-5　查询条件与谓词表达式

查询条件	谓词
比较	=，>，<，>=，<=，!=，<>，!>，!<
确定范围	BETWEEN AND，NOT BETWEEN AND
确定集合	IN，NOT IN
字符匹配	LIKE，NOT LIKE
空值	IS NULL，IS NOT NULL
多重条件（逻辑运算）	AND，OR，NOT

下面分别以比较大小、确定范围、确定集合、字符匹配、使用换码字符'\'将通配符转义为普通字符、涉及空值的查询、多重条件查询等为例，给出相应的查询案例。

【例 26】**比较大小**：查询入学年龄在 20 岁以下的学生的姓名及其入学年龄。

```
SELECT sname,sage
FROM student
WHERE sage<20;
```

【例 27】**确定范围**：查询入学年龄不在 20～23 岁之间的学生的姓名及其入学年龄。

```
SELECT sname,sage
FROM student
WHERE sage NOT BETWEEN 20 AND 23;
```

【例 28】**确定集合**：查询不是信息、数学、计算机科学专业的所有学生的姓名和性别。

```
SELECT sname,sgen
FROM student
WHERE smajor NOT IN('IS','MA','CS');
```

【例 29】**字符匹配**：查询所有姓刘学生的姓名和性别。

```
SELECT sname,sgen
```

```
FROM student
WHERE sname LIKE '刘%';
```

其中，%表示通配符。

【例 30】**使用换码字符：**查询以“DB_”开头，且倒数第 3 个字符为 i 的课程的详细情况。

```
SELECT *
FROM course
WHERE cname LIKE 'DB\-%i--' ESCAPE'\';
```

其中 ESCAPE '\' 表示“\”为换码字符

【例 31】**空值查询：**查询选修了课程，但没有成绩的所有学生的学号、课程号。

```
SELECT sno,cno
FROM sc
WHERE grade IS NULL;
```

【例 32】**多重条件查询：**查询计算机专业入学年龄在 20 岁以下的学生姓名。

```
SELECT sname
FROM student
WHERE smajor='CS' AND sage<20;
```

注意，多重条件查询可以用 AND、OR 连接多个查询条件，但在没有括号的情况下 AND 的逻辑运算优先级高于 OR；所以，可以用括号改变逻辑判断的优先级。

（2）涉及 DISTINCT、ORDER BY、聚集函数、GROUP BY 等关键词的查询

【例 33】**DISTINCT：**查询所有学生的专业名列表。

```
SELECT DISTINCT(smajor)
FROM student;
```

其中，DISTINCT 用于去掉查询结果集中重复的行；若 SELECT 中没有特别指定，则缺省为 ALL。

【例 34】**ORDER BY：**查询全体学生所有字段，查询结果按专业名升序、入学年龄降序的方式排序输出。

```
SELECT *
FROM student
ORDER BY smajor ASC,sage DESC;
```

其中，ORDER BY 用于对查询结果集进行排序显示。DESC 表示降序，ASC 表示升序，缺省值为升序。ORDER BY 也可以按一个或多个属性列排序。

聚集函数可以对查询结果集进行计数、求和、求均值、求极值等统计操作。各函数的定义如表 3-6。

表 3-6　聚集函数

<table>
<tr><th>聚集函数类型</th><th>函数语法</th></tr>
<tr><td>计数</td><td>COUNT([DISTINCT|ALL] *)
COUNT([DISTINCT|ALL] <列名>)</td></tr>
<tr><td>求和</td><td>SUM([DISTINCT|ALL] <列名>)</td></tr>
<tr><td>求平均值</td><td>AVG([DISTINCT|ALL] <列名>)</td></tr>
<tr><td>求最大值</td><td>MAX([DISTINCT|ALL] <列名>)</td></tr>
<tr><td>求最小值</td><td>MIN([DISTINCT|ALL] <列名>)</td></tr>
</table>

【例 35】聚集函数：查询 student 表中学生的总人数。

```
SELECT COUNT(*)
FROM student;
```

【例 36】聚集函数：查询选修了课程的学生人数。

```
SELECT COUNT(DISTINCT sno)
FROM sc;
```

【例 37】聚集函数：查询选修了 2 号课程的学生的平均分。

```
SELECT AVG(grade)
FROM sc
WHERE cno='2';
```

GROUP BY 子句用于对查询结果集按列属性进行分组，即按指定的一列或多列值分组、值相等的为一组，从而细化聚集函数的作用对象。若未对查询结果分组，聚集函数则作用于整个查询结果；若对查询结果分组后，聚集函数将分别作用于每个组。GROUP BY 通常与 HAVING 短语联合使用。HAVING 短语后面也跟<条件表达式>，但 HAVING 短语与 WHERE 子句的区别在于作用对象不同；WHERE 子句作用于表或视图，从中选择满足条件的记录；而 HAVING 短语则作用于组，即选择满足条件的组。

【例 38】GROUP BY：求各个课程号及相应的选课人数，并按课程号分组输出。

```
SELECT cno,COUNT(sno)
FROM sc
GROUP BY cno;
```

【例 39】**GROUP BY**：查询选修了 1、2 号课程的学生的学号。

```
SELECT sno
FROM sc
WHERE cno='1' OR cno='2'
GROUP BY sno
HAVING COUNT(*)=2;        /*去掉查询结果中选课记录数为 1 的学生*/
```

注：该语句表达的含义对应关系代数中的除法。

3.7.2　连接查询（关系代数中的连接操作）

连接查询对应关系代数中的连接操作。当查询涉及多表时，连接条件或连接谓词可以建立多表之间的联系。其语法如下：

```
[<表名 1>.]<列名 1> <比较运算符> [<表名 2>.]<列名 2>
[<表名 1>.]<列名 1> BETWEEN [<表名 2>.]<列名 2> AND [<表名 2>.]<列名 3>
```

连接谓词（运算符）两边字段为查询中的连接条件，字段名可以不同，但必须可比。

1. 连接操作的执行过程

连接操作常见的执行过程有嵌套循环法（NESTED-LOOP）、排序合并法（SORT-MERGE）、索引连接（INDEX-JOIN）、哈希（HASH）连接法。下面简单介绍执行过程，详细情况见程昌秀和宋晓眉（2016）的研究。

（1）嵌套循环法（NESTED-LOOP）：适用于等值连接和非等值连接

首先在表 1 中找到第一条记录，然后从头开始扫描表 2，逐一查找满足连接条件的记录；若找到，则将表 1 的第一条记录与表 2 中满足条件的记录拼接起来，作为查询结果输出；直到扫描完表 2 的所有记录。

当表 2 的记录全部查找完后，再找表 1 中第二条记录，然后再从头开始扫描表 2，逐一查找满足连接条件的记录；若找到，则将表 1 的第一条记录与表 2 中满足条件的记录拼接起来，作为查询结果输出；直到扫描完表 2 的所有记录。

重复上述操作，直到表 1 中的全部记录处理完毕。

（2）排序合并法（SORT-MERGE）：仅适用于等值连接

首先，按连接属性对表 1 和表 2 排序。

然后，对表 1 的第一条记录，从头开始扫描表 2，顺序查找满足连接条件的记录；判断表 1 的第一条记录与表 2 的当前记录是否满足连接条件，若满足，则将两条记录拼接起来，作为查询结果输出。当扫描到表 2 的连接字段值大于表 1 的连接字段值时，则暂时中断对表 2 的扫描。

之后，找到表 1 的第二条记录，从上步中断点处继续顺序扫描表 2 剩下的记录；判断表 1 的第一条记录与表 2 的当前记录是否满足连接条件，若满足，则将两条记录拼接起来，作为查询结果输出。当扫描到表 2 的连接字段值大于表 1 的连接字段值时，则暂时中断对表 2 的扫描。

重复上述操作，直到表 1 或表 2 中的全部记录扫描完毕为止。

（3）索引连接（INDEX-JOIN）：适用于等值连接与非等值连接

首先，对表 2 按连接字段建立索引。

然后，对表 1 中的每个记录，依次根据其连接字段值查询表 2 的索引；判断表 1 的第一条记录与索引表 2 中的当前记录是否满足连接条件，若满足，则将表 1 的第一个记录与索引的当前记录拼接起来，作为查询结果输出；直到扫描完索引表 2 的所有记录。

重复上述操作，直到表 1 中的全部记录处理完毕。

（4）哈希（HASH）连接：适用于等值连接

首先，对记录数较少的表，将其参与连接的属性值按 HASH 函数散列到不同的桶中。

然后，依次读取另一个标的元组，将其参与连接的属性值也按 HASH 函数散列到相应的桶中，再把该元组与桶中前一表的元组连接起来。

2. 等值连接

连接运算符为“=”。

【例 40】查询每个学生及其选修课程的情况。以表 3-7（a）和（b）的两表数据为例，下面等值连接的执行结果如表 3-7（c）所示。这里需要注意，由于该案例中没有启用外键约束，所以表 3-7（b）中出现的 200215789 在表 3-7（a）中可以不存在。

```
SELECT student.*,sc.*
FROM student,sc
WHERE student.sno=sc.sno;
```

表 3-7　等值连接查询的结果

（a）student 表

姓名 sname	性别 sgen	年龄 sage	专业名称 smajor	学号 sno
李勇	男	20	CS	200215121
刘晨	女	19	CS	200215122
王敏	女	18	MA	200215123
张立	男	19	IS	200515125

（b）sc 表

学号 sno	课程号 cno	成绩 grade
200215121	1	92
200215121	2	85
200215121	3	88
200215122	2	90
200215122	3	80
200215789	3	63

（c）查询结果

姓名 sname	性别 sgen	年龄 sage	专业名称 smajor	学号 sno	课程号 cno	成绩 grade
李勇	男	20	CS	200215121	1	92
李勇	男	20	CS	200215121	2	85
李勇	男	20	CS	200215121	3	88
刘晨	女	19	CS	200215122	2	90
刘晨	女	19	CS	200215122	3	80

3. 自身连接

有时一个表需要与其自己进行连接，以示区别需要给表起两个别名。由于两别名表的所有属性都是同名属性，因此选择字段时必须使用别名作为前缀。

【**例 41**】查询每一门课的间接先修课（即先修课的先修课）

```
SELECT first.cno,second.cpno
FROM course first,course second
WHERE first.cpno=second.cno;
```

执行过程如图 3-4。

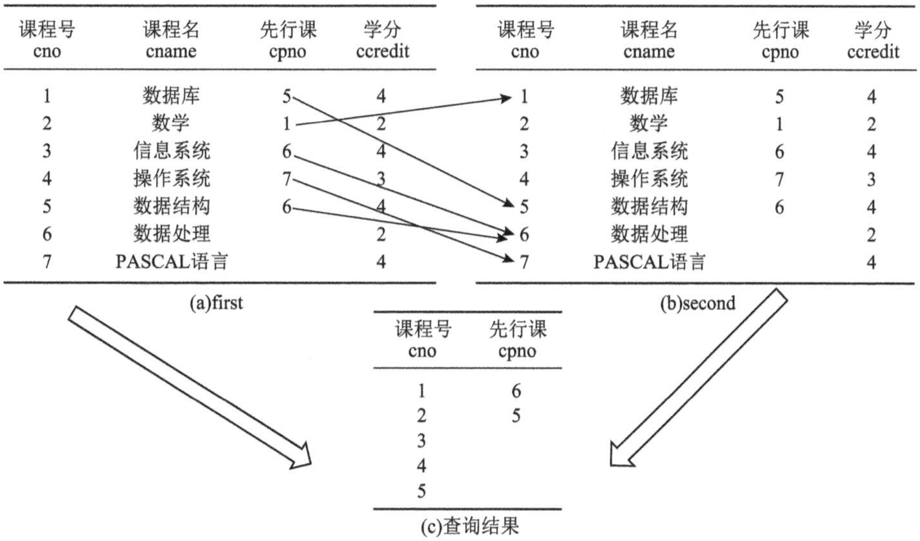

(a)first

课程号 cno	课程名 cname	先行课 cpno	学分 ccredit
1	数据库	5	4
2	数学	1	2
3	信息系统	6	4
4	操作系统	7	3
5	数据结构	6	4
6	数据处理		2
7	PASCAL语言		4

(b)second

课程号 cno	课程名 cname	先行课 cpno	学分 ccredit
1	数据库	5	4
2	数学	1	2
3	信息系统	6	4
4	操作系统	7	3
5	数据结构	6	4
6	数据处理		2
7	PASCAL语言		4

(c)查询结果

课程号 cno	先行课 cpno
1	6
2	5
3	
4	
5	

图 3-4　自身连接查询过程示意

4. 外连接 OUT JOIN

用于把来自两个或多个表的行连接起来。外连接操作主要分为 4 类（图 3-5）：

内连接：返回来自左右两个表且满足连接条件的行的拼接结果。

左连接：逐一从左表（table1）取行，判断其与右表（table2）的行是否满足连接条件，若满足，则拼接起来，作为结果表的记录输出；否则，输出左表的行数据，而右表相关列用 NULL 填充。

右连接：逐一从右表（table2）取行，判断其与左表（table1）的行是否满足连接条件，若满足，则拼接起来，作为结果表的记录输出；否则，输出右表的行数据，而左表相关列用 NULL 填充。

全连接：相当于左连接结果和右连接结果的并集。

【例 42】以表 3-7 中的（a）、（b）表为例，其内连接、左连接、右连接、全连接对应的 SQL 语句和连接结果如图 3-5。

SQL　　执行结果

内连接

```
SELECT sname,sgen,sage,
    smajor,s.sno,cno,grade
FROM student s
INNER OUT JOIN sc ON
    (s.sno=sc.sno);
```

sname	sgen	sage	smajor	sno	cno	grade
李勇	男	20	CS	200215121	1	92
李勇	男	20	CS	200215121	2	85
李勇	男	20	CS	200215121	3	88
刘晨	女	19	CS	200215122	2	90
刘晨	女	19	CS	200215122	3	80

左连接

```
SELECT sname,sgen,sage,
    smajor,s.sno,cno,grade
FROM student s
LEFT OUT JOIN sc ON
    (s.sno=sc.sno);
```

sname	sgen	sage	smajor	sno	cno	grade
李勇	男	20	CS	200215121	1	92
李勇	男	20	CS	200215121	2	85
李勇	男	20	CS	200215121	3	88
刘晨	女	19	CS	200215122	2	90
刘晨	女	19	CS	200215122	3	80
王敏	女	18	MA	200215123	NULL	NULL
张立	男	18	IS	200515125	NULL	NULL

右连接

```
SELECT sname,sgen,sage,
    smajor,s.sno,cno,grade
FROM student s
RIGHT OUT JOIN sc ON
    (s.sno=sc.sno);
```

sname	sgen	sage	smajor	sno	cno	grade
李勇	男	20	CS	200215121	1	92
李勇	男	20	CS	200215121	2	85
李勇	男	20	CS	200215121	3	88
刘晨	女	19	CS	200215122	2	90
刘晨	女	19	CS	200215122	3	80
NULL	NULL	NULL	NULL	200215789	3	63

全连接

```
SELECT sname,sgen,sage,
  smajor,s.sno,cno,grade
FROM student s
FULL OUT JOIN sc ON
  (s.sno=sc.sno);
```

sname	sgen	sage	smajor	sno	cno	grade
李勇	男	20	CS	200215121	1	92
李勇	男	20	CS	200215121	2	85
李勇	男	20	CS	200215121	3	88
刘晨	女	19	CS	200215122	2	90
刘晨	女	19	CS	200215122	3	80
王敏	女	18	MA	200215123	NULL	NULL
张立	男	18	IS	200515125	NULL	NULL
NULL	NULL	NULL	NULL	200215789	3	63

图 3-5　不同连接关键词含义示意

【例 43】以表 3-7 中的表为例，其笛卡儿积对应的 SQL 语句为

```
SELECT student.*,sc.*
FROM student,sc;
```

5. 复合条件连接

WHERE 子句中含多个连接条件。

【例 44】以表 3-7 中的表为例，列出选修 2 号课程且成绩在 90 分以上的所有学生的学号和姓名。

```
SELECT student.sno,sname
FROM student,sc
WHERE student.sno=sc.sno AND sc.cno='2' AND sc.grade>90;
```

【例 45】以表 3-7 中的表为例，列出每个学生的学号、姓名、选修课程名及成绩。

```
SELECT student.sno,sname,cname,grade
FROM student,sc,course
WHERE student.sno=sc.sno AND sc.cno=course.cno;
```

3.7.3　嵌套查询

一个 SELECT-FROM-WHERE 语句称为一个查询块。若将一个查询块嵌套在另一个查询块的 WHERE 子句或 HAVING 短语条件中，则该查询称为嵌套查询。外层查询块称父查询，内层查询块称子查询。子查询中不能使用 ORDER BY 子句。层层嵌套方式反映了 SQL 语言的结构化特点。

有些嵌套查询可以用连接运算替代，通常连接运算效率较高，因此能用连接运算表达的 SQL 尽量写为连接查询，这对提高系统运行的查询效率有重要意义。特别是对海量数据库，系统优化中一个很重要的方面就是 SQL 语句的优化。

不同嵌套查询执行过程有所不同：①若子查询的查询条件不依赖于父查询，则称不相关子查询；其执行过程与四则混合运算相对简单、按照括号由内向外的顺序逐层执行查询，即子查询在其父查询处理之前求解，子查询的结果再用于建立父查询的查找条件；例如【例 46】。②若子查询的查询条件中的参数来自父查询，则也称相关子查询；其执行过程与两层嵌套的 For 循环类似。首先，取外层父查询中第一个记录，将该记录的值代入内层子查询条件，并执行内层子查询；若内层子查询的 WHERE 子句返回值为真，则将子查询的结果返回父查询执行并输出父查询的执行结果；然后，再取外层父查询的下一个记录重复上述过程，直至外层父查询的记录遍历为止；例如【例 50】。

1. 带 IN 谓词的子查询

【例 46】以表 3-7 中的表为例，查询与“刘晨”在同一个系学习的学生。

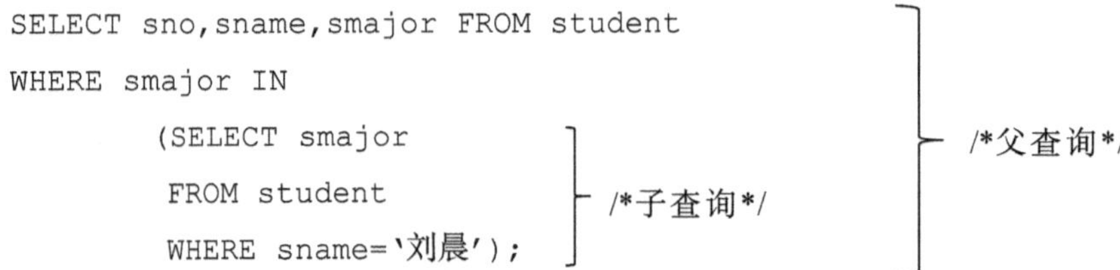

```
SELECT sno,sname,smajor FROM student
WHERE smajor IN
        (SELECT smajor
         FROM student
         WHERE sname='刘晨');        /*子查询*/   /*父查询*/
```

注意，此查询为不相关子查询，即子查询中没有来自父查询的参数；查询过程按照括号由内向外的顺序逐层执行。另外，此嵌套查询可以用下面的连接运算替代。

```
SELECT S1.sno,S1.sname,S1.smajor
FROM student S1,student S2
WHERE S1.Sdept=S2.Sdept AND sname='刘晨'。
```

【例 47】以表 3-7 中的表为例，列出仅选修了 1、2 号课程的学生的学号。

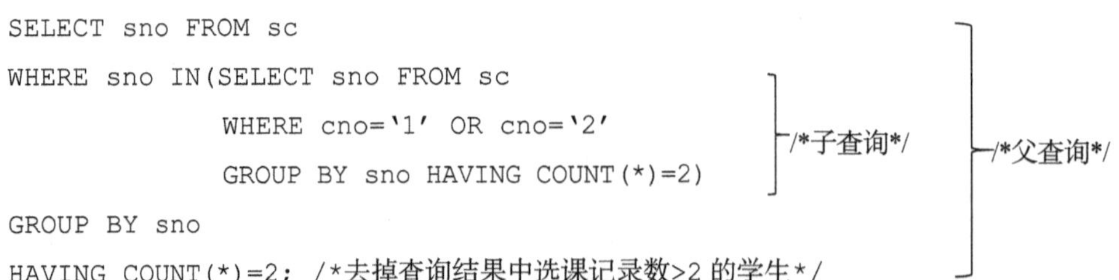

```
SELECT sno FROM sc
WHERE sno IN(SELECT sno FROM sc
             WHERE cno='1' OR cno='2'
             GROUP BY sno HAVING COUNT(*)=2)    /*子查询*/   /*父查询*/
GROUP BY sno
HAVING COUNT(*)=2;  /*去掉查询结果中选课记录数>2 的学生*/
```

注意，此查询为不相关子查询，查询过程按照括号由内向外的顺序逐层执行。这里需要注意它与【例 39】查询语句的区别与联系。

【例 48】以表 3-7 中的表为例，列出选修了课程名为“信息系统”的学生学号和姓名。

```
SELECT sno,sname /*③ 最后在 student 关系中取出 sno 和 sname*/
```

```
FROM student
WHERE sno IN
(SELECT sno  /*② 然后在 sc 关系中找出选修了 3 号课程的学生学号*/
 FROM sc
 WHERE cno IN
       (SELECT cno  /*① 首先在 course 关系中找出“信息系统”的课程号,为 3 号*/
        FROM course
        WHERE cname='信息系统'
       )
);
```

注意，此查询为三级嵌套的不相关子查询，查询过程按照①～③的顺序由内向外逐层执行。此外，此嵌套查询也可以用下面的连接运算替代。

```
SELECT student.sno,sname
FROM student,sc,course
WHERE student.sno=sc.sno AND sc.cno=course.cno
      AND course.cname='信息系统';
```

2. 带比较运算符的子查询

带比较运算符的子查询是指父查询与子查询之间用比较运算符进行连接。当用户能确切知道内层查询返回的是单个值时，可以用>、<、=、>=、<= 、!=或< >等比较运算符，也可与 ANY 或 ALL 谓词配合使用。

【例 49】假设一个学生只能在一个系学习，并且必须属于一个系，则【例 46】的查询可以用下面两种带比较运算符的 SQL 实现。

```
SELECT sno,sname,smajor
FROM student
WHERE smajor=
   (SELECT smajor
    FROM student
    WHERE sname='刘晨');
```

```
SELECT sno,sname,smajor
FROM student
WHERE
   (SELECT smajor
    FROM student
    WHERE sname='刘晨')=smajor;
```

【例 50】以表 3-7 中的表为例，找出每个学生的学号，以及超过他选修课程平均成绩的课程号。

```
SELECT sno,cno
FROM sc x
WHERE grade>=(SELECT AVG(grade)  /*相关子查询*/
```

```
              FROM sc y
              WHERE y.sno=x.sno);
```

注意，此子查询的查询条件依赖于父查询，即子查询中有来自父查询的参数（x），故也称为相关子查询，其执行过程如下：

① 从外层父查询表中取出 sc 第一条记录 x，将记录 x 的 sno 值（200215121）送入内层子查询，形成如下 SQL 语句：

```
SELECT AVG(grade) FROM sc y
WHERE y.sno='200215121';
```

② 执行上述查询，得到 200215121 所修课程的平均成绩 88，再将其值传出到外层父查询，形成如下 SQL 语句：

```
SELECT sno,cno
FROM sc x
WHERE grade>=88;
```

③ 执行这个查询，得到：(200215121,1)(200215121,3)

④ 在外层查询表中取出下一条记录重复做上述①至③步骤，直到外层的 sc 记录全部处理完毕。其执行结果为：(200215121,1)(200215121,3)(200215122,2)。

3. 带 ANY（SOME）或 ALL 谓词的子查询

谓词 ANY（SOME）表示任一（或一些）值，ALL 表示所有值。ANY（SOME）或 ALL 谓词与比较运算符的搭配，同聚集函数或 IN 谓词之间存在一定的等价关系。具体情况如表 3-8。

表 3-8　ANY（SOME）或 ALL 谓词与不同比较运算符配合的含义及等价的聚集函数或 IN 谓词

比较运算符与 ANY（SOME）或 ALL 谓词的搭配	含义	等价的聚集函数或 IN 谓词
> ANY（SOME）	大于子查询结果中的某个值	>MIN
> ALL	大于子查询结果中的所有值	>MAX
< ANY（SOME）	小于子查询结果中的某个值	<MAX
< ALL	小于子查询结果中的所有值	<MIN
>= ANY（SOME）	大于等于子查询结果中的某个值	>=MIN
>= ALL	大于等于子查询结果中的所有值	>=MAX
<= ANY（SOME）	小于等于子查询结果中的某个值	<=MAX
<= ALL	小于等于子查询结果中的所有值	<=MIN
= ANY（SOME）	等于子查询结果中的某个值	IN
=ALL	等于子查询结果中的所有值（通常没有实际意义）	–

续表

比较运算符与 ANY（SOME）或 ALL 谓词的搭配	含义	等价的聚集函数或 IN 谓词
!=（或<>）ANY（SOME）	不等于子查询结果中的某个值	–
!=（或<>）ALL	不等于子查询结果中的任何一个值	NOT IN

【例 51】以表 3-7 中的表为例，列出入学年龄不超过计算机科学专业学生入学年龄的其他专业的所有学生的姓名。

```
SELECT sname FROM student
WHERE sage<ANY(SELECT sage FROM student WHERE smajor='CS')
      AND smajor<>'CS'; /*父查询块中的条件 */
```

RDBMS 执行此查询时，首先处理子查询，找出 CS 专业中所有学生的年龄，构成一个集合(20,19)；然后，处理父查询，找所有不是 CS 专业且年龄小于 20 或 19 的学生。根据表 3-8 可知，我们也可用<MAX 的聚集函数实现，其 SQL 为：

```
SELECT sname FROM student
WHERE sage<(SELECT MAX(sage) FROM student WHERE smajor='CS')
      AND smajor<>'CS';
```

【例 52】以表 3-7 中的表为例，列出比计算机科学专业所有学生年龄都小的其他专业的所有学生的姓名及年龄。下面方法一用<ALL 实现，方法二则用<MIN 实现。

方法一：用 ALL 谓词

```
SELECT sname,sage
FROM student
WHERE sage<ALL(SELECT sage
               FROM student
               WHERE smajor='CS')
      AND smajor<>'CS';
```

方法二：用聚集函数

```
SELECT sname,sage
FROM student
WHERE sage<(SELECT MIN(sage)
            FROM student
            WHERE smajor='CS')
      AND smajor<>'CS';
```

4. 带 EXISTS 谓词的子查询

EXISTS 谓词为存在量词，其逻辑符号为“∃”。对于基于 EXISTS 谓词的函数，若其内的 SQL 查询结果不为空（表示存在这样的记录），则返回 TRUE；否则返回 FALSE。反之，对于基于 NOT EXISTS 谓词的函数，若其内的 SQL 查询结果不为空（表示存在这样的记录），则返回 FALSE；否则返回 TRUE。外层的 WHERE 子句在获得（NOT）EXISTS 的返回值后，执行外层 SQL 语句。这里需要注意，基于（NOT）EXISTS 谓词的函数不返回任何数据，只返回逻辑真或假。正是如此，（NOT）

EXISTS 内层查询的目标列表达式通常都用*，因为（NOT）EXISTS 不返回数据。

【例 53】以表 3-7 中的表为例，列出所有选修了 1 号课程的学生的姓名。

```
SELECT sname FROM student
WHERE EXISTS(SELECT * FROM sc
             WHERE sc.sno=student.sno AND cno='1');
```

本查询首先在 student 表中依次取每个记录的 sno 值，并将 student.sno 带入子查询，此时，子查询检查 sc 中是否存在 sc.sno=student.sno AND cno='1'的记录；若存在，EXISTS 返回 TRUE，由于父查询 WHERE 后的条件为 TRUE，则将父查询中的 student.sname 作为查询结果输出。

【例 54】以表 3-7 中的表为例，列出没有选修 1 号课程的学生的姓名。

```
SELECT sname FROM student
WHERE NOT EXISTS(SELECT * FROM sc
                 WHERE sno=student.sno AND cno='1');
```

【例 55】以表 3-7 中的表为例，列出至少选修了 200215122 号学生选修的全部课程的学生的学号。

```
SELECT DISTINCT sno FROM sc x
WHERE NOT EXISTS(SELECT * FROM sc y
                 WHERE y.sno='200215122' AND
                 NOT EXISTS(SELECT * FROM sc z
                            WHERE z.cno=y.cno AND z.sno=x.sno));
```

有些带 EXISTS 或 NOT EXISTS 谓词的子查询不能被其他形式的子查询等价替换；但所有带 IN 谓词、比较运算符、ANY 和 ALL 谓词的子查询都能用带 EXISTS 谓词的子查询等价替换。

3.7.4　集 合 查 询

集合操作的种类有并操作 UNION、交操作 INTERSECT、差操作 EXCEPT 三类。参加集合操作的各查询结果的列数必须相同；对应项的数据类型也必须相同。

【例 56】以表 3-7 中的表为例，列出选修了课程 1 或选修了课程 2 的学生的学号。方法一、方法二分别以集合查询、单表查询的方式给出了相应的 SQL 语句。显然，方法二更高效。关于两种方法的对比下同，后续不再赘述。

方法一：集合查询

```
SELECT sno FROM sc
WHERE cno='1'
```

方法二：单表查询

```
SELECT sno
FROM sc
```

```
UNION
SELECT sno FROM sc
WHERE cno='2';
```

```
WHERE cno='1' OR cno='2';
```

当将多个查询结果合并起来时，UNION 表示系统会自动去掉重复记录，而 UNION ALL 则不会去掉重复记录。

【例 57】以表 3-7 中的表为例，列出既选修了课程 1，又选修了课程 2 的学生的学号。

方法一：集合查询

```
SELECT sno FROM sc
WHERE cno='1'
INTERSECT
SELECT sno FROM sc
WHERE cno='2';
```

方法二：单表查询

```
SELECT sno
FROM sc
WHERE cno='1'AND cno='2'
```

【例 58】以表 3-7 中的表为例，查询计算机系学生与年龄不大于 19 岁学生的差集。

方法一：集合查询

```
SELECT * FROM student
WHERE smajor='CS'
EXCEPT
SELECT * FROM student
WHERE sage<=19;
```

方法二：单表查询

```
SELECT *
FROM student
WHERE smajor='CS' AND sage>19;
```

3.7.5　函 数 查 询

SQL 还支持条件函数（IF 和 CASE）、日期和时间函数、文本函数、窗口函数、保留几位小数的函数、将多个字符串连接成一个字符串的函数等，详细请查 SQL 手册。这里以图 3-6 给出的 student 表为例，用下面的 SQL 语句可以生成右侧的查询结果。

student 表

name	subject	result
张三	语文	80
张三	数学	90
张三	物理	85
李四	语文	85
李四	数学	92
李四	物理	82

⇨

姓名	合计总分	语文	数学	物理
张三	255	80	90	85
李四	259	85	92	82

```
SELECT name,SUM(a.result) as "合计总分",
  SUM(CASE WHEN a.subject='语文' THEN a.result ELSE NULL END) AS "语文",
  SUM(CASE WHEN a.subject='数学' THEN a.result ELSE NULL END) AS "数学",
  SUM(CASE WHEN a.subject='物理' THEN a.result ELSE NULL END) AS "物理"
FROM student a
GROUP BY name;
```

图 3-6　交叉查询含义示意

3.8　SQL 99

上述 SQL 是 SQL 92（也称 SQL 2）。随着对象关系型数据库的发展，国际标准化组织于 1999 年发布了 SQL 99（也称 SQL 3）。该标准提供了面向对象的扩展，增加了对象语言的绑定。SQL 99 的扩展使我们可以同时处理关系模型中的表和对象模型中的类与对象。SQL 99 关于 ORDBMS 标准的制定晚于系统的实现，所以各 ORDBMS 产品在支持对象模型方面虽然思路一致，但在术语、语言语法、扩展功能等方面可能还有差异。

SQL 99 中与空间数据库管理系统密切相关的扩展主要包括：

（1）大对象类型

SQL 99 对关系数据类型进行了扩展，克服原来关系数据库数据类型单一的缺点，扩展的数据类型包括：大对象（large object，LOB）类型、集合 ARRAY 类型、用户定义的 DISTINCT 类型等。这里主要介绍 LOB 类型。

LOB 类型可以存储多达十亿字节的串。LOB 又分为二进制大对象（binary large object，BLOB）和字符串大对象（character large object，CLOB）两种。BLOB 通常用于存储音频、图像数据；CLOB 通常用于存储长字符串数据。LOB 类型的数据直接存储在数据库中、而非外部的文件中。LOB 类型由 DBMS 统一维护，可以像其他类型的数据一样被查询、提取、插入和修改。

这里需要注意，SQL 99 大对象类型还不支持函数，因此不属于对象关系数据库。

（2）抽象数据类型

SQL 99 允许用户创建、制定带有自身行为说明和内部结构的用户定义类型，该类型称为用户自定义数据类型（user define data type，UDT）。定义 UDT 的一般形式为

```
CREATE TYPE <type_name>
 所有属性名及其类型说明,
     ····[定义该类型的比较函数]
```

定义该类型其他函数（方法）；

UDT 有如下特点：①在创建 UDT 的语句中，可以通过用户定义的函数比较该数据类型的大小；如果不特别定义，则采用默认的比较函数。②UDT 的行为通过方法（methods）或函数（function）实现；SQL 99 中函数和方法的含义是有区别的，方法是与某个用户定义的类型紧密联系在一起的，而函数不是。③UDT 可以参与类型的继承：在类型继承过程中，子类型包括父类型的属性和方法，并可以增加自己的新属性和方法。

（3）行对象与行类型

一个行类型（ROW TYPE）可以使用如下语句定义：

```
CREATE ROW TYPE <row_type_name>
 (<component declariations>);
```

行类型中属性类型可以是基本类型、扩展关系类型。行类型也称记录类型，因为它们的实例是表中的记录。创建行类型 Person_type，然后再定义由 Person_type 构建的 Person_extent 表，语句如下：

```
--创建名为 Person_type 的行类型
CREATE ROW TYPE Person_type
(pno NUMBER,
 name VARCHAR2(100),
 address VARCHAR2(100)
);
--创建由行类型 Person_type 构建的 Person_extent 表
CREATE TABLE Person_extent OF Person_type
(pno PRIMARY KEY)
```

其中，Person_extent 表的属性直接对应行类型的属性定义，其主键是 pno。表中的每行是一个对象。

（4）列对象与列类型

在实际 ORDBMS 中提供了列对象的概念，可以创建一个列类型，表的属性可以是该对象类型。语句如下：

```
CREATE TYPE <type_name> AS OBJECT
(<component declariations>);
```

创建一个名为 address_objtyp 的列对象类型，并创建一个包含 address_objtyp 列对象的 people-reltab 表的语句如下：

```
--创建名为 address_objtyp 的列对象类型
CREATE TYPE address_objtyp AS OBJECT
(street VARCHAR2(50),
 city VARCHAR2(50)
);
--创建一个包含 address_objtyp 列对象的 people-reltab 表
CREATE TABLE People_reltab
(Id NUMBER(10) ,
 name VARCHAR2(100),
 address_obj  address_objtyp
);
```

除 SQL 99 的对象关系型数据库扩展外，其后 SQL 2003、SQL 2006 和 SQL 2008 分别围绕着 XML 等，从不同层次上增加了 XML 数据存储、查询与处理等能力。

【练习题】

1. 简述 SQL 语句的特点。
2. 用 SQL 语言实现第二章的练习题 8。

当数据库比较复杂（如数据量大、表较多、业务关系复杂）时，需要充分了解用户需求，并设计出结构合理的数据库表结构。因为良好的数据库设计可以节省数据的存储空间，保证数据的完整性，方便进行应用系统的开发。

第 4 章　数据管理系统的设计

4.1　模型抽象的 3 个层次

数据模型（data model）是对现实世界数据特征的抽象、对现实世界的模拟。由于计算机不可能直接处理现实世界中的具体事物，所以必须事先把具体事物转换成计算机能够处理的数据，即需要把现实世界中具体的人、物、活动、概念用数据模型这个工具来抽象、表示和处理。

数据模型的抽象要经历从现实世界到人为理解、再从人为理解到计算机实现的过程。因此，根据抽象阶段的不同目的，数据模型可分为概念模型、逻辑模型、物理模型三个层次模式来建模，如图 4-1。

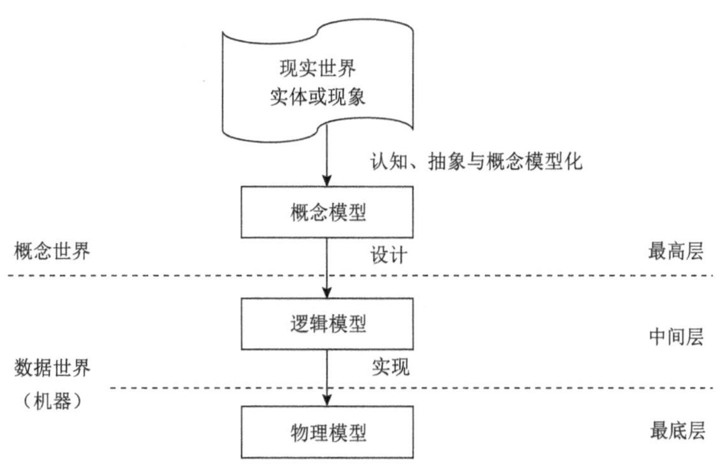

图 4-1　模型抽象的 3 个层次

（1）概念模型：用于信息世界的建模，是现实世界到信息世界的第一层抽象，是数据库设计的有力工具，也是数据库开发人员与用户之间进行交流的语言。因此概念模型既要有较强的表达能力，还要简单、清晰、易于理解。从现实世界到概念模型的转换是由数据库设计人员完成的；他们在充分了解需求后，通常采用 E-R 图、UML 图等工具完成。

（2）逻辑模型：是计算机系统能够理解、并被数据库管理系统支持的语言或模型。从概念模型到逻辑模型的转换可由数据库设计人员在指定的数据管理模型的支持下完成。目前，常用的模型有关系模型、对象关系模型。从概念模型到逻辑模型的转换由数据库设计人员完成，通常采用 Rose 等数据库设计工具完成。

（3）物理模型：是对数据最底层的抽象，它描述数据在系统内部的表示方式和存取方法，在磁盘或磁带上的存储方式和存取方法，是面向计算机系统的。因此，物理模型是面向指定的数据库管理系统（例如，MSQL、Oracle 等）的具体实现方案。设计人员需要了解所选择数据库管理系统的物理实现，但一般用户可以不考虑这些物理细节。

4.1.1　概 念 设 计

概念模型是对信息世界的建模，所以概念模型应该能方便、准确地表示出信息世界中的常用概念。概念模型的表示方法很多，我们这里介绍实体-联系法（entity-relationship approach，E-R 方法）、类图（class diagram）两种常用的概念建模方法。

1. E-R 图

E-R 方法是关系型数据库常用的概念建模方法，是中国台湾陈平山（Pingshan Chen）于 1976 年提出的，它采用实体-联系图（entity-relationship diagram，E-R 图）描述现实世界的概念模型。用 E-R 图描述的模型也称 E-R 模型。这里仅介绍 E-R 图的要点，详细内容请参见 E-R 模型的相关书目。

E-R 图提供了表示实体型、属性及其联系的方法：

（1）实体（entity）：用矩形表示，矩形框内写实体名。

（2）属性（attribute）：用椭圆形表示，并用无向边将其与相应的实体型连接起来。

（3）联系（relationship）：用菱形表示，菱形框内写明联系名，并用无向边分别将有关实体型和属性连接起来，同时在无向边旁标注联系的类型（1∶1、1∶n 或 m∶n）。

图 2-9 所示的课程、学生、专业实体间的 E-R 图可用图 4-2 虚线以外的部分表示，其中，学生和课程间是多对多关系，即一位学生可以选多门课程、一门课程也可以被多位学生选择；专业和学生间是一对多关系，即一个专业可以拥有多位学生、但每位学生只能属于一个专业。若系统需要管理更多的实体和关系，则可以此为模板进行扩展。例如，若系统需要增加班级和学生间一对多的关系，则可以仿照专业和学生的关系对 E-R 图进行扩展，如图 4-2 虚线以内的部分，同时增加了 1 位学生作为班长管理班级学生的概念。

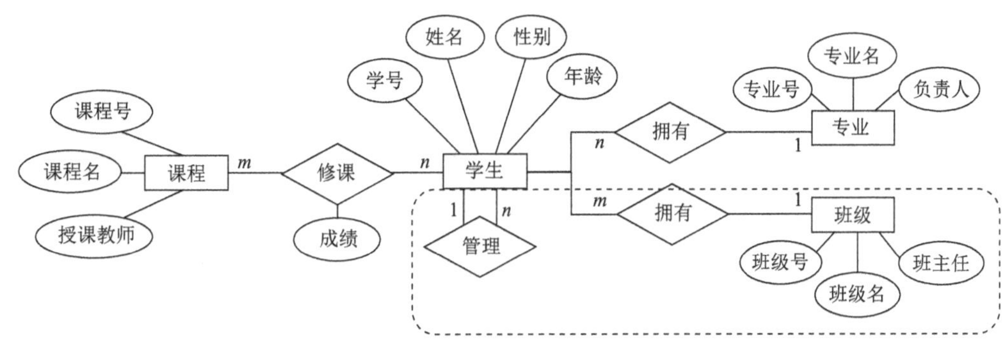

图 4-2　学生、课程、班级的 E-R 图

由此可见，E-R 图是数据库应用系统设计人员和普通非计算机专业用户进行数据建模和沟通与交流的有力工具，使用起来直观易懂、简单易行。后续第 8 章在介绍几何拓扑模型、网络拓扑模型时，则采用 E-R 图表述其概念设计。

E-R 图是概念设计报告中的核心内容。熟悉 E-R 图的表达和绘制是撰写数据库设计报告的重要基础。

2. UML 图

统一对象建模语言（unified modeling language，UML）是 1997 年对象管理组织（object management group，OMG）发布的一种面向对象的综合语言，用于在概念层对结构化模式和动态行为进行建模。类图是以“对象”作为最基本的元素，尽可能按照人类认识世界的方法和思维方式来分析和解决问题；类图主要用于显示模型的静态结构，特别是模型中存在的类、类的内部结构以及它们之间的关系等。后续第 8 章在介绍几何对象模型、注记文本模型时，则采用 UML 类图描述其概念设计。下面仅介绍类图常见的一些概念，详细内容请参见 UML 的相关书籍。

类（class）是共享同一属性（attribute）和方法（method）的对象集合的抽象。对象（object）是类的实例；类是对象的抽象。属性用于表征对象的内部状态，可以是属性的集合，也可以是另外一组对象的集合；对象的状态是由属性的当前值体现；对象至少有一个由系统自动生成的唯一标识属性。属性的作用域或可见性有公有（public）、私有（private）、受保护（protect）三个级别；其中，公有属性可以被外部的类或对象直接访问，其前用“+”号标识；私有属性仅限于其所在的类或对象访问该属性，其前用“–”号标识；受保护属性除供其所在的类或对象访问外，其派生的类或对象也可以访问，其前用“#”号标识。方法是类具有的一些动作或操作，是类定义中非常重要的部分，通常用于修改类的行为或状态。以学生类为例，其类、属性、方法的可视化图符如图 4-3。类与类之间是有关系（relationship）的；通常由弱到强主要有依赖（dependence）、关联（association）、聚合（aggregation）、组合（composition）、泛化（generalization）五种关系。

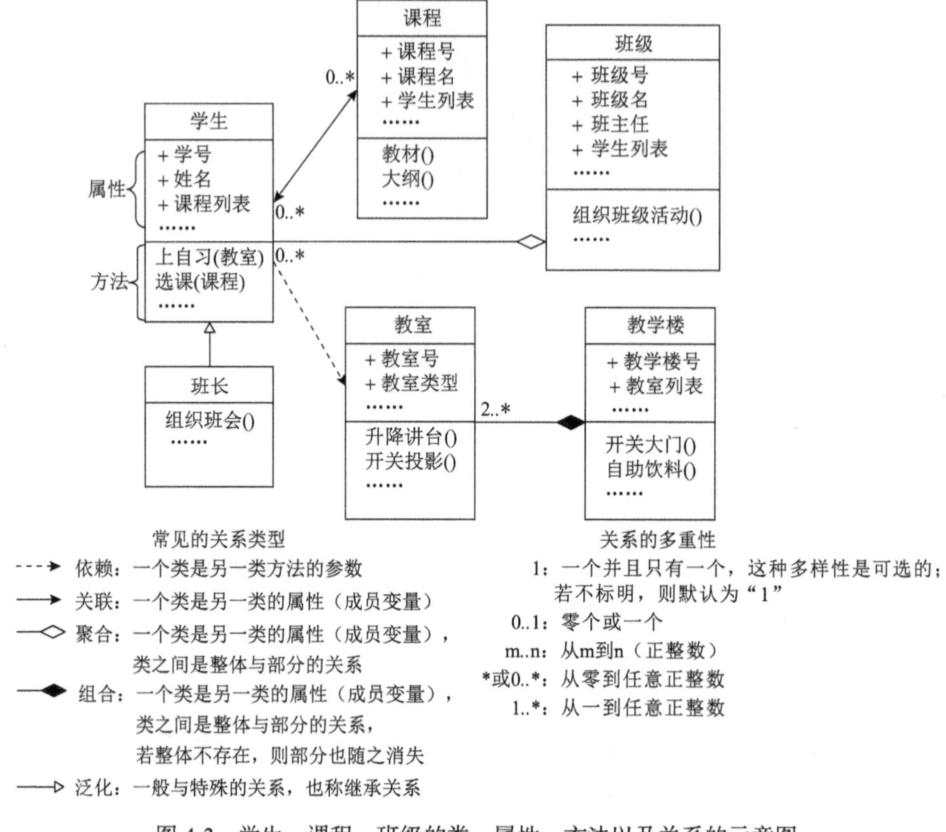

图 4-3　学生、课程、班级的类、属性、方法以及关系的示意图

下面重点介绍 UML 类图中的各类关系：

（1）依赖（dependence）：类 A 要完成某个功能必须引用类 B，则称类 A 依赖类 B；其符号为带箭头的虚线，箭头指向被引用者。在代码实现上表现为：局域变量、方法的形参，或者对静态方法的调用。例如，图 4-3 的“学生”和“教室”，“教室”对象将作为方法的参数，输入到“学生”的“上自习”的方法中。

（2）关联（association）：是一种拥有的关系，一个类可以引用（知道）另一个类的属性和方法；其符号为带普通箭头的实心线，指向被拥有者，关联可以是双向的，也可以是单向的。双向的关联可以有两个箭头或者没有箭头，单向的关联有一个箭头。在代码实现上表现为：成员变量。例如，“学生”和“课程”间就是双向的关联关系，关系中的两端可以定义类的多重性，其符号与含义如图 4-3 右下角所示；表示 0..m 位学生可以与 1 门课程关联，0..n 门课程也可以与 1 位学生关联。

（3）聚合（aggregation）：关联关系的一种，是强关联；关联和聚合在语法上无法区分，必须考察具体的逻辑关系，即聚合是类间整体与部分的关系。其符号为菱形线，菱形指向整体。在代码实现上表现为：成员变量。例如，图 4-3 中“班级”和“学生”就是整体与部分的关系，即 0 到多位学生聚合成为 1 个班级。当班级撤销时，学生依然存在，不会受影响。

（4）组合（composition）：是聚合关系的一种，是强聚合；组合和关联在语法上无法区分，必须考察具体的逻辑关系，即若整体不存在，则部分也随之消失。其符号为菱形块，菱形块指向整体。在代码实现上表现为：成员变量。例如，图 4-3 中“教室”和“教学楼”就是整体与部分的关系，即 2 到多个教室组合成 1 个教学楼。当教学楼被撤销了，教室也就不存在了。

（5）泛化（generalization）：表示一般与特殊的关系，它指定了子类如何特化父类的所有特征和行为，也称“继承”关系。由一个类泛化出来的类，拥有其父类的属性和方法，并且同时也可以扩展自身的属性和方法。其符号为三角形，箭头指向父类。例如，图 4-3 中“班长”类继承了“学生”类的所有方法和属性，同时还拥有“组织班会”等其特有的方法。

3. 小结

E-R 图和 UML 类图之间有很多相似之处，但也有一定差异。例如，E-R 图中“实体”的概念与 UML 中“类”的概念近似；实体和类都有属性，并且都参与到诸如关联这样的联系中。但是，实体不能表达继承等，对关系描述的细致程度也不如类图；此外，实体还不包含方法。

4.1.2　逻 辑 设 计

所谓逻辑设计就是将上述 E-R 图转换到关系模型，或将上述 UML 类图转换到对象关系模型的过程。

1. 从 E-R 图到关系逻辑模型

在 E-R 图向关系模型转换的过程中，实体通常直接转换为二维表，属性变成表的字段，码转换成键；对于一对多的关系用主键-外键的方式表示；对于多对多的关系，则可用一张二维关系表描述，转化为表后还需要定义一些行级和表级完整性约束的问题。以图 4-2 的 E-R 图为例，其逻辑设计如表 4-1 所示，其中（a）～（d）都是实体表，（e）为记录学生和课程间多对多关系的表，专业、班级同学生间的一对多关系则是通过在学生表上增加“专业 ID”、“班级 ID”两个外键实现。对于学生中有位班长管理班上同学的情况，可以有两种解决方案，一是在学生表中加入一个“是否为班长”的列，另一种是在班级表中加入一个“班长 ID”的外键，参照学生表的学生 ID。显然第一种方案占用的存储空间较大，这里选用了第二种方案。这里需要注意，逻辑设计还需要确定数据类型、主键、外键、必填、默认值等完整性约束问题，对于上述没提到的约束可以写在备注中。此外，逻辑设计还需要明确应用系统中哪些列是经常需要查询的，对于这些列需要在“索引”列标出 Y。

表 4-1 学生、课程、班级的逻辑设计

（a）课程表（course）

字段（英文）	字段（中文）	类型	主键	外键	必填	默认值	索引	备注
course_ID	课程 ID	Sequence	Y		Y		Y	
course_NO	课程编号	Char(10)			Y		Y	候选主键
course_Name	课程名称	Char(20)			Y			最多容纳 10 个汉字
Teacher_Name	授课教师	Char(10)			Y			最多容纳 5 个汉字

（b）学生表（student）

字段（英文）	字段（中文）	类型	主键	外键	必填	默认值	索引	备注
student_ID	学生 ID	Sequence	Y		Y		Y	
student_NO	学号	Char(10)			Y		Y	候选主键，最长 10 个字符
major ID	专业 ID	Integer		Y	Y			外键，参照 Major 表；
class ID	班级 ID	Integer		Y	Y			外键，参照 Class 表；
student_name	姓名	Char(10)			Y		Y	
gender	性别	Char(1)				F		取值 F 或 M
age	年龄	Date						取值范围 10～100

（c）班级表（class）

字段（英文）	字段（中文）	类型	主键	外键	必填	默认值	索引	备注
class_ID	班级 ID	Sequence	Y		Y		Y	
class_name	班级名称	Char(10)			Y		Y	候选主键
teacher_name	班主任	Char(10)						
student_leader_ID	班长 ID	Integer		Y	Y		Y	外键，参照 student 表

（d）专业表（major）

字段（英文）	字段（中文）	类型	主键	外键	必填	默认值	索引	备注
major_ID	专业 ID	Sequence	Y		Y		Y	
major_code	专业号	Char(10)			Y		Y	候选主键
major_name	专业名	Char(10)						
major_leader_name	负责人	Char(10)						最多容纳 5 个汉字

（e）学生选课成绩表（cs）

字段（英文）	字段（中文）	类型	主键	外键	必填	默认值	索引	备注
course_ID	课程 ID	Integer	Y	Y	Y		Y	外键，父子表参照完整性
student_ID	学生 ID	Integer	Y	Y	Y		Y	外键，父子表参照完整性
score	成绩	Integer					Y	取值范围 0～100

此外，数据设计时最好还要遵循如下经验性的规则：①将信息唯一地存储在一个地方。②记录是免费的，而新字段非常昂贵，即数据库设计好后不能轻易加字段，但行是可以无限续量的，有些表甚至会动态添加到上亿条记录。③表的主键字段最好只包含一个字段（这样可以避免出现部分函数依赖），且应该为顺序自增数据类型（例如，上述表中的 Sequence 类型），可以作为主键的有含义的编码可以设置 Unique 约束，作为候选键存在；这主要是因为顺序自增数据类型没有确切含义，可以确保主键字段不会随时间而更改。④注意使用引用完整性；对表进行定义并理解各表是如何关联后，请确保添加引用完整性来巩固各表之间的关系；这样可以避免因错误地修改连接字段而留下孤立的记录。

上述表格是逻辑设计的核心内容，熟练掌握上述表格是撰写数据库设计报告的重要基础。在后续第 8 章各类空间数据模型的逻辑设计中，仅重点给出的表名、字段名以及表间的参照关系，对有些字段的数据类型、是否必填等约束并未给出，这主要是由于篇幅有限。

2. 从 UML 类图到对象关系模型

对象关系模型是关系数据库技术与面向对象程序设计方法相结合的产物。它既保持了关系数据系统的非过程化数据存取方式和数据独立性，又继承了关系数据库系统已有技术；既支持原有的数据管理，又支持面向对象模型和对象管理。

对象关系型数据库一般具有如下功能：①扩展数据类型，如可以定义数组、向量、矩阵、集合等数据类型以及这些数据类型上的操作。②支持复杂对象,即由多种基本数据类型或用户自定义的数据类型构成的对象。③支持继承的概念。④提供通用的规则系统，大大增强对象-关系数据库的功能,使之具有主动数据库和知识库的特性。

以图 4-3 所示的 UML 类图中的学生类为例，在对象关系模型中可以将其定义为一个扩展的数据类型，并创建相应的表。学生类的定义和建表过程如下述语句所示。该类型支持属性和方法的定义，用户将按面向对象的方式访问数据。

```
-- 创建名为“学生”的数据类型
CREATE TYPE Student
AS OBJECT(
public SNO INTEGER,
public Name VARCHAR,
......
Private CourseList COURSELIST,
......
)
NOT FINAL
-- 创建具有“学生”数据类型的表
```

```
CREATE TABLE StdofRedSchool(
GenInfo Student,
Alias CHAR(10)
};
```

4.2　数据库的设计步骤

在充分理解了概念设计、逻辑设计的基础上，可以进一步了解数据库设计的全流程，如图 4-4。经历了需求分析、概念设计、逻辑设计、物理设计、数据库实施、数据库运行与维护等七个阶段。虽然这七个阶段是按瀑布式执行，但其实在设计过程中，若发现有不满意之处，还可以返回到前面的阶段，不断迭代，形成完善的数据库设计方案。

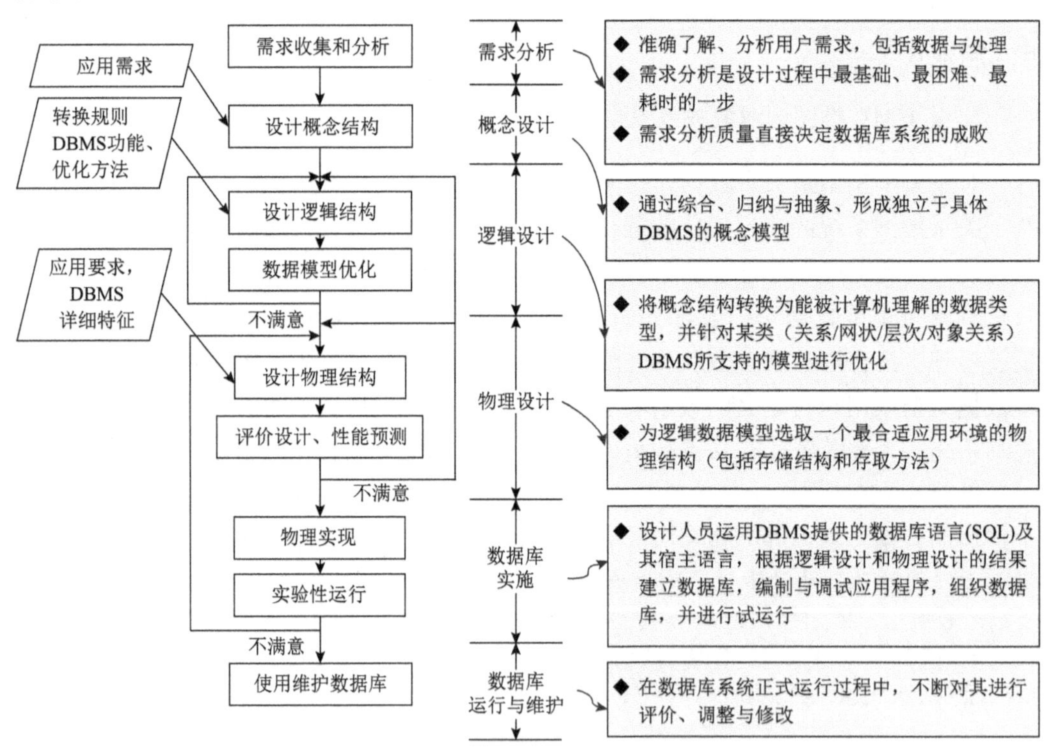

图 4-4　数据库设计的步骤

【练习题】

1. 解释数据模型、概念模型、逻辑模型、物理模型间的区别与联系。

2. 简述概念模型的两种建模方法，说明其适用范围。

3. 结合表 2-5 规范化后的结果，撰写该数据库设计报告，至少包含概念设计、逻辑设计两部分，物理设计可选。

索引是用于加快检索速度的数据结构。

第 5 章　索引与查询执行过程

简单来说，可以用新华字典的组织方式类比数据库索引的相关概念。新华字典中每个汉字及其相关解释类似于记录，汉字及其解释所在的页号类似于磁盘地址，汉字及其解释按 a～z 的排序存储，类似于磁盘的顺序存储。图 5-1（a）在字典侧面标出 a～z 的字母类似于数据库中的聚簇索引（clustered index）；图 5-1（b）和图 5-1（c）建立的拼音音节索引和部首检字表类似于数据库中非聚簇索引（non-clustered index），即需要增加额外的页面存储索引目录。

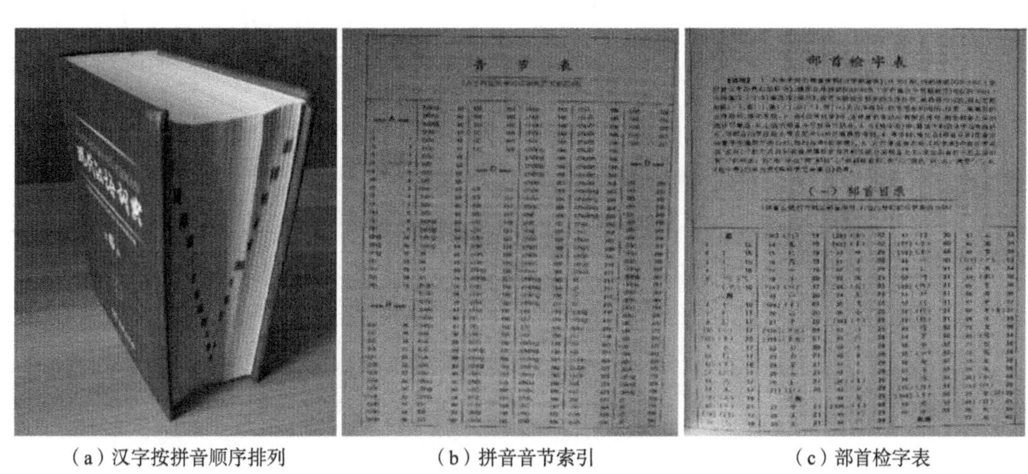

（a）汉字按拼音顺序排列　　（b）拼音音节索引　　（c）部首检字表

图 5-1　新华字典的检索方式

若字典未按上述规则组织，当检索“地”字时，只能从第 1 个字开始逐个比对，直到找到“地”字，即顺序读取。若字典建立了图 5-1（a）的索引，就可以根据“地”的拼音 DI，从侧面快速定位到 D 字标识的区域，再根据 I 快速选择 D 字标识区域稍靠前的页面，然后，在该页的附近页面查找，很快定位到“地”。若字典建立了图 5-1（a）或（b）的索引，也可以根据“地”的拼音或笔画，在图 5-1（a）或（b）中先找到对应的条目，再根据条目后面对应的页码，直接定位到该页进行查找。

根据上面的类比，读者应很容易理解下节中的内容。当然事实上，数据库的索引会更复杂，具体内容在后续章节介绍。

5.1 聚簇索引与非聚簇索引

5.1.1 聚 簇 索 引

聚簇索引是按索引例值的排序把表记录顺序存储在连续的磁盘空间上，有时也称一级索引、主索引、聚集索引。聚簇索引把关键列的排序与磁盘地址关联，故无需额外的磁盘存储空间。聚簇索引的创建应注意：①一个表只能包含一个聚簇索引；但该索引可以包含多个关键列（组合索引）。②聚簇索引关键列的值最好不要出现增删修改的情况；因为每次增删修改都可能引发表存储空间的调整，由于磁盘读写操作相对耗时，从而增加了聚簇索引的维护成本。③指定的关键列越少越好，且最好包含大量非重复的关键列值；若关键列越多，则出现列值更新的概率越大，索引维护成本越高；若关键列值的重复度越高，则检索时对记录地址精准定位的能力越差。

5.1.2 非聚簇索引

非聚簇索引是按关键列的某种规则、建立的含有关键列值及其数据存储位置的数据目录，该目录需要额外的磁盘空间进行存储；有时也称二级索引、辅助索引、文件索引。非聚簇索引的创建应注意：①一个表可以包含多个非聚簇索引，因为非聚簇索引没有直接与记录数据的存储绑定，而是需额外的磁盘空间存储索引目录。②关键列值的增删修改对系统性能的影响不大；因为上述变动仅涉及索引文件的修改，不会影响数据表。③不同的非聚簇索引结构对关键列值的重复度要求各异，例如 Hash 索引要求索引列值的重复度低，而位图索引则专门服务于重复度高的索引列。

5.2 常见的索引数据结构

索引是基于某种规则建立的、含有关键列值（关键字）的数据结构。有些数据结构只能用于聚簇索引或非聚簇索引，有些数据结构则两种都适用。下面介绍几种常见的索引结构。

5.2.1 哈 希 索 引

哈希（Hash）函数是哈希索引的重要基础。哈希函数也称散列函数或散列算法；是 MD5、SHA1、SHA2、SHA3 等一类算法；这些算法能够将任意长度的输入值快速转变成固定长度的输出（也称散列码）；相同的输入永远可以得到相同的输出，若输入内容稍有变动，输出结果便有不同。因此，Hash 函数也被视为一种从数据或文字中创建小数字“指纹”的方法。例如，在验证两文件是否相同的应用中，可用 Hash 函数生成两文件的散列码，通过对比相对短小、固定长度的两散列码，就可得知两文件是否相同。此外，Hash 函数还具有不可反算的特征，即根据散列码无法解算出原文。因此，散列码可以有效保护输入原文中的隐私。正是由于这一特性，Hash 函数也被应用于区块链的分布式记账中。下面介绍如何用 Hash 函数创建索引结构。

Hash 索引首先将表中各行索引列属性值输入哈希函数，得到相应的散列码，然后对散列码进行排序，形成排序后的散列码列表；再将行地址放入其对应的散列码后的指针中，即每个散列码后的指针指向其所在的行。当然，极少情况下会出现两个关键字的 Hash 散列值相同的情况（即“Hash 碰撞”），此时，将相同散列码对应的行作为链表顺次接在对应的散列码后即可。至此形成的索引称为 Hash 索引。下面以图 5-2（a）中的数据为例，对“名”关键字建立非聚簇的 Hash 索引的过程依次如图 5-2（b）、（c）所示。根据图 5-2（c）可知，其索引结构仅存储行地址，这样索引结构与表数据的存储是分开的，即属于非聚簇索引。在非聚簇的 Hash 索引中，当查询“名='Peter' AND 姓='Chen'”的记录时，系统会对查询条件中名字 Peter 做 Hash 函数映射，得到 8784 的散列码；然后在图 5-2（c）已排序的 Hash 索引中用折半查找法快速定位到 8784 节点；再读取其后存储的行地址，根据该地址访问数据表，依次读取出第 3、5 行的数据；最后，比较第 3、5 行的数据是否满足上述查询条件，结果是第 5 行符合，则返回第 5 行的数据作为查询结果。

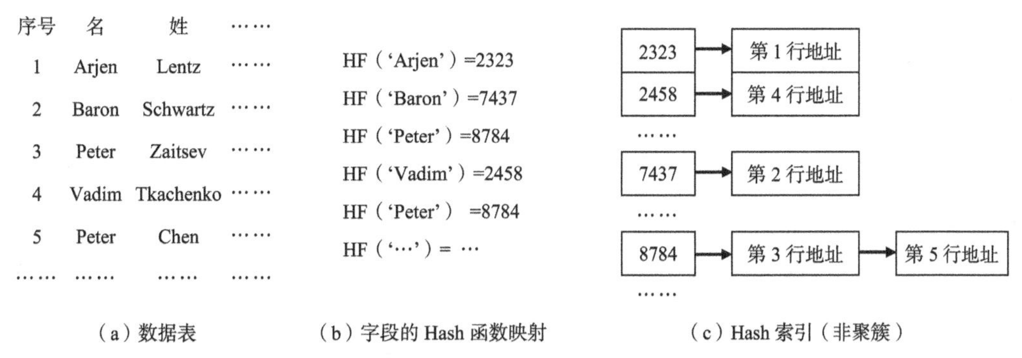

（a）数据表　（b）字段的 Hash 函数映射　（c）Hash 索引（非聚簇）

图 5-2　非聚簇 Hash 索引建造过程示意

若将行数据直接链接到相应的散列码后，该索引则为聚簇的 Hash 索引，如图 5-3。当查询“名='Peter'AND 姓='Chen'”的记录时，同样，系统会对查询条件中名字 Peter 做 Hash 函数映射，得到 8784 的散列码，然后在图 5-3 已排序的 Hash 索引中用折半查找法快速定位到 8784 节点，再读取其后的数据块（注意这里不是地址），即第 3、5 行的数据，最后，比较第 3、5 行的数据是否满足上述查询条件，结果是第 5 行符合，则返回第 5 行的数据作为查询结果。

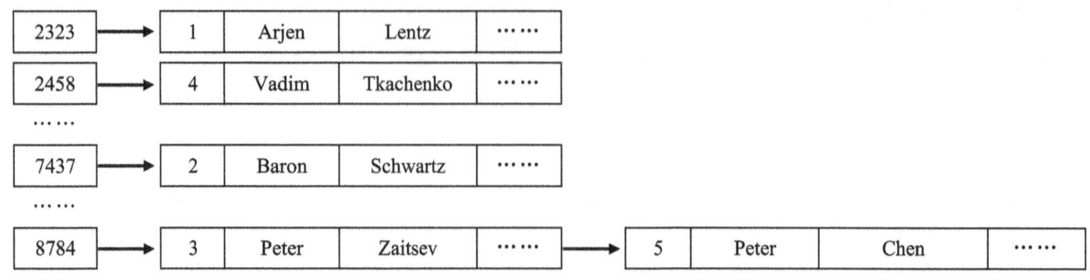

图 5-3 聚簇的 Hash 索引

Hash 索引的优点是结构简单、紧凑，查找速度快。缺点有：①只能进行精确的等式比较，不能用于范围查询；②哈希值是按照顺序排列的，但是哈希值映射的行数据在哈希表中则不一定有序，因此无法利用 Hash 索引加速任何排序操作；③在基于多字段建立的 Hash 索引中，不能用其中的部分索引键来搜索，因为组合索引在计算哈希值的时候是一起计算的；④当哈希碰撞较多时，哈希值后面的链表会很长，此时其检索效率可能不如树结构的索引高。

聚簇哈希索引也可以理解为一种以键-值（key-value）存储数据的结构，是后续 key-value 数据库的原型。我们只要输入待查找的值 key，就可以很快找到其对应的值 value。因此 key-value 数据库具有 Hash 索引的优点，也具有其不可避免的缺点。

5.2.2 树 索 引

1. B 树

二叉搜索树是一种简单且重要的搜索树，是后续其他索引树的基础，也称二叉排序树。以下简称二叉树（B 树）。深入理解二叉树的基本原理，对后续章节的学习意义重大。

这里先介绍树的基本术语：①节点：包含一个数据元素及若干指向子树分支的信息；②节点的度：一个节点拥有子树的数目；③叶节点：也称为终端节点，没有子树的节点或度为零的节点；④分支节点：也称为非终端节点，即度不为零的节点；⑤树的度：树中所有节点的度的最大值；⑥节点的层次：从根节点开始，假设根节点为第 1 层，根节点的子节点为第 2 层，依此类推，如果某节点位于第 L 层，则其子节点则位于第 L+1 层；⑦树的深度：树中所有节点的层次的最大值，也称为树的高度。

二叉树具有如下特性：①所有非叶节点至多拥有两个子节点；②所有节点仅存储一个关键字；③非叶节点的左指针指向小于其关键字的子树（即左子树），右指针指向大于其关键字的子树（即右子树）。

二叉树的搜索算法是：从根节点开始，若需查询的关键字与节点关键字相等，则命中，并返回查询结果；若该关键字小于节点关键字，则进入左子树；否则，进入右子树；重复上述过程，直到找到关键字相等的节点，则返回查询结果；若没有可以进入的子树或已经到叶子节点，则返回没有查询到结果。以图 5-4 的二叉树为例，当我们搜索 56 时，首先发现 56 大于根节点的关键字 35，则进入根节点的右子树；此时 56 仍然大于当前节点关键字 39，则进入右子树；此时 56 小于当前节点关键字 65，则进入左子树；此时 56 等于当前节点的关键字 56，则返回该节点内存储的行数据或行地址，若返回的是行地址，还需到数据表中读出相应的行数据。

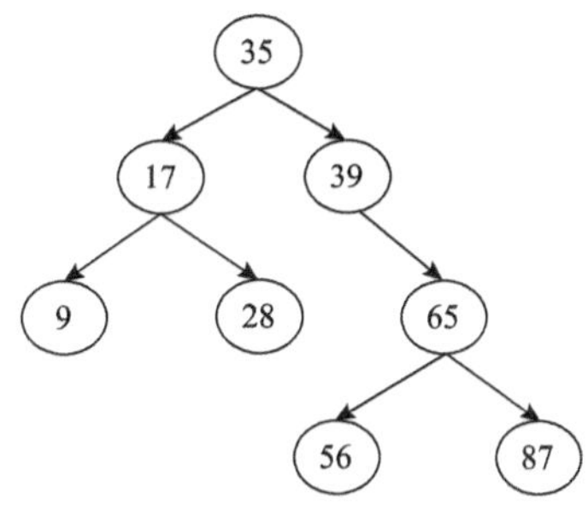

图 5-4　二叉搜索树（B 树）

（https://www.jianshu.com/p/ac12d2c83708/）

由于搜索耗时（比较次数）与树的深度成正比；为提高平均搜索效率，实际使用的二叉树基本都是根据特殊算法生成的平衡树。所谓平衡树是叶节点的深度差不超过 1。体型胖矮的平衡树最大程度上压缩了树的深度，减少了搜索的比较次数，提高了查询效率。平衡算法是一种在 B 树中插入和删除节点的策略，该策略可以保证生成的新树为平衡二叉树。常见的平衡二叉树有：AVL、RBT、Treap、Splay Tree 等。

无论是二叉树还是平衡二叉树，当表的记录数足够多时，数据的深度依然不容忽视，为了进一步降低查询树的深度，在 B 树的基础上提出了 B–树。

2. B–树

B–树是一种多路（叉）平衡搜索树，注意这里的 B 是指 Balance（平衡），而非 Binary（二叉）。对于一个 M 叉的 B-树具有如下特点：①定义任意非叶子节点最多只有 M 个儿子，且 $M>2$；②根节点的儿子数为[2, M]；③除根节点外的非叶子节点的儿子数为[$M/2,M$]，其目的是保证中间节点的填充率；④每个节点存放至少[$M/2-1$]（取上整）和至多 $M-1$ 个关键字；⑤非叶子节点的关键字个数=指向儿子的指针个数–1；⑥非叶子节点的关键字按索引顺序排序，例如，$\{K_i \mid i=1,\cdots,M-1\}$；且 $K_i \leqslant K_{i+1}$；⑦非叶子节点的指针：$\{P_i \mid i=1,\cdots,M\}$；其中 P_1 指向关键字小于 K_1 的子树，P_M 指向关键字大于 K_{M-1} 的子树，其他 P_i 指向关键字位于（K_{i-1},K_i）间的子树；⑧所有叶子节点位于同一层。

图 5-5 给出了一棵三叉 B-树的案例，其中节点上层的数字为关键字，节点下层是指向子树的指针，第 2 层中间节点的 P_1 和 P_3 是待用的空指针。与二叉树类似，对于任

意非叶节点的关键字，其值介于其左右子树关键字之间，即左子树关键字都小于当前节点的关键字、而右子树关键字都大于当前节点的关键字，且所有节点的关键字按升序排列。

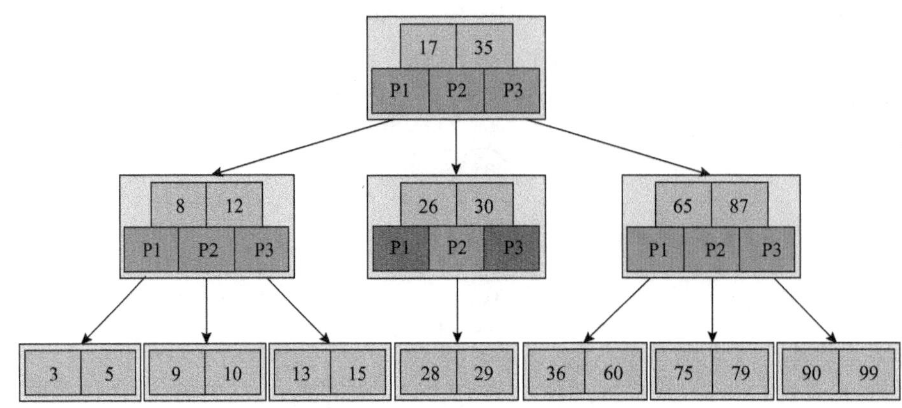

图 5-5　三叉 B–树

（https://www.jianshu.com/p/ac12d2c83708/）

B–树的搜索算法是：从根节点开始，对节点内关键字的有序序列进行二分查找，若命中，返回查询结果，否则进入查询关键字所属范围的子节点；重复上述过程，直到没有可以进入的路径，或已经到叶子节点，则返回没有找到结果。

B–树具有如下特性：①关键字集合分布在整棵树中；②任何一个关键字出现且只出现在一个节点中；③搜索有可能在非叶子节点结束；④其搜索性能等价于在关键字全集内做一次二分查找；⑤B–树有平衡算法，可以实现树的动态平衡。⑥B–树定义中要求除根节点以外的非叶子节点至少含有 $M/2$ 个儿子（度），由此确保了节点的填充率，限制了树的高度，最终保证查询效率。

B–树的高度和能容纳的关键字的数量成对数函数关系，而查询的时间复杂度取决于树的高度；因此，对于一棵度为 d、关键字数为 N 的 B–树，其高度的最大值为 $\log_d(N+1)/2$，其查询的时间复杂度为 $O(\log_d(N+1)/2)$。可见，随着数据表中关键字的增多，树高度和查询时间复杂度呈对数变化。对于 10 亿个关键字，若建立度为 1001（实际应用取值通常在 50～2000）的 B–树，则其高度为 3，可见速度相当快。

3. B+树

B+树是 B–树的变体。其区别在于 B+树只在叶子节点存放数据，而其他节点存放方便检索的一些数值，这样就可在叶子节点再加上一个双向链表连接，方便提高范围查询的效率。其定义基本与 B–树相同。不同之处在于：①非叶子节点的子树指针与关键字个数相同；②非叶子节点的子树指针 P_i 指向关键字位于$[K_i, K_{i+1})$的子树关键字的开区间；③为所有叶子节点增加一个链指针；④所有关键字都在叶子节点出现。

图 5-6 给出了一棵三叉 B+树的案例，其中树最下层的数字为关键字，非页节点中

P 标识的是指向子树的指针。对于任意关键字指针下的所有关键字，其值都大于等于本关键字的值且小于下一个关键字的值。

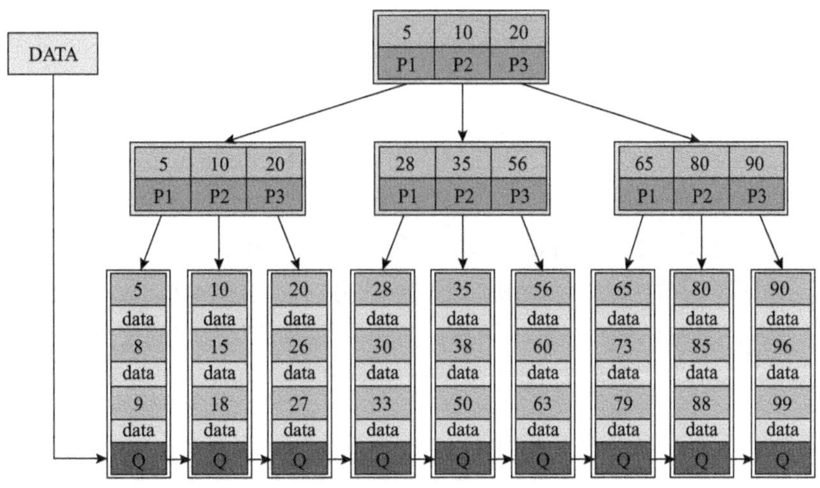

图 5-6　聚簇的 B+树结构
（https://www.jianshu.com/p/ac12d2c83708/）

B+树的搜索过程与 B–树基本相同，区别是 B+树只有达到叶子节点才命中；而 B–树可以在非叶子节点命中。B+树的性能也等价于在关键字全集做一次二分查找。B+树的特性：①所有关键字都出现在叶子节点的链表中（稠密索引），且链表中的关键字恰好是有序的（聚簇索引）；②不可能在非叶子节点命中；③非叶子节点相当于是叶子节点的索引（稀疏索引），叶子节点相当于是存储（关键字）数据的数据层；④更适合文件索引系统。

5.2.3　位图索引

以表 5-1 为例，其中性别只有男和女两种情况，婚姻状况由已婚、未婚、离婚三种情况。若表共有 100 万条记录，则性别、婚姻状况的关键字的重复率都很高。若在没有索引的情况下查询未婚男性，则只能逐行扫描所有记录，然后判断该记录是否满足查询条件。若使用 B–树，对于性别的可取值范围只有“男”、“女”，并且男和女可能各占该表数据的 50%。这时即使使用 B–树索引，还是会取出一半的数据逐行判断，因此 B–树基本没有必要。因为 B–树尤其适合关键字的取值范围很广、且几乎没有重复的情况，比如身份证号。

表 5-1　具有重复率高的关键字的表

姓名（Name）	性别（Gender）	婚姻状况（Marital）	……
张三	男	已婚	……
李四	女	已婚	……
王五	男	未婚	……

续表

姓名（Name）	性别（Gender）	婚姻状况（Marital）	……
赵六	女	离婚	……
孙七	女	未婚	……
……	……	……	……

对于关键字重复率很高的情况，建议采用位图索引。对于“性别”列，位图索引形成两个向量，例如表 5-1 中性别字段的“男”向量可用 10100……表示，其中第几位为 1 就代表数据表中的第几行的性别字段为 “男”；同理，女向量为 01011……。基于性别的位图索引如表 5-2（a）。同样，对于“婚姻状况”列的位图索引生成三个向量，已婚为 11000……，未婚为 00101……，离婚为 00010……；如表 5-2（b）。

表 5-2　位图索引示例

（a）性别的位图索引

RowId	男	女
1	1	0
2	0	1
3	1	0
4	0	1
5	0	1
……	……	……

（b）婚姻状况的位图索引

RowId	已婚	未婚	离婚
1	1	0	0
2	1	0	0
3	0	1	0
4	0	0	1
5	0	1	0
……	……	……	……

当查询条件为“性别='男'AND 婚姻状况='未婚'”时，首先取出男向量 10100……，然后取出未婚向量 00101……，将两个向量做“位与”操作，这时生成新向量 00100……，可以发现第三位为 1，表示该表的第三行数据就是我们需要查询的结果。

可见，位图索引适合只有几个固定取值范围的列，如性别、婚姻状况、行政区等，而身份证号不适合用位图索引。此外，位图索引适合静态数据、不适合关键字频繁更新的列，主要因为位图索引的锁粒度（列）太大，更新可能影响并发和工作效率。

位图索引是后续列数据库的原型，因此列数据库也适合静态数据，而不适合关键字频繁更新的数据。

【练习题】

1. 解释聚簇索引与非聚簇索引的区别与联系。

2. 简述哈希索引、B 树、B–树、B+树、位图索引的检索原理。

3. 扩展阅读：通过哈希索引了解区块链技术和 key-value 数据库技术，通过位图索引了解列数据库技术。

并发控制技术是数据库事务实现的基石，在确保事务隔离性正确的前提下，尽可能提高事务的并发度。

第 6 章　并发与安全

6.1　数据库的并发控制

在 IBM 研发关系数据库的多年后，格雷面临的问题是：数据库管理系统怎样才能多快好省？为了“多快”，人们提出了并发，但很难同时做到“好省”，因为并发的相互干扰可能给数据管理带来了混乱。格雷在其代表作“共享数据库的一致性和锁的粒度”中，提出了一系列革命性的概念和协议，如封锁的粒度和层次、共享锁、排他锁、相容性矩阵等，突破了数据共享的封锁线。1998 年格雷也获得了图灵奖。

下面先用一个例子理解串行（serial）、并发（concurrency）、并行（parallelism）几个概念。例如，小王吃饭时电话铃声响起，若他吃完后再去接电话，则说明他是串行的、不支持并发；若他停下吃饭去接电话，接完后继续吃饭，则说明他支持并发，但只能串行处理、不能并行；若他边打电话边吃饭，则说明他既支持并发，还能并行处理。可见，并发强调的是处理多项任务的能力，但不一定要并行；而并行强调的是同时处理多项任务的能力；串行则强调的是顺序处理任务的情况。

6.1.1　事　务

事务（transaction）是用户定义的数据库操作的序列（例如一组 SQL 语句或整个程序），这些操作是不可分割的工作单位。事务是数据库应用程序的基本逻辑单元。事务的开始与结束通常由用户定义，在用户没给出定义的情况下，DBMS 将按缺省规定自动划分事务。在 SQL 中，定义事务的语句有三条：

```
BEGIN TRANSACTION
COMMIT | ROLLBACK
```

事务以 BEGIN TRANSACTION 开始，以 COMMIT 或 ROLLBACK 结束；其中，COMMIT 表示提交事务的所有操作，即将事务中所有对数据的更新写回到物理数据库（磁盘）中，事务正常结束；而 ROLLBACK 则表示事务执行过程中因发生了某种故障导致事务不能继续，系统将撤销该事务内所有已有完成的操作，使系统回滚到事务开始时的状态。

事务具有原子性（atomicity）、一致性（consistency）、隔离性（isolation）和持续性（durability）四大特性，简称为 ACID 特性：

（1）原子性：事务是不可分割的最小操作单元，事务的所有操作要么全部执行成功，要么回滚到事务开始状态。银行系统是解释事务相关特征的典型案例。例如，小王的父亲想给小王转账 2000 元作为生活费，上述过程在银行系统中至少需要三步：①检查小王父亲的账户余额是否有可用于转账的 2000 元；②将小王父亲账户的余额减去 2000 元；③将小王账户的余额增加 2000 元。上述三步操作就可以定义为一个事务；执行过程中任何一步失败，都需要回滚到事务开始的状态。试想若最后一步失败、且没有回滚机制，小王父亲的账户可能会莫名其妙损失 2000 元。

（2）一致性：指事务执行前后，数据是正确的、不存在矛盾。一致性要求事务是一段逻辑自洽的程序（例如上述小王父亲转账的案例），应该被定义在一个事务中，而不是分散到不同的事务中，以免出现事务执行前后数据矛盾的情况。当逻辑自洽的程序定义到同一事务中后，事务的原子性可以保证数据的一致性。

（3）隔离性：当数据资源存在多用户并发访问时，系统会为每个用户开启事务，并规定各事务间相互影响的程度；以保证事务间的操作互不干扰。可简单理解为：为提高效率，系统可以并发处理访问同一数据资源的多个事务，但最终呈现出来的效果是串行的，即事务操作互不干扰、事务前后数据一致。

（4）持续性：一旦事务提交，则其所做的修改就会永久保存到数据库中。此时，即使系统崩溃，修改的数据也不会丢失。

由此可见，在多用户并发的数据库系统中，一定要根据应用需求严格引入控制机制、并进行 ACID 测试，否则空谈事务的概念是不够的。

6.1.2 事务并发导致的数据不一致问题

如果事务间没有隔离性的限制，当两事务并发操作同一数据时，可能会出现四类因并发导致的数据不一致问题。

1. 脏写

两事务同时更新同一个数据，可能会导致一个事务的更新覆盖另一个事务的更新结果，即“脏写”，也称为丢失更新。例如，当 A 与 B 用户同时为一银行账户存款 500 元时，若 A 与 B 用户的事务是按表 6-1 顺序执行的，则事务 B 会覆盖事务 A 更新，即事务 A（存的 500 元）丢失了。

表 6-1 脏写

执行顺序	A	B
1	开启事务（此时银行卡余额为 1000 元）	
2		开启事务（此时银行卡余额为 1000 元）
3	存款 500 元	
4		存款 500 元

续表

执行顺序	A	B
5	提交事务（余额为 1500 元）	
6		回滚事务（余额为 1000 元）

2. 脏读

若一事务可以读取到另外一正在进行中的事务数据，后续由于某种原因后一事务的修改被撤销，此时数据库中数据已恢复原值，则出现前一事务目前得到的数据与数据库中数据不一致的情况，称为“脏读问题”。例如，假设 A 与 B 同用一张银行卡，银行卡内余额为 1000 元，此时事务 B 进行取款，事务 A 进行存款，若 A 与 B 用户的事务执行过程如表 6-2，则会导致“脏读问题”。

表 6-2　脏读

执行顺序	A	B
1	开启事务	
2		开启事务
3		取款 1000（此时余额为 0 元）
4	查询余额（余额=0 元）	
5		回滚事务（余额为 1000 元）
6	存款 500（余额=0+500 元）	
7	提交事务（余额=500 元）	

3. 不可重复读

若一事务读取数据后，另一事务更新了该数据，导致前一事务无法再现之前的读取结果，即不可重复读问题。脏读与不可重复读的区别在于：脏读是由于后一事务未提交，而导致前一事务读取了后一事务未提交的脏数据；而不可重复读则是由于后一事务提交，导致前一事务无法再现之前读取的结果。以取款为例，假设 A 与 B 同用一张银行卡，银行卡内余额为 1000 元，若按表 6-3 的顺序执行，则事务 A 在同一个事务里两次查询同一条数据，得到的却是不同的结果。

表 6-3　不可重复读

执行顺序	A	B
1	开启事务	开启事务
2	查询余额（余额=1000 元）	
3		取款 1000 元

续表

执行顺序	A	B
4		提交事务（余额为 0 元）
5	查询余额（余额=0 元）	
6	提交事务	

4. 幻读

一事务可以往另一正在读取的事务查询范围内插入新数据或删除已有数据，导致另一个事务在第二次读取相同查询条件的数据时，发现记录数比前一次查询的多或少，像幻觉一样凭空增加或消失了一些记录，所以称为幻读。以打印银行卡账单存款记录为例（表 6-4），假设 A 与 B 同用一张银行卡，银行卡内存款记录为两条。存款表有 2 条数据，A 对存款表进行读取，当 A 第一次读取到存款记录的时候只有 2 条数据；但是与此同时 B 向银行卡存款并提交了事务，在 B 提交了存款事务之后，A 执行了打印操作，最后发现打印出的存款表信息中 3 条数据，与之前查出的数据不一样，这种平白无故多出来的数据就好像发生了幻觉一样，所以称为幻读。

表 6-4　幻读

执行顺序	A（打印）	B（存款）
1	开启事务	
2	查询存款记录（2 条）	
3		开启事务
4		存款
5	打印	提交（3 条存款记录）
6	打印结果（3 条存款记录）	

6.1.3　SQL 定义的事务隔离级别

为解决上述数据不一致问题，SQL 标准设定了相应的隔离级别。数据库的隔离级别就是对隔离性程度的分类。隔离性是为了保证并行事务间各自读、写的数据互相独立，不会彼此影响。当然，若所有事务全都串行执行，则不需要任何隔离，或者说串行执行具备了天然的隔离性。但串行执行是低效的，因此针对不同的数据不一致问题，可以设置不同的隔离级别，在确保数据一致的前提下尽可能提高事务的并发程度。

在介绍事务的隔离性前，先介绍锁。锁是实现事务隔离的方法，是理解隔离级别的钥匙。数据库中有三类锁：

（1）写锁（write lock，也称排他锁，exclusive lock，简写为 X-Lock）：如果数据有加写锁，就只有持有写锁的事务才能对数据进行写入操作。数据加持着写锁时，是排他的，其他事务不能写入数据，也不能施加读锁。

（2）读锁（read lock，也称共享锁，shared lock，简写为 S-Lock）：该锁是共享的，多个事务可以对同一个数据添加多个读锁，数据被加上读锁后就不能再被加上写锁，所以其他事务不能对该数据进行写入，但是其他事务仍然可以读取。对于持有读锁的事务，如果该数据只有它自己一个事务加了读锁，则允许直接将其升级为写锁，然后写入数据。

（3）范围锁（range lock）：对于某个范围直接加排他锁，在这个范围内的数据不能被写入。如下语句是典型的加范围锁的例子：

```
SELECT * FROM phones WHERE price<100 FOR UPDATE;
```

下面介绍几种常见的事务隔离级别，体会它们是如何利用锁的概念解决上节提到的数据不一致问题。

1. 读未提交（READ_UNCOMMITTED）

读未提交（READ_UNCOMMITTED）是为解决脏写问题而设计的事务隔离级别。其原理是当事务对数据进行修改时，首先会对数据加写锁，加写锁成功后只有等事务提交或者回滚后才会释放，所以已经有一个事务对数据加了写锁，那么其他事务就会因为无法获取对应数据的锁而阻塞，所以在 READ_UNCOMMITTED 事务隔离级别下，多个事务是无法对同一个数据同时进行修改的。

2. 读提交（READ_COMMITTED）

读提交（READ_COMMITTED）是为解决脏读问题而设计的事务隔离级别。其原理是当事务对数据进行修改时，得先要对数据加写锁，当事务读取数据时，首先需要对数据加读锁。因为写锁与读锁不能共存，所以在修改数据时，其他事务会因为无法成功加读锁而阻塞，所以在 READ_COMMITTED 的事务隔离级别下，一个事务就无法读取另外一个未完成的事务所修改的数据了。

3. 可重复读（REPEATABLE_READ）

可重复读（REPEATABLE_READ）是为解决不可重复读问题而设计的一种事务隔离级别。不可重复读产生的核心问题是，在一个事务第 1 次读取和第 2 次读取数据的间隔过程中可以被另外一个事务修改，因为在 READ_COMMITTED 的事务隔离级别下，事务中每次读取数据结束后（事务未结束）就会释放读锁，而一旦读锁释放后另外一个事务就可以加写锁，最终导致事务中多次读取该数据的间隙中可以被其他事务修改。而 REPEATABLE_READ 的事务隔离级别下，一个事务中的读取操作会对数据加读锁（并且在当前事务结束之前不会释放），此时另外一个事务对该数据修改之前会尝试加写锁（此时不会成功，因为读写锁冲突），所以就避免了在一个事务多次读取数据的间隔中可以被另外一个事务修改。

在实际应用中，数据库解决不可重复读的方式会有所不同，在有些数据库管理系统中，解决不可重复读的问题可以不通过加锁的方式实现，而是采用多版本并发控制（multi-version concurrency control，MVCC）机制。MVCC 是一种用来解决读-写冲突的无锁并发控制；它为事务分配了单向增长的时间戳（time stamp），为每个修改保存一个版本，版本与事务时间戳关联，读操作只读该事务开始前的数据快照。这样在读写事务互不阻塞的情况下，避免了脏读和不可重复读，但不能解决写冲突。

4. 串行化（SERIALIZABLE）

串行化（SERIALIZABLE）是为解决幻读问题而设计的一种事务隔离级别。它要求所有的事务都串行化执行，一个事务的执行必须等前面的事务结束，这样的话该事务查询时就不允许其他事务插入或删除数据，所以不会产生幻读问题。

此外，加间隙锁也是避免幻读问题的一种有效机制。幻读问题的本质在于，没有对查询范围内的所有数据（包括不存在的数据）进行加锁，而导致该查询范围内可以被插入或删除数据，所以使用间隙锁，对查询的范围进行加锁，此时新插入的数据的事务会因为无法加锁成功而阻塞，就避免了幻读。例如，当执行 SELECT * FROM user WHERE id>2 FOR UPDATE 时，间隙锁就会对 id>2 的数据空间加锁，此时另外一个事务插入 ID 为 3、4、6、7 时，都会因为锁阻塞而无法成功。

多版本并发控制可以结合基于锁的并发控制来解决写-写冲突，即 MVCC+2PL；也可以结合乐观并发控制来解决写-写冲突。所谓 2PL 就是二段锁协议（two phase lock），它是指所有事务必须分两个阶段对数据进行加锁和解锁操作。在对任何数据进行读、写操作之前，首先要申请并获得该数据的封锁。在释放一个封锁之后，事务不再申请和获得其他封锁。也就是说事务分为两个阶段。第一个阶段是获得封锁，也称为扩展阶段。在这个阶段，事务可以申请获得任何数据项任何类型的锁，但是不能再释放锁。第二阶段是释放封锁，也称为收缩阶段。在这个阶段，事务可以释放任何数据项上任何类型的封锁，但是不能再申请锁。事务遵守两段锁协议是可串行化调度的充分条件，而不是必要条件。也就是说遵守两段锁协议一定是可串行化调度的，而可串行化调度的不一定遵守两段锁协议。

5. 总结

为解决不同场景的并发事务问题，事务定义了四种隔离级别，每个隔离级别都针对事务并发问题中的一种或几种进行解决，事务级别越高，解决的并发事务中数据不一致的问题也就越多，同时也意味着加的锁就越多，所以性能也会越差。不同的隔离级别下加锁的情况如图 6-1。

隔离规则逐步严格　并发性逐步降低

	执行方案		可以解决的数据不一致问题			
	读事务	写事务	脏写	脏读	不可重复读	幻读
READ_UNCOMMITTED	不加锁	加写锁	✓			
READ_COMMITTED	加读锁（每次 SELECT 完成后释放读锁）	加写锁	✓	✓		
REPEATABLE_READ	加读锁（每次 SELECT 完不释放锁，而是事务结束后才释放）	加写锁	✓	✓	✓	
	MVCC					
SERIALIZABLE	串行执行 MVCC+ 2PL		✓	✓	✓	✓

图 6-1　各类基本的解决方案及其可以解决的问题

上面是 SQL 标准中定义的四种隔离级别，每一种级别都规定了一个事务中所做的修改，哪些在事务内和事务间是可见的，哪些是不可见的。较低级别的隔离通常可以执行更高的并发，系统的开销也更低。每种存储引擎实现的隔离级别不尽相同。如果熟悉其他的数据库产品，可能会发现某些特性和你期望的会略有不同。读者可以根据所选择的存储引擎，查阅相关的手册。

6.2　安全访问控制

数据库的最大特点是共享。共享可能会带来数据库的安全性问题。但数据库系统中的数据共享不能是无条件的共享。例如军事秘密、国家机密、新产品实验数据、市场需求分析、市场营销策略、销售计划、客户档案、医疗档案、银行储蓄等数据，需要保护数据库以防止不合法使用所造成的数据泄露、更改或破坏等情况。系统安全保护措施是否有效是数据库系统主要的性能指标之一。

数据库的不安全因素主要包括：①非授权用户对数据库的恶意存取和破坏，例如，猎取用户名和用户口令，然后假冒合法用户偷取、修改甚至破坏用户数据。②数据库中重要或敏感的数据被泄露，例如，黑客和敌对分子千方百计盗窃数据库中的重要数据，一些机密信息被暴露。③安全环境的脆弱性，例如，数据库安全性与计算机硬件、操作系统、网络等安全性紧密联系。

在用户访问数据库的全过程中，安全访问控制方法无处不在，如图 6-2。根据从外到内的顺序，常用的数据库安全控制方法有：用户标识和鉴定、访问控制、视图、审计、数据加密存储。后续各小节会给出各类方法的详细介绍。

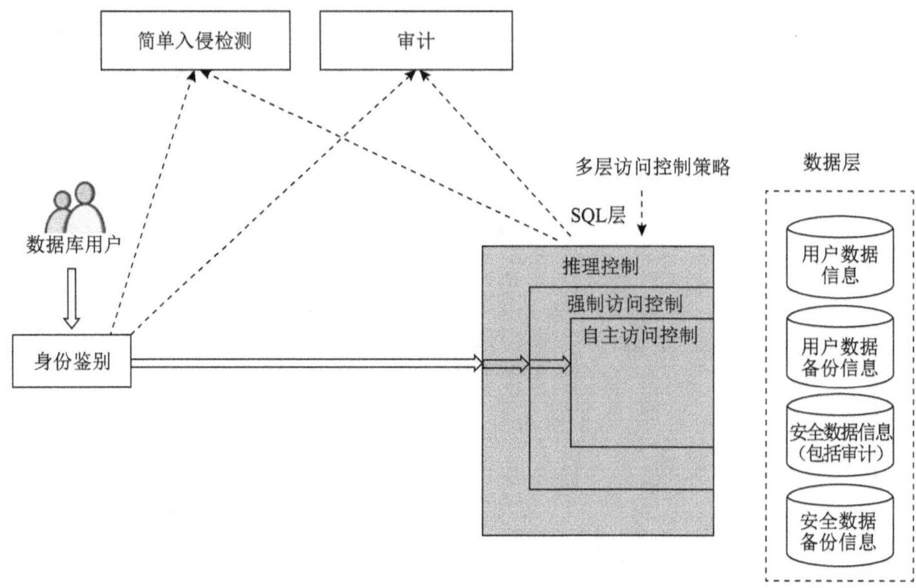

图 6-2　访问全过程中各类安全性控制方法之间的关系

（https://zhuanlan.zhihu.com/p/370797411）

不同的数据库系统对安全控制的要求各异，也分别对应不同级别的安全标准。以 1991 年美国国家计算机安全中心颁布的《可信计算机系统评估准则关于可信数据库系统的解释》（TCSEC/TDI）为例，它从安全策略、责任、保证、文档四个方面来描述安全性级别划分的指标。按系统可靠或可信程度逐渐增高的顺序，TCSEC/TDI 安全级别划分 D<C1<C2<B1<B2<B3<A1；各安全级别的含义如表 6-5，它们之间按顺序向下兼容。其中，B1 级别产品才被认为是真正意义上的安全产品，B2 以上的系统还处于理论研究阶段，其应用通常仅限于一些特殊的部门，如军队等。美国正在大力发展安全产品，试图将目前仅限于少数领域应用的 B2 安全级别下放到商业应用中来，并逐步成为新的商业标准。

表 6-5　TCSEC/TDI 安全级别划分

安全级别	定义
A1	验证设计（verified design）
B3	安全域（security domains）
B2	结构化保护（structural protection）
B1	标记安全保护（labeled security protection）
C2	受控的存取保护（controlled access protection）
C1	自主安全保护（discretionary security protection）
D	最小保护（minimal protection）

下面简单介绍各类安全访问控制方法。

6.2.1 用户标识与鉴别（identification & authentication）

用户标识与鉴别是 DBMS 提供的最外层安全保护措施。系统提供一定的方式让用户标识自己的名字或身份，系统内部记录着所有合法用户的标识，每次用户要求进入系统时，由系统核对用户提供的身份标识，通过鉴定后才提供数据库的使用权。用户标识与鉴定可以重复多次。用户名+口令（密码）的方式简单易行，但易被窃取。常用的用户身份鉴别方法有以下几种：

（1）静态口令鉴别：是当前常用的鉴别方法。静态口令一般由用户自己设定，鉴别时只要按要求输入正确的口令，系统将允许用户使用数据库管理系统。这些口令是静态不变的，在实际应用中，用户常常用自己的生日、电话、简单易记的数字等内容作为口令，很容易被破解。而一旦被破解，非法用户就可以冒充该用户使用数据库。这种方式虽然简单，但容易被攻击，安全性较低。

（2）动态口令鉴别：是目前较为安全的鉴别方式。这种方式的口令是动态变化的，每次鉴别时均需使用动态产生的新口令登录数据库管理系统，即采用一次一密的方法。常用的方式如短信密码和动态令牌方式，每次鉴别时要求用户使用通过短信或令牌等途径获取的新口令登录。与静态口令鉴别相比，这种认证方式增加了口令被窃取或破解的难度，安全性相对高一些。

（3）生物特征鉴别：是一种通过生物特征进行认证的技术，其中，生物特征是指生物体唯一具有的可测量、识别和验证的稳定生物特征，如指纹、虹膜和掌纹等。这种方式通过图像处理和模式识别等技术实现基于生物特征的认证，与传统口令鉴别相比，无疑产生了质的飞跃，安全性较高。

（4）智能卡鉴别：智能卡是一种不可复制的硬件，内置集成电路的芯片，具有硬件加密功能。智能卡由用户随身携带，登录数据库管理系统时用户将智能卡插入专用的读卡器进行身份验证。由于每次从智能卡中读取的数据是静态的，通过内存扫描或网络监听等技术还是可能截取到用户的身份验证信息，存在安全隐患。因此，实际应用中一般采用个人身份识别码（PIN）和智能卡相结合的方式。这样，即使 PIN 或智能卡中有一种被窃取，用户身份仍不会被冒充。

6.2.2 访问控制

数据库安全最重要的一点就是确保被授权的有资格的用户访问数据，同时令所有未被授权的人员无法接近数据，这主要通过 DBMS 的访问控制机制实现。

访问控制机制由“定义用户权限”和“合法权限检查”两部分组成。所谓定义用户权限是指 RDBMS 提供适当的语言来定义用户权限，并存放在数据字典中，称作安全规则或授权规则。所谓合法权限检查是当用户发出存取数据的操作请求后（请求一般应包括操作类型、操作对象和操作用户等信息），DBMS 会查找数据字典，根据安全规则进行合法权限检查，若用户的操作请求超出了定义的权限，系统将拒绝执行此操作。

常用的访问控制方法有自主访问控制（discretionary access control, DAC）和强制访问控制（mandatory access control, MAC）。在自主访问控制中，用户对于不同的数据对象（例如表、字段）有不同的存取权限，不同的用户对同一对象也有不同的存取权限，而且用户还可将其拥有的存取权限转授给其他用户。因此自主访问控制非常灵活。C2 级的数据库管理系统已支持自主访问控制，实验教材中给出了自主访问控制的案例介绍。在强制访问控制中，每一个数据库对象被标以一定的密级，每一个用户也被授予某一个级别的许可证。对于任意一个对象，只有具有合法许可证的用户才可以存取。强制访问控制因此相对比较严格。B1 级的数据库管理系统才支持强制访问控制。

1. 自主访问控制方法

自主访问控制通过 SQL 的 GRANT 语句和 REVOKE 语句实现。自主访问控制定义了数据库的哪些用户（user）或角色（role），对哪些数据对象，具有何种操作权限；因此，自主访问控制的定义应包括用户（角色）、数据对象、操作权限三要素。用户与角色的概念在不同系统中略有差异；但通常来说，用户是具体到某一个账户个体，而角色是某一类账户的集合。例如，“学生”是个角色，但是具体的每位学生则是用户，我们可以为每位用户赋予访问权限，也可以将他们统一定义为角色“学生”，然后为“学生”角色赋权限，这样每位学生自然就具有了角色的权限。数据对象包括数据库模式中涉及的模式、表、字段、视图、索引等，也包括表和视图中的具体数据等。操作权限表现为创建、增、删、修、改、查等。

关系数据库用 SQL 的 GRANT 语句定义操作权限，称为授权；用 REVOKE 语句收回操作权限，称为回收。下面分别介绍面向用户和角色的授权与回收。

（1）用户的授权与回收

a. 授权——GRANT

GRANT 语句的一般格式：

```
GRANT <权限>[,<权限>]...
[ON <对象类型><对象名>]
TO <用户>[,<用户>]...
[WITH GRANT OPTION];
```

GRANT 语句是将对指定操作对象的指定操作权限授予指定的用户。GRANT 语句的执行者可以是 DBA，也可以是有传播授权的用户。当然，很多数据库管理系统为此功能封装了图形用户界面，操作灵活，基本无需写 GRANT 语句。下面的几个 GRANT 语句仅用于理解授权的过程和相关术语。

【**例 1**】把查询 student 表权限授给用户 U1。

```
GRANT SELECT
```

```
ON TABLE student
TO U1;
```

【例 2】把对 student 表和 course 表的全部权限授予用户 U2 和 U3。

```
GRANT ALL PRIVILIGES
ON TABLE student,course
TO U2,U3;
```

【例 3】把对表 sc 的查询权限授予所有用户。

```
GRANT SELECT
ON TABLE sc
TO PUBLIC;
```

这里需要注意 PUBLIC 是所有用户的代名词。

【例 4】把查询 student 表和修改学生学号的权限授给用户 U4。

```
GRANT UPDATE(sno),SELECT
ON TABLE student
TO U4;
```

这里需要注意，对属性列的授权时必须明确指出相应属性列名。

【例 5】把对表 sc 的 INSERT 权限授予 U5 用户，并允许他再将此权限授予其他用户。

```
GRANT INSERT
ON TABLE sc
TO U5
WITH GRANT OPTION;
```

b. 回收——REVOKE

授予的权限可以由 DBA 或其他授权者用 REVOKE 语句收回。REVOKE 语句的一般格式为

```
REVOKE <权限>[,<权限>]
[ON <对象类型><对象名>]
FROM <用户>[,<用户>];
```

【例 6】把用户 U4 修改学生学号的权限收回。

```
REVOKE UPDATE(sno)
ON TABLE student
```

```
FROM U4;
```

【例 7】收回所有用户对表 sc 的查询权限。

```
REVOKE SELECT
ON TABLE sc
FROM PUBLIC;
```

【例 8】把用户 U5 对表 sc 的 INSERT 权限收回。

```
REVOKE INSERT
ON TABLE sc
FROM U5 CASCADE;
```

将用户 U5 的 INSERT 权限收回的时候必须使用级联（CASCADE）收回；这样系统就可以收回直接或间接从 U5 处获得的各种权限。

（2）角色的创建、授权与回收

数据库管理系统可以为一组具有相同权限的用户，创建一个角色，并为该角色授权，以简化授权的过程。相关的角色创建和授权等语句如下：

a. 创建

```
CREATE ROLE <角色名>
```

b. 授权

```
GRANT <权限>[，<权限>]…
ON <对象类型>对象名
TO <角色>[，<角色>]…
```

c. 建立角色与其他角色或用户的关系

```
GRANT <角色 1>[，<角色 2>]…
TO <角色 3>[，<用户 1>]…
[WITH ADMIN OPTION]
```

d. 收回

```
REVOKE <权限>[，<权限>]…
ON <对象类型><对象名>
FROM <角色>[，<角色>]…
```

对于上述功能，数据库管理系统也封装了相应的图形用户界面，通常无需写 GRANT 和 REVOKE 语句。上述语句仅用于理解基于角色的授权过程和相关术语。

2. 强制访问控制方法

由于自主访问控制仅通过对数据的存取权限进行安全控制，而数据本身并无安全性标记，可能造成数据“无意泄露”。为解决该问题，可采用强制访问控制（mandatory access control，MAC）方法，即对系统控制下的所有主体客体实施强制访问控制策略，以保证更高程度的安全性。在 MAC 中，用户不能直接感知或进行控制，因为系统为数据赋予了安全级别。MAC 适用于对数据有严格而固定密级分类的部门，例如，军事部门、政府部门等。

在强制访问控制中，数据库管理系统所管理的全部实体被分为主体和客体两大类。其中，主体是系统中的活动实体，例如，DBMS 所管理的实际用户或代表用户的各进程等；客体是系统中的被动实体，是受主体操作的，例如，文件、表、索引、视图等。对于主体和客体，数据库管理系统分别为它们每个实例指派一个敏感度标记。敏感度标记（label）分为绝密（top secret）、机密（secret）、可信（confidential）、公开（public）等若干级别。主体的敏感度标记称为许可证级别（clearance level）；客体的敏感度标记称为密级（classification level），密级的保密级别顺次为：绝密（T）>=机密（S）>=可信（C）>=公开（P）。

强制访问控制规则如下：①仅当主体的许可证级别大于或等于客体的密级时，该主体才能读取相应的客体；②仅当主体的许可证级别等于客体的密级时，该主体才能写相应的客体；这里需要注意：MAC 禁止拥有高许可证级别的主体写低密级的客体。

强制访问控制的特点是 MAC 是对数据本身进行密级标记，无论数据如何复制，标记与数据是不可分的整体，只有符合密级标记要求的用户才可以操作数据，从而提供了更高级别的安全性。

3. DAC 与 MAC 共同构成 DBMS 的安全机制

在由 DAC 和 MAC 共同构成的 DBMS 中，因为较高级别的 MAC 的安全保护包含较低级别的 DAC 的所有保护；因此通常先进行 DAC 检查，通过 DAC 再进行 MAC 检查，通过 MAC 检查后数据对象方可存取，如图 6-3。

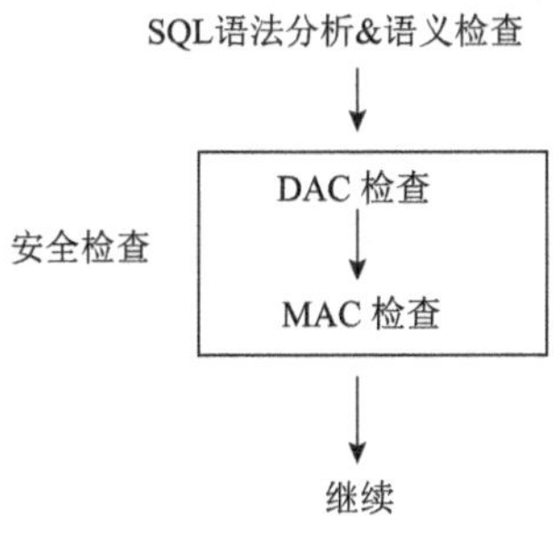

图 6-3　DAC 与 MAC 安全检查示意图

6.2.3 视 图 机 制

视图可以把要保密的数据对无存取权限的用户隐藏起来，从而对数据提供一定程度的安全保护。视图机制更重要的功能在于提供数据独立性，其安全保护功能往往远不能达到应用系统的要求。视图通常与授权机制配合使用，即先用视图屏蔽掉一部分保密数据，再在视图上进一步定义权限，间接实现了支持存取谓词的用户权限定义。

【例 9】王平只能检索计算机系学生的信息，而张明具有该视图的所有权限；则先建立计算机系学生的视图，再把对该视图的 SELECT 权限授于王平，把该视图上的所有操作权限授于张明。

（1）先建立计算机系学生的视图 cs_student：

```
CREATE VIEW cs_student AS
   SELECT *
   FROM student
   WHERE smajor='CS';
```

（2）在视图上进一步定义存取权限：

```
GRANT SELECT
ON cs_student
TO 王平;
GRANT ALL PRIVILIGES
ON cs_student
TO 张明;
```

6.2.4 审 计 日 志

审计日志（Audit Log）是将用户对数据库的所有操作记录在日志上。DBA 可以利用审计日志找出非法存取数据的人、时间和内容。C2 以上安全级别的 DBMS 必须具有审计功能。审计分为用户级审计和系统级审计。

所谓用户级审计是针对自己创建的数据库表或视图进行审计，即记录所有用户对这些表或视图的一切成功和（或）不成功的访问要求以及各种类型的 SQL 操作。所谓系统级审计是 DBA 设置的，用于监测成功或失败的登录请求，监测 GRANT 和 REVOKE 操作以及其他数据库级权限下的操作。AUDIT 语句用于设置审计功能，NOAUDIT 语句用于取消审计功能。

【例 10】对修改 sc 表结构或更新 sc 表数据的操作进行审计。

```
AUDIT ALTER, UPDATE
ON sc;
```

【例 11】取消对 sc 表的修改表结构和数据更新审计。

```
NOAUDIT ALTER, UPDATE
ON sc;
```

6.2.5　数据加密

数据加密是防止数据在存储和传输中失密的有效手段。加密的基本思想是根据一定的算法将原始数据（plaintext，明文），变换为不可直接识别的格式（ciphertext，密文），不掌握解密算法的人无法获知数据的内容。有些 DBMS 提供了数据加密的程序，但有些仅提供了加密接口。数据加密分为存储加密和传输加密。

（1）存储加密

对于存储加密，一般有透明和非透明两种方式。透明存储加密是内核级加密保护方式，对用户完全透明。非透明存储加密则是通过多个加密函数实现。透明存储加密是数据在写到磁盘时对数据进行加密，授权用户读取数据时再对其进行解密。由于数据加密对用户透明，数据库的应用程序不需要做任何修改，只需在创建表语句中说明需加密的字段即可。当对加密数据进行增、删、改、查操作时，数据库管理系统将自动对数据进行加解密工作。基于数据库内核的数据存储加密、解密方法性能较好，安全完备性较高。

（2）传输加密

在客户/服务器结构中，数据库用户与服务器之间若采用明文方式传输数据，容易被网络恶意用户截获或篡改，存在安全隐患。因此，为保证二者之间数据交换的安全，数据库管理系统提供了传输加密功能。

常用的传输加密方式有链路加密、端到端加密。链路加密对传输数据在链路层进行加密，其传输信息由报头和报文两部分组成，前者是路由选择信息，而后者是传送的数据信息；链路加密对报文和报头均加密。端到端加密是对传输数据在发送端加密、接收端解密，即只加密报文、不加密报头。与链路加密相比，它只在发送端和接收端需要密码设备，而中间节点不需要密码设备，因此它所需密码设备的数量相对较少。但这种方式不加密报头，容易被非法监听者发现并从中获取敏感信息。

数据加密通常作为可选功能，允许用户自由选择。数据加密与解密操作是比较耗时的，数据加密与解密程序也会占用大量系统资源。

6.2.6　统计数据库安全性

统计数据库的特点是允许用户查询聚集类型的信息（如合计、平均值等），但不允许查询单个记录信息。例如，允许查询程序员的平均工资，但不允许查询程序员张勇的工资。但统计数据库可能存在如下特殊的安全性问题：①是否存在隐蔽的信息通道；②是否能从合法的查询中推导出不合法的信息。为了解决上述问题，统计数据库通常会设置一些规则，下面介绍常见的几个规则。

规则 1：任何统计查询至少要涉及 N（N 足够大）个以上的记录。若没有规则 1 的限制，当用户发现公司的高级女程序员只有 1 位后，就可以通过统计公司高级女程序员平均工资，就知道该高级女程序员的工资了。规则 1 就避免了此类问题。

规则 2：任意两个查询相同的记录数不能超过 M 条。若没有规则 2 的限制，当用户 A 发出如下两个合法查询：用户 A 和其他 N 个程序员的工资总额、用户 B 和其他 N 个程序员的工资总额。由于用户 A 知道自己的工资，那么通过这两条查询结果的差距，用户 A 就可以知道用户 B 的工资。规则 2 就避免了此类问题。

规则 3：任一用户的查询次数不能超过 $1+(N-2)/M$。在规则 2 的限定下，若用户 A 想得知用户 B 的工资，则至少需要进行 $1+(N-2)/M$ 次查询。规则 3 就避免了此类问题。

【思考题】

1. 数据库中常用的安全访问控制机制有哪些？它们分别从哪些层次上，解决了数据安全的问题。
2. 自主访问控制与强制访问控制的区别？
3. 串行、并发、并行概念的区别与联系。
4. 数据库中常用的并发访问控制有哪些？不同的机制对并发的程度有哪些影响。

第二篇　空间扩展篇

在完成第一篇的学习后，本篇主要介绍如何在对象关系数据库的基础上，扩展实现的非结构化空间数据库管理的系列理论和知识点。具体内容如下：

第 7 章介绍空间数据库的相关基本概念，空间数据库管理技术的发展历史以及相关国际标准和国家标准。

第 8 章介绍空间数据库中常见的几何对象模型、几何拓扑模型、网络拓扑模型、栅格模型、注记文本模型，以及如何在对象关系数据库中扩展实现上述各类模型。

第 9 章以常用的几何对象模型、栅格模型为例，介绍空间数据库中扩展出的常用数据类型及相关函数，以及相关的语法规则和查询案例，通过此章的学习希望读者掌握 GSQL 的撰写。

第 10 章介绍网格索引、四叉树索引、R 树索引、填充曲线索引等常见的空间索引及其空间查询执行过程，为后续实践中空间数据库调优工作奠定基础。

第 11 章介绍空间查询处理与优化的内部实现机制，阐述相应的启发式规则、代价评估模型、空间直方图等概念，为后续实践中空间数据库调优工作以及内核技术的研发奠定基础。

第 12 章介绍近年来时空大数据管理的新技术、新方案，以及相关的新服务与新应用，扩大读者视野、启发思考。

空间数据库管理系统是 GIS 的核心，每一次空间数据库管理系统的技术变革都带来 GIS 软件技术的革命（龚健雅，2001）。

第 7 章 空间数据库的基础知识

空间数据库是指在地球表面某范围内、与空间位置相关且反映某专题信息的数据集合，是一类以空间目标作为存储对象的专业数据库，是 GIS 的核心和基础。空间数据库广泛应用于土地利用、资源管理、环境监测、交通运输、城市规划等领域。

随着对地观测技术的飞速发展，国家有关部委和行业部门已经积累了大量空间数据。目前，空间数据的规模大小、响应速度、共享程度等已经成为各部门、城市乃至整个国家信息化程度的重要标志。空间数据库作为一门传统科学与现代技术相结合而诞生的交叉学科，近年已成为地理信息系统专业的重要课程。

本章主要介绍空间数据库管理系统中最常用的术语与基本概念，包括空间数据、空间数据库等基本概念，空间数据库的发展历程、空间数据库产品与相关标准的现状等内容，为后续章节的理解奠定基础。

7.1 基本概念

7.1.1 空间数据库

空间数据库可以理解为：在地球表面某一范围内、与地理空间相关且反映某专题信息的数据集合。这些数据按一定的数据模型组织、描述与存储，具有较小的冗余度、较高的数据独立性和易扩展性，并可为各种用户共享。简单地说，空间数据库是具有地理空间信息的数据集合。以国家基础地理信息中心历经数十余年建成的覆盖全国陆地范围的国家基础地理信息数据库为例，它包括正射影像数据库、地形要素数据库、数字高程模型数据库和地形图制图数据库等四种类型的基础地理信息资源。

与一般数据库相比，空间数据库具有以下特点：

（1）应用广泛：联合国有关文献资料显示，自然、经济、社会等信息的 80%与地理空间位置有关，因此空间数据库可以广泛地应用于地理研究、环境保护、国土资源管理、资源开发、市政管理、交通管理等领域。

（2）空间数据模型复杂：空间数据库存储的不是单一性质的数据，而是涵盖了几乎所有与地理相关的数据类型，这些数据类型主要可以分为 3 类：①属性数据：与关系数据库基本一致，主要用来描述地理要素的各种属性，一般包括数字、文本、日期等类型。②图形图像数据：与关系数据库不同，空间数据库系统中大量的数据借助于图形图像来表达。③空间拓扑数据：用于存储空间点线面组成或连通的关系。其中，属性数据具有结构化特征，可以用传统关系型数据库管理系统进行管理；图形图像数据为非结构化数据，需要在 SQL99 的标准上进行扩展，形成特有的空间数据管理模块。

（3）数据量大：空间数据库面向地球表面“水土气生人”（水、土壤、大气、生物和人类活动）等地理要素的数据，数据量通常达到 GB 级。通常数字城市的地理空间数据量可能达数 TB，加之影像数据，可能达到 PB 级。这样的数据体量在其他数据库中是罕见的。正因空间数据量大，所以通常需要在平面空间上分块（幅）、在垂直方向上分层组织。

7.1.2　空间数据库管理系统

空间数据库是与地理空间信息相关联的数据的集合，而空间数据库管理系统（spatial database management system，SDBMS）是管理空间数据库的软件系统；其目的是科学、合理地组织管理空间数据，实现空间数据的高效存取和维护。常见的空间数据库管理系统有甲骨文公司的 Oracle Spatial、IBM 公司的 DB2 Spatial Extender 等。

空间数据库管理系统是介于用户与操作系统之间的一层数据管理软件。空间数据库的所有操作（建立、使用和维护）都是在 SDBMS 的统一管理和控制下进行的。因此，SDBMS 和操作系统一样是计算机的基础软件，也是一个复杂的软件系统。它的主要功能包括以下几个方面。

（1）空间数据的定义与操作：SDBMS 提供对图形图像等空间数据的定义语言与操作语言。用户可以利用空间数据定义语言方便地对空间数据库中的图形图像等数据对象进行定义；利用空间数据操作语言实现对图形图像等数据的查询、插入、删除和修改等基本操作。

（2）空间数据的组织、存储和管理：SDBMS 需要对图形图像等各类空间数据进行分类、组织、存储和管理，这些数据包括空间元数据、用户数据、数据的存取路径等；SDBMS 需要确定以何种文件结构和存取方式组织这些数据，如何实现数据间的联系等。空间数据组织和存储的基本目标是提高磁盘利用效率，提供多种存取方法提高图形图像等数据的检索效率。

（3）后台的事务管理和运行管理：空间数据库的建立、运行和维护统一由 SDBMS 在后台管理和控制，以保证数据的安全性、完整性，以保证多用户并发的正常使用以及发生故障后的系统恢复。

（4）数据库的建立和维护：SDBMS 通常会提供一系列用于建库和维护工作的实用程序和管理工具。主要包括：空间数据的入库、坐标系转换、格式转换、空间数据的备份与恢复、空间数据库的性能监视与分析等功能。

7.1.3　空间数据库系统

空间数据库系统（spatial database system，SDS）是由空间数据库及 SDBMS 和应

用软件组成。与数据库系统类似，空间数据库管理系统也是由空间数据库、空间数据库管理系统、数据库管理员、应用系统、最终用户等五个部分组成。

7.1.4　空间数据与空间数据结构

空间数据是指以地球表面空间位置为参照的自然、社会和人文经济等数据。广义地讲，它包括文字、数字、图形、影像、声音、图像等多种表现形式，如地名地址、数字高程、矢量地图、遥感影像、地理编码数据、多媒体地图等。

空间数据结构（spatial data structure）是指适合于计算机存储、管理和处理的地理图形逻辑结构，是地理实体空间排列方式和相互关系的抽象描述。数据模型是现实世界的概念抽象，数据结构是数据模型在计算机中的逻辑表达，数据文件则是数据结构在计算机中的物理存储。因此，空间数据结构是空间数据模型与空间数据文件的中间媒介。只有明确了空间数据结构，地理信息的使用者才能取得一致的理解，方便计算机进行正确的管理和处理。

根据空间数据结构的不同，空间数据主要分为矢量数据和栅格数据。它们都可以用来描述地理实体空间的排列方式和相互关系。

1. 矢量数据

矢量数据（vector data）是利用欧氏空间中的点、线、多边形及其组合体来表示空间实体的分布。矢量数据主要通过记录构成地理要素的各位置坐标及其关系，并尽可能精确地表达空间实体的位置信息。现实世界中空间实体常被抽象为点、线、多边形等基本矢量数据类型。以表 7-1 所抽象的欧氏空间为例，电线杆可定义为点，其位置可用电线杆的坐标（X,Y）确定，其属性信息（材质、粗细、高度等）则依附于点存在；道路可定义为线，其位置可用连续的坐标串{（X_1, Y_1），（X_2, Y_2），…，（X_n, Y_n）}表示，其属性信息（宽度、道路等级等）则依附于线存在；而湖泊则可定义为多边形，其位置可用首尾相接的坐标串{（X_1, Y_1），（X_2, Y_2），…，（X_n, Y_n）}表示，其属性信息（名字、权属、水质等）则依附于多边形存在。

表 7-1　点、线、多边形示意

实体类型	点	线	多边形
现实世界			

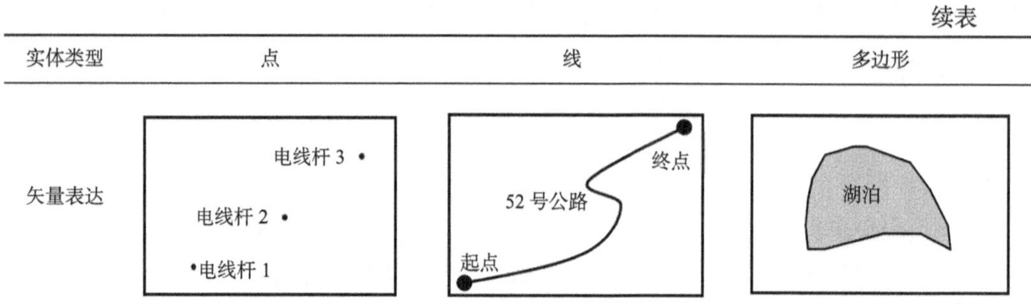

续表

实体类型	点	线	多边形
矢量表达	电线杆 3 电线杆 2 电线杆 1	终点 52 号公路 起点	湖泊

矢量数据能较好地逼近地理实体的空间分布特征，数据精度高，数据冗余度低；同时，矢量数据还能较好地表达或衍生出实体之间的空间关系，便于进行地理实体的网络分析、拓扑分析，但叠加分析相对困难。

2. 栅格数据

栅格数据是将地理空间分割成有规则的网格（即栅格单元），栅格的位置可用行号和列号确定，即栅格的空间信息；附着在栅格单元上的值则是属性信息。空间分辨率是栅格数据的一个重要属性，是指栅格数据中单个格子的尺寸，通常以格子边长来表示。例如，对于空间分辨率为 30m 的栅格数据而言，其每个格子的长和宽均代表 30m，格子面积为 $900m^2$，这意味着使用栅格结构的假设是整个 $900m^2$ 的地区拥有相同的属性值。因此，栅格数据的格子尺寸越大、空间分辨率越低、数据精度越低，在可视化表达中视觉效果也越模糊，如图 7-1。

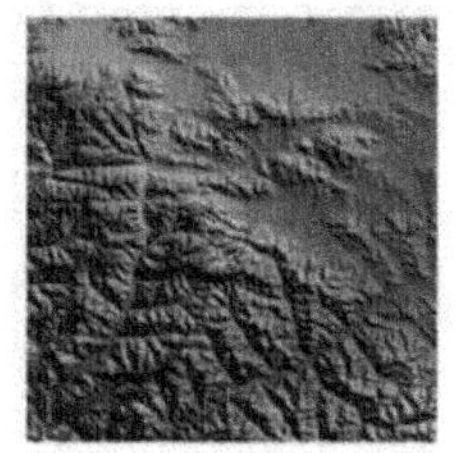
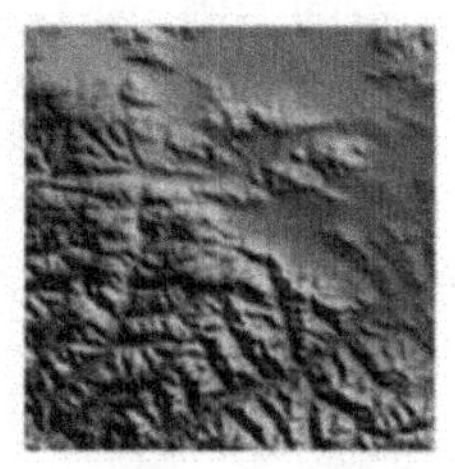
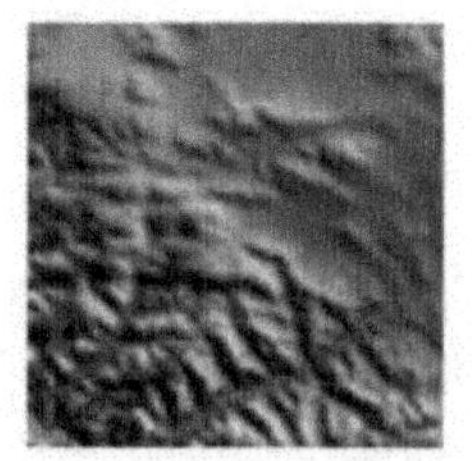
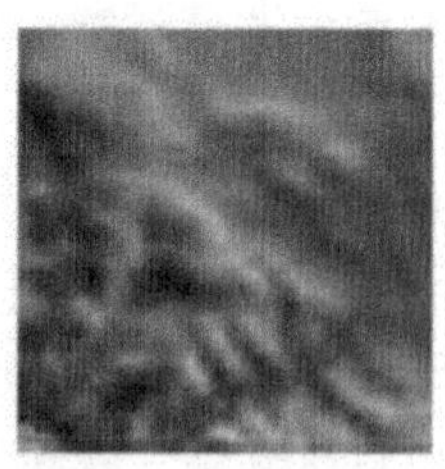

图 7-1　不同空间分辨率的栅格数据（分辨率从左至右依次递减）

栅格数据是把地理空间中的事物和现象作为连续的变量来看待，以图 7-2 的土壤 pH 值、数字高程模型（DEM）、遥感影像等数据为例，都是典型的栅格数据。这里需要注意，空间数据库中的遥感影像也被统一为栅格数据类型。

与矢量数据相比，栅格数据表达的地理要素相对直观，容易进行多层数据的叠加操作，但难以进行网络分析。此外，当数据精度提高（边长缩小）时，网格数量会呈几何级数增长，使数据储存成本迅速增加，因此栅格数据的编码策略、压缩方法和多尺度表达等都是栅格数据管理的关键方法和技术。

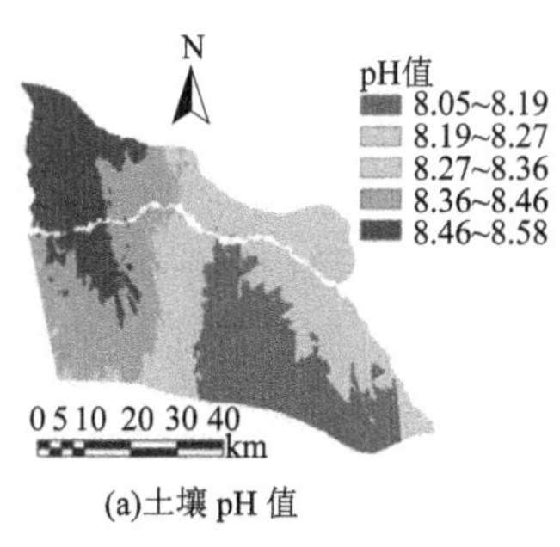

(a)土壤 pH 值

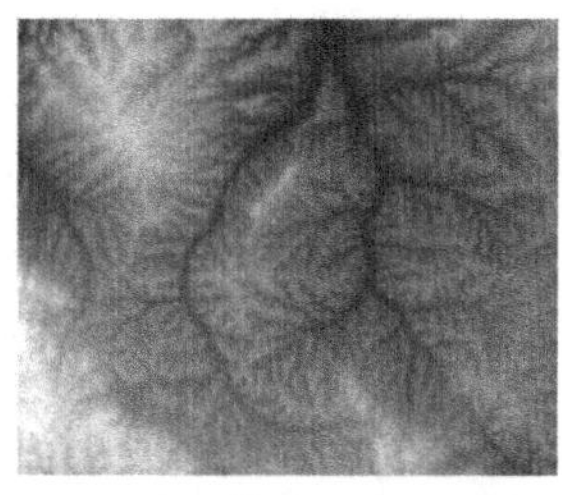
(b)数字高程模型（DEM）数据

(c)影像数据

图 7-2　栅格数据

7.1.5　空间数据的特征

由于空间数据的复杂性和特殊性，关系数据库管理系统难以满足其应用需求。具体复杂性和特殊性如下。

1. 空间位置

空间位置是二维乃至三维坐标空间中的地理信息，且在地理空间中有其特定的运算与处理规则；因此，需要在通用数据库管理系统上，扩展与地理空间位置相关的数据类型、处理函数与检索方法。

2. 非结构化特征

关系数据库常用于结构化数据的管理。所谓结构化数据是指可用二维表结构进行表达，且严格遵循常规数据类型与长度规范的数据。而所谓非结构化数据指不定长或无固定格式，且难以用关系二维表表达的数据，例如，文本、图片、XML、HTML、图像、音频、视频信息等。

空间数据就是一种非结构化数据，难以满足关系范式的基本要求。主要表现在：①空间实体是不定长的；例如，一条弧段可能包含两对坐标点，也可能包含 10 万对坐标点；②空间实体是非原子的，有时甚至是嵌套的；例如，一个多边形可能包含 0 到多个内环。这将导致难以直接采用通用的关系数据库管理系统管理。

当然，若一定要将空间数据结构化，也是有办法的，如图 2-3。尽管实现了空间数据的结构化，但在实际应用中会极大降低系统效率。例如，若需读出多边形 I 的坐标，则需要先找到图 2-3（a）中的前三条记录，得到组成多边形 I 的边 a、e、b 后，再到图 2-3（b）中找到对应的点对记录（V_2，V_1）、（V_1，V_3）和（V_3，V_2），之后到图 2-3（c）中找到上述点的 X、Y，最后根据表的语义将这些坐标对首尾连接起来，才能得出多边形 I。为了提高效率，在空间数据库设计时，通常采用对象关系模型，如表 2-1 所示。空间几何对象集中存放在一个可变长的大对象字段中；当读取空间对象时，仅涉及相应行的 Geometry 字段即可，高效方便。

3. 空间关系特征

空间关系是指各实体空间之间的关系，主要包括度量关系、方位关系和拓扑属性。

度量关系：是在欧氏空间（Euclidean space）和度量空间（metric space）上定义的；是一切空间数据定量化的基础。它包含长度、周长、面积、距离等定量的度量关系，其中最主要的度量是距离。距离的概念还被地理学家进行了扩展。例如，时间距离是用空间对象之间旅行所需的时间表达；经济距离是以空间对象之间某种经济关联的程度表达；风险距离是以空间对象之间旅行的安全程度表达；还有成本距离、社会距离、认知距离、生态距离等。

方位关系：是描述空间实体在空间上的排列次序，这种顺序是相对的。常见的方位关系有：①上下关系，它基于地球重力方向，可以借用空间对象的绝对或相对高程来体现；②前后关系，该关系是相对于某研究对象而言：距离其近者为“前”，距离其远者为“后”；③基于东南西北地理方向的方位空间关系，例如空间对象 A 在空间对象 B 之东或东北，A 较 B 偏西等，这种方位关系可利用地理坐标体现。点状空间对象之间的方位相对容易判断；但涉及线、面或体状空间对象时，情况相对复杂，这主要是因为其形状本身就有一定的覆盖范围，导致难以准确定义其方位关系。

拓扑属性：是描述缩放情况下几何不变的性质，主要包括拓扑数据结构和拓扑关系。拓扑数据结构主要用于描述点线面之间的组成或连接关系（如图 7-3），常见于空间数据模型；而拓扑关系则用于描述几何对象在空间中的邻近关系（如图 7-4），常见于空间查询语句中。

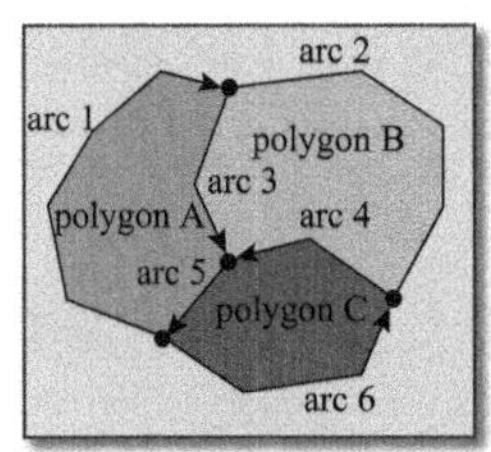

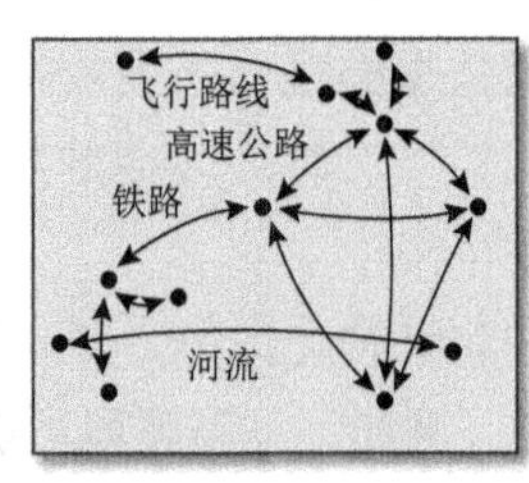

图 7-3　拓扑数据结构

	点-点	点-线	点-面	线-线	线-面	面-面
邻接（touches）						
交叠（overlap）						
包含于（within）						

图 7-4　部分空间拓扑关系示意

4. 时态特征

除空间和属性外，时态是地理空间数据固有的一种重要特征，用于表达地理现象随时间的演变过程。这种变化主要包括：空间固定而属性随时间发生变化、空间和属性都随时间发生变化两种情况。如何组织、管理地理实体随时间变化的数据（即时空数据），是空间数据库面临的难题。

时间快照是空间数据库管理时态属性的常见方法，但其不具备时空过程的重建与回溯能力。但地籍变更、环境监测、抢险救灾、交通管理等应用对时空过程的重建与回溯有需求，因此在其空间数据库设计与研发过程中，需要结合应用需求、设计合理的时空数据结构，从应用层面实现地理过程的精细重建、变化发现、回溯追踪等功能。

当然，随着时空数据模型的不断成熟和发展，未来可能会发展出成熟稳定的时空数据管理模块，并集成到空间数据库管理系统中，实现地理数据时空过程的管理和分析。

5. 多尺度特征

地球系统是各种不同级别子系统组成的复杂巨系统，各级别子系统在空间规模和事件尺度方面存在很大差异，因此，多尺度成为空间数据的另一个重要特征，即在不同空间认知水平下，空间数据的精度和比例尺不同，地理实体的表现形式也各异。

空间数据的多尺度特征可以从空间和时间两个方面解释。空间多尺度是指根据地理过程或地球系统中各部分的空间规模有所不同，其空间幅度、粒度和间隔可分为不同的层次；时间多尺度是指地理过程或地理特征有一定的时间节律性，其周期长短不一。

不同尺度的空间数据既有显著的差异又有密切的联系。例如，小比例尺下的河流要素通常用线表示，但随着比例尺的增大，河流可能就得用面表示；而且同一条河流在不同比例尺下的形态及其属性信息可能也有差异，但其空间位置与空间结构间仍有密切联系。这种差异与联系给不同尺度空间数据的更新、数据一致性维护以及空间数据的共享都带来了挑战。在空间数据库设计与开发过程中，有时需要充分考虑空间数据的多尺度特征，实现多尺度空间数据的有效组织管理、不同尺度数据的重建、变化的级联更新等。

7.2　空间数据管理技术的产生与发展

空间数据管理技术经历了多年的发展和演变，大体经历了文件系统、文件关系混合系统、空间数据库引擎、对象关系型空间数据库管理系统等四个发展阶段（如图 7-5）。计算机科学领域的变革性成果触发了空间数据库管理方式的变革，最终影响到 GIS 软件体系结构的变革。

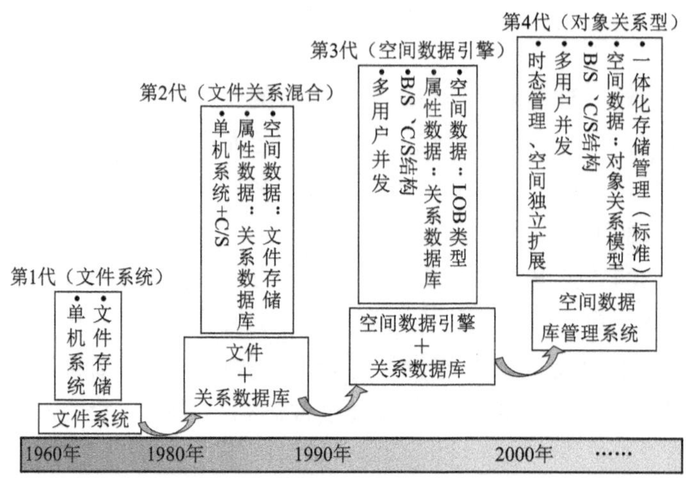

图 7-5　空间数据管理的发展历程

7.2.1　文 件 系 统

20 世纪 50 年代后期，计算机已经有了磁盘、磁鼓等直接存储设备以及专门用于数据管理的操作系统软件（一般称为“文件系统”）。此时，随着数字化仪、绘图机等计算机外围设备的出现，极大地开拓了计算机在地理空间数据管理领域的应用。加拿大政府从 20 世纪 60 年代中期开始，历经 10 年时间，研发了世界上第一个地理信息系统：加拿大地理信息系统（Canada geographic information system，CGIS）。

这一阶段（20 世纪 50 年代后期到 70 年代后期）的空间数据主要采用文件系统管理，即将空间数据存储在自定义的不同格式的文件中。此时的文件系统是操作系统的一部分，而非专门的数据管理软件。

这种基于文件系统的应用系统称为“第一代 GIS 应用系统”，其体系结构如图 7-6。它通过专有的 GIS 工具或数据引擎访问固定格式的数据文件，并通过专有的 GIS 工具或其应用程序编程接口（API），开发应用程序。

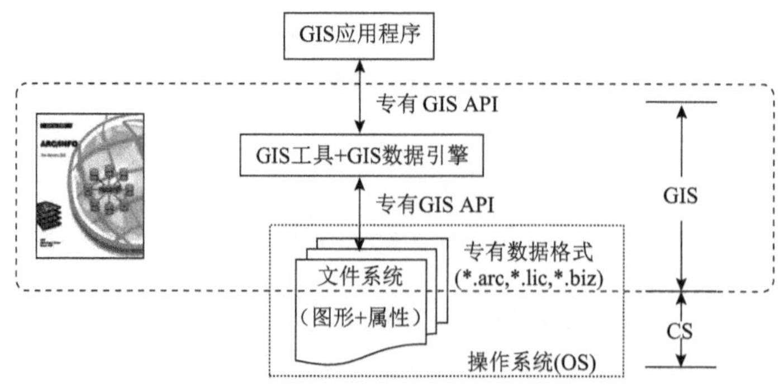

图 7-6　第一代 GIS 应用系统体系结构

典型的 GIS 产品是美国环境系统研究所（ESRI）早期研发的 ArcInfo。无论是空间数据、还是属性数据，都采用 ESRI 自定义的格式（例如，*.arc、*.lic、*.biz）存储。应用程序的开发都依赖 ArcInfo 提供的 API。在第一代体系结构中，文件管理是计算机科学领域操作系统需要研究的问题，而专有数据格式、专有 API、专有 GIS 工具和数据引擎则属于 GIS 领域需要研究的问题。

7.2.2　文件与关系数据库混合管理系统

根据第 2 章可知，20 世纪 80 年代后计算机领域关系数据库管理技术迅速发展成熟起来，并广泛地应用于结构化的数据管理中。与此同时，人们开始尝试着利用关系数据库管理结构化的属性数据，而非结构化的空间数据依然采用 GIS 自定义的文件管理。

这一阶段主要采用文件与关系数据库混合管理的模式，即用文件系统管理几何图形数据，用商用关系数据库管理属性数据，它们之间通过目标标识或内部连接码（OID）进行关联。在这种管理模式中，除 OID 标识符外，几何数据与属性数据几乎是独立地组织、管理与检索。随着关系型数据库的普及，这种文件型+关系型数据库的混合管理模式在当时也逐步成为主流，我们称之为“第二代 GIS 应用系统”，其体系结构如图 7-7；其中，图形数据用 GIS 专有 API 访问，属性数据则用标准 SQL 访问。

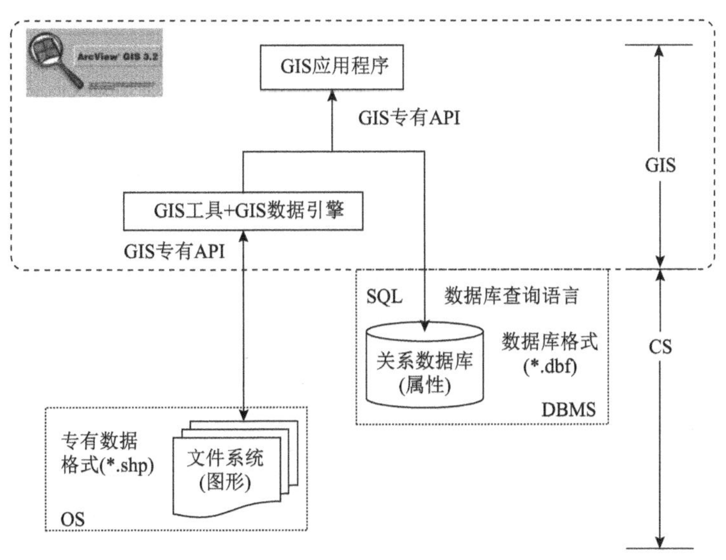

图 7-7　第二代 GIS 应用系统体系结构

至今，这种文件与关系数据库混合的管理模式仍然存在于某些 GIS 中。早期代表性的产品是 ESRI 的 ArcView，其空间数据用自定义的.shp 文件存储；属性数据用通用的数据库管理，后缀名为 dbf。Dbf 为 Foxbase、Dbase、Visual FoxPro 等早期数据库管理系统的格式，后续逐步迁移到 MS SQL、Oracle 等中大型关系数据库管理系统。可见，此时计算机领域已接管了属性数据的管理工作。

这种文件关系数据库混合管理的模式，历史上很长时间内占据着主导地位。但遗憾的是，这种体系结构还不是真正意义上的空间数据库管理系统。因为空间数据还采用文件型方式管理，与商用关系数据库相比，空间数据在安全性、一致性、完整性、并发控制以及数据损坏后的恢复方面都存在很大的差距。

7.2.3　空间数据引擎

针对空间数据以文件方式管理的不足，人们开始重新考虑把空间数据同属性数据一同存入关系数据库中，实现空间与属性数据的一体化存储与管理。随着对非结构化数据的关注，1999 年关系型数据库领域提出了新的标准 SQL99，该标准支持大二进制（BLOB）类型，可用于非结构化数据的管理。之后，ESRI 与数据库技术巨头 Oracle 合作，开发了空间数据引擎（spatial database engine，SDE；后更名为 ArcSDE）。该方案是把图形坐标数据当作一个大二进制数据类型，交由关系数据库管理系统进行存储；而空间数据引擎则提供一组空间数据的操作函数，这些函数能很好地完成空间数据含义的解译以及 GIS 相关的空间操作。因此，关系型数据库仅仅是存放空间数据的容器，而空间数据引擎则是解译处理空间数据的中间件。除 ESRI 的 ArcSDE 外，超图的 SuperMap SDX，中地的 MapGIS SDE，开源的 TerraLib 等都属于空间数据引擎范畴。

空间数据引擎的本质是中间件技术。这种基于空间数据引擎的应用系统称为“第三代 GIS 应用系统”，其体系结构如图 7-8。

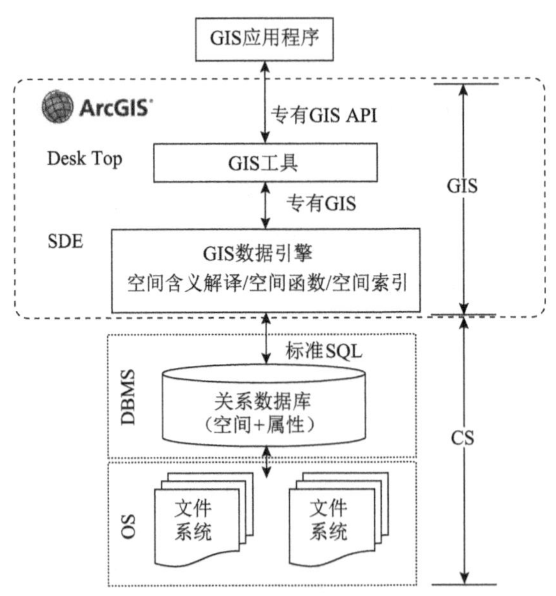

图 7-8　第三代 GIS 应用系统体系结构

空间数据引擎是由 GIS 厂商提出的一种中间件解决方案，因此具有支持通用关系型数据库管理系统、可跨数据库平台、与特定 GIS 平台联系紧密的优点。但是由于其独立于数据库内核，难以充分利用关系型数据库中各种成熟的数据管理、访问技术，不支持地理空间结构化查询语言（geography/spaital structured query language，GSQL/SSQL）等，成为其进一步发展的致命弱点。此外，由于不同数据库厂商对空间二进制的数据格式定义不同，也难以实现空间数据的共享与互操作。

7.2.4　对象关系型空间数据库管理系统

随着面向对象技术对计算机软件设计、应用和工程领域的不断渗透，各大数据库厂商开始考虑对传统关系数据库加以扩展，增加面向对象的特性，把面向对象技术与关系数据库相结合，建立对象关系数据库管理系统（object-relational DBMS，ORDBMS）。这种系统既支持已经被广泛使用的 SQL，具有良好的通用性；又具有面向对象特性，支持复杂对象和复杂对象的复杂行为；是对象技术和传统关系数据库技术的最佳融合。1997 年，对象关系数据库的出现和发展是数据库技术的一次革命，对象技术和关系技术珠联璧合的优点，吸引着全球数据库厂商竞相研究开发。

基于对象关系数据库管理技术，许多数据库厂商纷纷在数据库管理系统中进行扩展，使之能直接能存储和管理非结构化的空间数据，如 Oracle 公司的 Oracle Spatial、IBM 公司的 DB2 Spatial Extender、微软的 SQL Server Spatial、开源的 PostGIS 等。它们都是利用对象关系数据库宿主提供的对类（class）、继承（inheritance）、用户自定义类型（userdefined types）、用户自定义函数（user defined functions）、用户自定义索引（user defined indexes）和规则（rules）的支持，对各种空间对象、操作函数及其索引进行预先定义，形成不同的空间数据类型，支持空间数据的存储、管理与分析。

这种基于对象关系型的应用系统称为“第四代 GIS 应用系统”，其体系结构如图 7-9。在这种结构下，数据库管理系统提供对空间数据类型、空间数据函数、空间索引

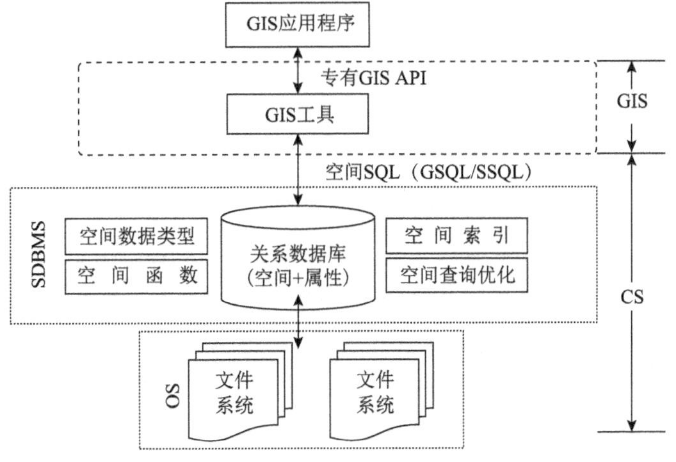

图 7-9　第四代 GIS 应用系统体系结构

等的支持，应用系统通过 GSQL/SSQL 访问空间数据，可以在 GIS 工具的支持下开发 GIS 应用程序。该方案已将 GIS 的一些功能转移到关系数据库中，因此，对象关系型空间数据库管理系统将有利于促进瘦客户端 GIS 应用系统的搭建。所谓瘦客户端就是客户端仅依靠有可视化功能的小型 GIS 软件，就可以实现 GIS 应用系统的研发，即降低了对 GIS 的要求。

7.2.5 后两种空间数据管理方案的对比与分析

空间数据引擎和空间数据库管理系统两种方案各有其优缺点，具体情况如表 7-2。本书主要介绍对象关系空间数据库管理系统的理论和知识点。

表 7-2 空间数据引擎和对象关系空间数据库的对比

		空间数据引擎（寄生模式）	对象关系空间数据库（融合模式）
技术特点		中间件技术	数据库技术
代表产品		ArcSDE、SuperMapSDX+、Map SDE、TerraLib（开源）	Oracle Spatial、DB2 Spatial Extender、PostGIS（开源）
对比分析	优点	● 支持通用的 RDBMS，可跨数据库平台； ● 与特定 GIS 平台结合紧密，有较高的空间处理效率。	● 可以充分利用 RDBMS 的内核技术，获得较好的存取效率； ● 支持 GSQL/SSQL； ● 较易实现数据共享与互操作。
	缺点	● 难以利用 DBMS 的内核技术； ● 难以支持扩展 SQL； ● 难以实现数据共享与互操作。	● “图层”级的空间处理性能较差。

7.3 现有空间数据库的标准简介

经过 20 多年的发展，空间数据库已成为 GIS 重要的研究方向，其标准规范的研究也分别受到 GIS 和数据库相关机构的广泛关注。空间数据库具有诸多优点，已逐渐取代文件和 RDBMS 混合管理的模式，成为 GIS 主要的数据管理平台。GIS 和数据库厂商也逐步推出了自己的空间数据库管理产品。这种现状一方面提高了地理信息的存储效率和管理功能；另一方面也导致大量的空间数据库分散在不同的商业组织、政府部门、企业和个人，形成了许多彼此封闭的系统。由于缺乏互操作的标准和规范，数据和处理资源难以共享和利用，导致重复投资和信息资源的浪费。

在 SQL99 扩展的基础上，为适应空间数据管理与共享的需要，许多标准化组织开始编制空间数据存储和 SQL 语言的规范。主要包括：开放地理空间信息协会（Open Geospatial Consortium，OGC）发布的地理信息简单要素的 SQL 实现规范（simple feature access SQL，SFA SQL）、国际标准化组织/国际电工委员会第一联合技术委员会/数据管理和交换分技术委员会（ISO/IEC JTC1 SC32）发布的 SQL 多媒体及应用包的第三部分（SQL multimedia part 3:spatial，SQL/MM）。下面简单介绍这两标准。

7.3.1　SFA SQL

OGC 成立于 1994 年，是一个由 GIS 厂商、计算机厂商、数据库厂商、数据集成商、电信公司、数据库开发商、美国联邦机构、标准组织以及学术界等部门代表组成的公益性行业协会，目前有 220 多个成员。OGC 的主要任务是研制公众可用的开放式地理信息规范（open geographic information specifications，OGIS），使其具有在网络环境中透明共享异构地理数据及其处理资源的能力。

OGC 最早于 1999 年提出简单要素的 SQL 实现规范（simple feature specification for SQL，SFSQL）。该规范详细说明了简单地理要素（点、线、多边形等）的对象模型及其发布、存储、读取操作的接口标准。由于简单地理要素模型的通用性，OGC 还发布了该模型在其他平台（如 OLE/COM、CORBA）中的实现规范。此规范的发布在 GIS 领域引起了较大的轰动，很多空间数据库产品、GIS 产品都在向该接口靠拢。此后，直到 2005 年，OGC 进一步细化了 SFSQL 的相关内容、添加了注记文本（annotationtext）的相关定义，将其修订为简单要素访问规范（simple featureaccess，SFA）1.1.0 版。SFA 的第一部分（part 1:common architecture）定义的是几何对象的通用架构，此部分描述了通用的简单要素地理几何对象模型，以及几何对象的不同表达方式和空间参考系统的表达方式；这个规范不是针对某个特定平台定义的，即是平台无关的。SFA 的第二部分（part 2:SQL option）定义了简单要素框架与模型在数据库中的实现，给出了数据库内模式中几何类型（geometry type）的定义及相关实现。2006 年 10 月，OGC 又推出了 SFA1.2.0 版。目前，该实现规范已被 ISO TC211 吸纳成为 ISO19125 系列标准，且与 OGC 的 SFA SQL 实现互认。标准的最新版也被我国采纳，并于 2017 年正式颁布实施，相关标准号为 GB/T 33187.1 和 GB/T 33187.2。

7.3.2　SQL/MM

国际标准化组织/国际电工委员会第一联合技术委员会（ISO/IEC JTC1）是信息技术领域的国际标准化委员会之一。ISO/IEC JTC1 是在原 ISO/TC97（信息技术委员会）、IEC/TC47/SC47B（微处理机分委员会）和 IEC/TC83（信息技术设备委员会）的基础上，于 1987 年合并组建而成。其主要任务是制定国际标准和技术报告，涉及内容包括系统和工具的规范、设计和开发，涉及信息的采集、表示、处理、安全、传送、交换、显示、管理、组织、存储和检索等。这些工作任务主要由 18 个分技术委员会（SC）和 SGFS 及其相关的工作组承担完成。其中，数据管理和交换分技术委员会（SC32）负责局域和分布式信息系统环境内及其之间的数据管理的标准化工作，提供的技术能够促进跨部门专用领域的数据管理设施的相互协调。SC32 的第四工作组（WG4）制定了多媒体数据的 SQL 访问标准，即 SQL/MM，该标准的第 3 部分、第 5

部分涉及空间数据、图像数据（静止和动态）的 SQL 标准。

SQL/MM 是 ISO/IEC JTC1 针对文本、空间、图像、视频、数据挖掘等多媒体信息制定的 SQL 多媒体和应用程序包标准。根据应用领域的不同，SQL/MM 分为多个部分。其第 1 部分架构（frame work）提出了在后续各章中出现的公共概念，并概要地说明了用于其他各个部分中的定义方法；第 2 部分全文（fulltext）定义了多个非结构化用户的自定义类型，以支持文本数据的存储；第 3 部分空间（spatial）定义了矢量数据存储与检索的相关标准；第 4 部分通用工具（general purpose facilities）指定了一些不同领域间通用的抽象数据类型和操作，该部分已经撤销；第 5 部分静态图像（still image）定义了静态图像数据存储与检索的相关标准；第 6 部分数据挖掘（data mining）定义了有关数据挖掘的标准；第 7 部分历史（history）扩展使 SQL 支持对历史数据的管理。

SQL/MM 第 3 部分 spatial 定义了空间数据类型及操作，解释了基于这些数据类型如何存储、获取和处理空间数据。到目前为止，SQL/MM 第 3 部分已与 OGC 的 SFA SQL 互认。

7.3.3　小　　结

目前，这两个标准中公共部分的接口已经相互兼容，但是这两个标准无论是从内容覆盖面，还是从某些概念的界定上还是有一定的差别。例如，SFSQL 在注记文本类型、空间数据存储实现方式上比 SQL/MM 定义的更宽泛，而 SQL/MM 涉及了 SFSQL 尚未涉及的拓扑数据结构、网络拓扑模型等方面的内容。没有统一的空间数据库标准，自然导致现有空间数据库管理系统有所差异。例如，PostGIS 更符合 OGC 标准，而 Oracle Spatial 更兼容 SQL/MM 的标准。目前，空间数据库相关标准逐步趋同，后续差异会逐步缩小。

【练习题】

1. 什么是空间数据？空间数据有哪些类型？其主要特征是什么？
2. 空间数据库、空间数据库管理系统、空间数据库系统概念的区别。
3. 解释空间数据管理技术发展的四个阶段、相应的四种体系结构及其优缺点。
4. 对比分析空间数据引擎和对象关系型空间数据库管理系统在管理空间数据方面的优缺点。
5. 制定 SFA SQL 和 SQL/MM 标准的目的是什么？它们分别覆盖的内容包括哪些？
6. 简介现有的空间数据库管理系统的产品。

数据模型是对现实世界的简化表达（陈述彭，2006）。不同的空间数据模型，代表不同的空间数据表达方式，从而带来不同的空间数据处理和分析方式。

第8章　数据库中常见的空间数据模型

空间数据模型是空间信息的一种数据组织方式。空间数据模型是数据库系统的核心和基础。因此，了解空间数据模型的基本概念是学习空间数据库的基础。

空间数据库中常见模型的分类和层次关系如图 8-1。下面我们依次介绍几何对象模型、几何拓扑模型、网络拓扑模型（下文简称：网络模型）、栅格模型以及注记文本（annotation text）模型的概念及其实现。

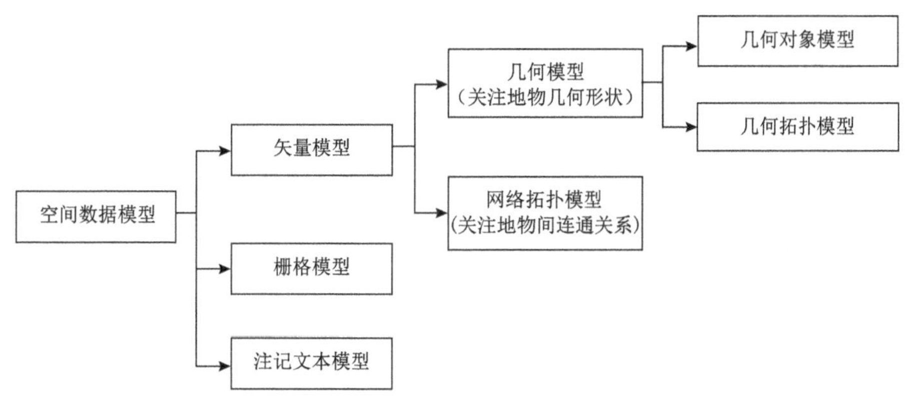

图 8-1　空间数据模型的分类

8.1　几何对象模型

几何对象模型是空间数据库中最常见、最基础的模型。在介绍几何对象模型之前，首先引入地理要素（feature）的相关概念。地理要素是对现实世界中地理对象现象的抽象，通常由几何（geometry）、属性（attribute）、行为（behavior）等 3 部分构成，如图 8-2。地理要素的属性、行为等信息的建模是由应用系统的设计者根据实际应用需求进行建模；而几何的建模则是数据库管理系统关心的基础问题。

几何信息建模的关键是选择一组基本的矢量数据类型来满足地图常用几何信息的建模需求。前些年陆续有许多提议，其中 OGC 的模型规范已逐渐得到大家的认同。下面以 OGC 的 SFA SQL 为准介绍几何对象模型。

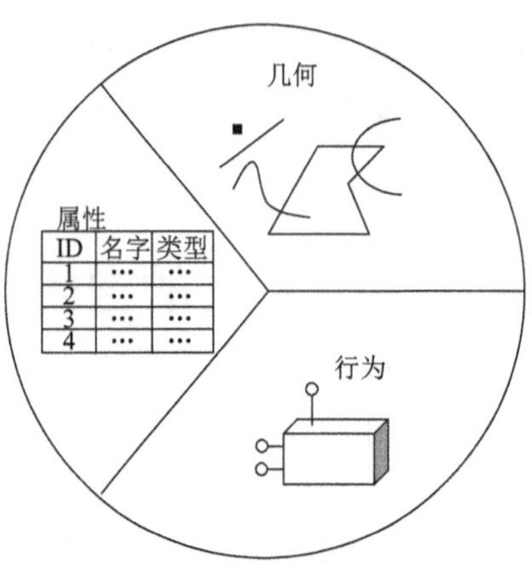

图 8-2　地理要素的构成

8.1.1　概 念 模 型

1. 模型层次关系

几何对象模型是利用对象关系型数据库中扩展数据类型实现，这里我们以 UML 类图的方式介绍几何对象的概念模型。目前，OGC 的几何对象模型已得到了业界普遍的认可，其类层次结构如图 8-3。

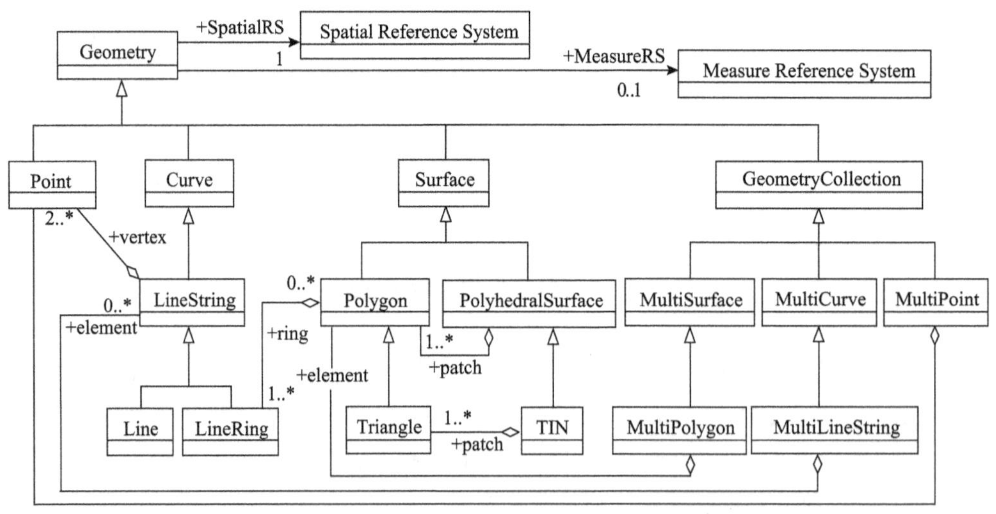

图 8-3　几何对象模型

由图 8-3 可知，几何对象模型的核心是几何（Geometry）类，它依赖于 1 个空间参考系（Spatical Reference system）或 0～1 个测量参考系（Measure Reference system）而存在。基于 Geometry 类可以派生出点（Point）、折线（LineString）、多边形（Polygon）、多点（MultiPoint）、多折线（MultiLineString）、多多边形（MultiPolygon）等类型，具体如下：

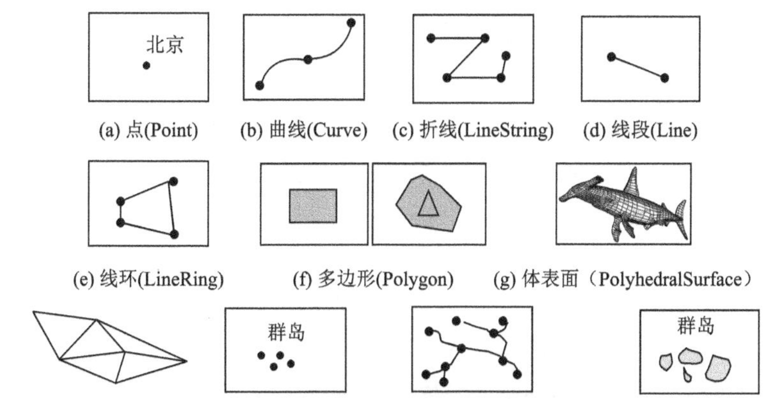

(a) 点(Point)　(b) 曲线(Curve)　(c) 折线(LineString)　(d) 线段(Line)

(e) 线环(LineRing)　(f) 多边形(Polygon)　(g) 体表面（PolyhedralSurface）

(h) 不规则三角网(TIN)　(i) 多点(MultiPoint)　(j) 多折线(MultiLineString)　(k) 多多边形(MultiPolygon)

图 8-4　几何对象实例示意图

（1）点（Point）：是零维几何对象类，它代表空间中的一个点。例如，在全国地图上，城市可以用点来表示，如图 8-4（a）。

（2）曲线（Curve）：由点序列来描述的一维几何对象类，例如街道、管线等都属于曲线。它将根据不同的子类，在相邻的两点间采用不同的插值方法获得中间点。曲线中任意相邻两点间可采用非线性插值法获得中间点，如图 8-4（b）；也可以采用线性插值法获得中间点，如图 8-4（c）。

（3）折线（LineString）：是曲线的子类，它采用的是线性插值法得到任意相邻两点间的中间点，如图 8-4（c）。

（4）线段（Line）：是折线的特例，即只有两个点的直线，如图 8-4（d）。

（5）线环（LineRing）：由折线派生而来，是闭合且不自相交的折线，如图 8-4（e）。例如，二环路是典型的线环。

（6）面（Surface）：是二维几何对象类。在二维坐标空间中，Surface 代表由一个外边界、零到多个内边界组成的平面几何对象；在三维坐标空间中，Surface 是一个同构的曲面。

（7）多边形（Polygon）：由一个或一个以上的线环聚合而成代表二维坐标空间中由一个外边界、零到多个内边界定义的平坦表面。例如，二环路以内的区域，如图 8-4（f）左图；或带有岛的湖，如图 8-4（f）右图。由于模型中多边形是由线环聚合而成，故其仅支持由折线围成的多边形，暂不支持由弧线围成的多边形。

（8）体表面（PolyhedralSurface）：由面沿着其边界“缝合”而成，相互接触的公共边可以表达为有限折线的集合。在三维空间中体表面可以是不平坦的表面，如图 8-4（g）。

（9）三角形（Triangle）：是多边形类的特例。

（10）不规则三角网（Triangulated Irregular Network，TIN）：是体表面的特例，它由三维空间中多个共享公共边的连续三角形（Triangle）缝合而成，常用于近似表达地表曲面，如图 8-4（h）。

（11）几何集合（Geometry Collection）：由一到多个 Geometry 组成的集合，其中的元素必须具有相同的空间参考系或测量参考系。

（12）多点（MultiPoint）：是零维几何集合，由多个点聚合而成，代表空间中的多个点。例如，在小比例尺地图中由多个岛屿组成的群岛可用多点表示，如图 8-4（i）。

（13）多面（MultiSurface）：是二维几何集合，由多个面聚合而成。

（14）多曲线（MultiCurve）：是一维几何集合，由多条曲线聚合而成。

（15）多折线（MultiLineString）：是多曲线类的子类，由多条折线聚合而成；例如，由多条河流组成的水系，如图 8-4（j）。

（16）多多边形（MultiPolygon）：是多面的子类，由多个多边形对象聚合而成。例如，在大比例尺地图中由多个岛屿组成的群岛则可用多多边形表示，如图 8-4（k）。

2. 理解该模型的几个要点

在理解、使用几何对象模型时，应注意以下几点：

（1）坐标维数与几何维数的区别。维数是指在一定的前提下描述一个数学对象所需的参数个数。坐标维数是以坐标轴为参数的维数，因此坐标维数可理解为定义几何对象所需的坐标轴数量，如用（x, y, z）描述的点的坐标维数是三，有时“坐标维数”也被称为“空间维数”。几何维度则是在几何对象上定位一个点所需的最少参数的数量，故点是零维的、线是一维的、面是二维的、体是三维的；即在点上描述或定位一个点则是点本身，不需要其他参数；在线上描述或定位一个点，则至少需要一个参数，例如，距起点的偏移量；在平面上描述或定位一个点，则至少需要二个参数，例如，坐标对；在体上描述或定位一个点，则至少需要三个参数。

（2）该模型仅能表达、处理简单（simple）的几何对象。所谓简单几何对象可以理解为不自相交的几何对象。如图 8-5（a）的几何对象是简单的，而图 8-5（b）的几何对象则是非简单的，因为出现了自相交现象。在存储或导入数据的时候，数据库可能不会去检查几何对象是否为简单的，即使非简单几何对象也可以存储到数据库中，但在使用后续的几何函数时可能会出现错误。这时首先需要检查参与运算的 Geometry 是否为简单的；若不是，则需要将非简单的 Geometry 转化简单的之后，再做几何运算。因此，SFA SQL 的大部分函数都是面向简单 Geometry 研发的。

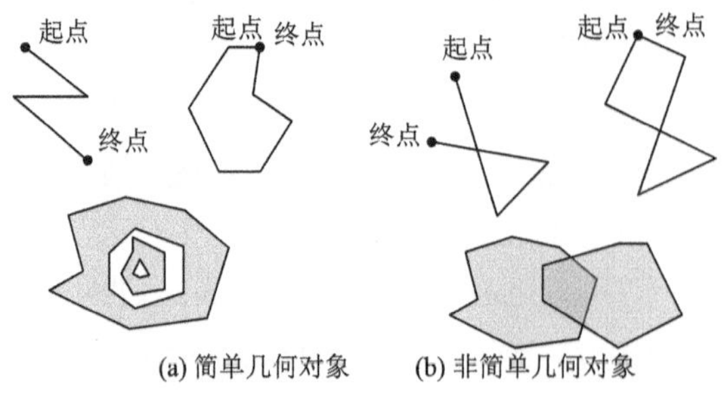

图 8-5　简单与非简单几何对象实例示意图

（3）Geometry 边界（boundary）、内部（interior）和外部（exterior）的定义对于空间拓扑关系的判断有重要意义，详见 8.1.2 节。简单来说，上述定义可用表 8-1 表示，具体定义如下：

- 边界：是几何实体界限的集合。Geometry 边界的几何维数是其本身的维数减 1。点状几何对象的边界是空。线状几何对象的边界是其端点；例如，曲线及其子类的边界是其起始点和终止点的集合，多曲线及其子类的边界是组成它的各曲线的起始点和终止点的集合。面状几何对象的边界是由构成它的折线环组成。
- 内部：是几何对象除边界外的所有直接位置的集合，即内部是几何对象的形状减去其边界后的部分。几何对象内部的几何维数与其本身的维数一致。所有的几何对象都有内部。
- 外部：是空间全域与几何闭包之差，即外部是几何形状的补集。几何对象外部的几何维数一定是 2。所有的几何形状都有外部。

表 8-1　边界、内部和外部的示意

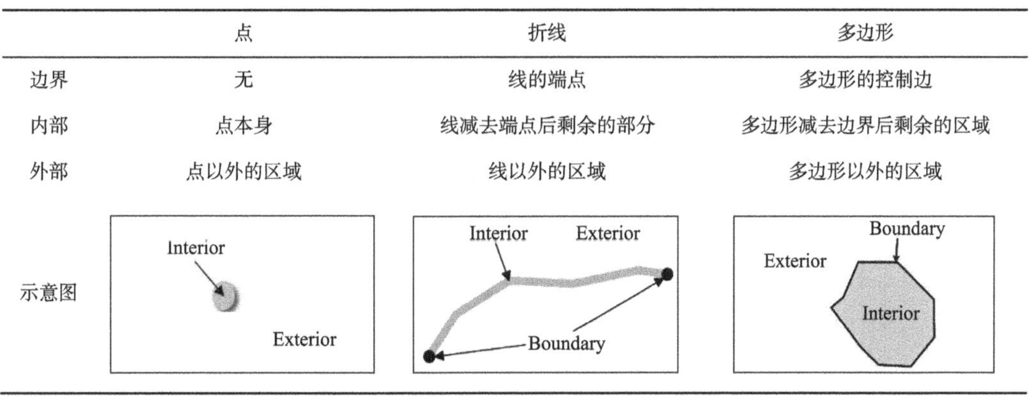

	点	折线	多边形
边界	无	线的端点	多边形的控制边
内部	点本身	线减去端点后剩余的部分	多边形减去边界后剩余的区域
外部	点以外的区域	线以外的区域	多边形以外的区域
示意图			

（4）多边形与多多边形的适用范围。关于多边形和多多边形有严格的数学定义，本书没有详述，表 8-2 给出一些有效与无效多边形与多多边形的示例，供读者理解。对于 1 号无效多边形，可转为由一个三角形和一个凹多边形组成合法的简单的多多边形；对于 2、3、5、6 号无效多边形，则可转化为一条线和一个凹多边形的两个 Geometry；对于 4 号无效多边形，可将其定义为多多边形；对于 7 号多多边形，则需要将其做叠加处理后，转换为 3 个多边形。

（5）模型从设计上涵盖了三维体表面的几何对象，但现在相对成熟的还是一维（点）、二维（多边形）几何对象。随着空间应用的不断深入，三维几何对象、四维时空对象模型将是该模型未来发展和完善的重要方向。

（6）*M* 值。除（*x*、*y*、*z*）坐标外，点（point）对象还可以拥有 *M* 坐标。*M* 值是线性参考系统的重要的度量值，例如，高速路上测速点的高程或限速值等可记录在其 *M* 值中，线性参考系相关的函数可基于 *M* 值进行动态分段、线性插值等操作。

表 8-2　有效与无效多边形与多多边形的示意

	多边形				多多边形		
有效							
无效							
	1	2	3	4	5	6	7

（7）不规则三角网主要用来表达高程或其他状况的表面。图 8-6 中三角形面中的每个节点都有一个（x, y, z）坐标值。在不规则三角网支持下，可以计算高程、坡度、坡向、体积，可以提取等高线，并进行剖面分析或通视分析等。在 OGC 数据模型中，TIN 也是矢量数据的一种表达方式。

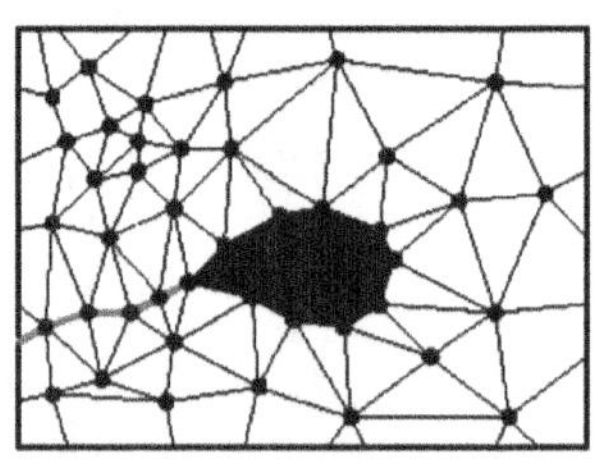

图 8-6　不规则三角网示例

3. 几何对象的方法（函数）

模型中几何对象类的主要方法（函数）如图 8-7，主要分为：常规方法、空间分析方法、空间拓扑查询方法、线性参考相关方法等。其中，常规方法中涉及的概念，在上节中已经介绍过，因此，根据图中对各方法的描述不难理解其含义；空间分析方法也是 GIS 中的常见功能，根据 GIS 相关基础也不难理解各方法的含义。下面重点介绍空间拓扑查询和线性参考函数。

（1）测试空间拓扑关系的方法：9-交模型

空间拓扑关系也是该模型的重要特性。这些拓扑关系函数可以嵌入 SQL 中，形成具有空间查询逻辑的 SQL 语句。空间拓扑关系反映了不同尺度空间中几何对象间存在的一种连续不变性。也就是说，随着比例尺的变化，几何对象的形状、大小可能会发生变化，但它们之间相邻、包含、相交等关系不会发生改变。

	Geometry	
常规方法	+Dimension():Integer	--获取几何对象的几何维数
	+CoordinateDimension:Integer	--获取几何对象的坐标维数
	+GeometryType():String	--获取几何对象的类型，如点、折线、多边形等
	+SRID():Integer	--获取几何对象的空间参考系 ID
	+Envelop():Geometry	--获取几何对象的最小边界矩形
	+AsText():Text	--输出几何对象的 WKT(Well-known Text）描述
	+AsBinary():Geometry	--输出几何对象的 WKB(Well-known Binary）描述
	+IsEmpty():Boolean	--判断几何对象是否为空
	+IsSimple():Boolean	--判断几何对象是否是简单的
	+Is3D():Boolean	--判断几何对象是否有 *Z* 坐标
	+IsMeasured():Boolean	--判断几何对象是否有 *M* 值
	+Boundary():Geometry	--获取几何对象的边界
	+Interior():Geometry	--获取几何对象的内部
	+Exterior():Geometry	--获取几何对象的外部
空间分析	+Distance(another: Geometry):Distance	--求几何对象与另一 Geometry 的距离
	+Buffer(distance: Distance): Geometry	--求几何对象满足某个距离要求的缓冲区
	+ConvexHull():Geometry	--求几何对象的凸包
	+Intersection(another: Geometry): Geometry	--求几何对象与另一 Geometry 的交
	+Union(another: Geometry): Geometry	--求几何对象与另一 Geometry 的并
	+Difference(another: Geometry): Geometry	--求几何对象与另一 Geometry 的差
	+SymDifference(another: Geometry): Geometry	--求几何对象与另一 Geometry 的对称差
空间拓扑	+Equals(another: Geometry):Boolean	--判断几何对象与另一 Geometry 是否相等
	+Disjoint(another: Geometry):Boolean	--判断几何对象与另一 Geometry 是否相离
	+Intersects(another: Geometry):Boolean	--判断几何对象与另一 Geometry 是否相交
	+Touches(another: Geometry):Boolean	--判断几何对象与另一 Geometry 是否邻接
	+Crosses(another: Geometry):Boolean	--判断几何对象是否穿越另一 Geometry
	+Within(another: Geometry):Boolean	--判断几何对象是否在另一 Geometry 之内
	+Contains(another: Geometry):Boolean	--判断几何对象是否包含另一 Geometry
	+Overlaps(another: Geometry):Boolean	--判断几何对象与另一 Geometry 是否交叠
	+Relate(another: Geometry,matrix:String): Boolean	--判断几何对象与另一 Geometry 是否符合指定 9 交矩阵的定义
线性参考	+LocateAlong(mValue: Double): Geometry	--选取 *M* 值为 mVaule 的点，形成一个新的 Geometry
	+LocateBetween(mStart:Double,mEnd:Double): Geometry	--选取 *M* 值在 mStrart 和 mEnd 之间的点，形成一个新 Geometry

图 8-7　Geometry 常用的方法（函数）

8.1.1 节定义的几何对象内部、边界和外部，对于不同几何对象拓扑关系判断算法的统一具有重要意义。下面重点介绍著名的 9-交模型（Egenhofer et al.，1991a；Egenhofer et al.，1991b）。9-交模型模式从构想到成熟经历了三个阶段的发展和演化。

第一阶段：假设两空间对象 a 和 b，$I(a)$、$B(a)$和 $E(a)$分别表示 a 的内部、边界和外部，$I(b)$、$B(b)$和 $E(b)$分别表示 b 的内部、边界和外部，函数 dim(x)返回几何对象 x 的几何维数，其值域为{−1, 0, 1, 2}，−1 表示 x 为∅，0 表示 x 为点，1 表示 x 为线，2 表示 x 为面。图 8-8 给出了 9-交模型的模式矩阵。图 8-8 给出了两个相交多边形 a、b 的示例及其模式矩阵的表达式“212101212”。Egenhofer 认为：这个 3×3 的矩阵的值就能充分反映两空间对象的拓扑关系，且无论空间对象是点、线还是多边形都可以用统一的方法判断。

	内部	边界	外部
内部	$\dim(I(a)\cap I(b))$	$\dim(I(a)\cap B(b))$	$\dim(I(a)\cap E(b))$
边界	$\dim(B(a)\cap I(b))$	$\dim(B(a)\cap B(b))$	$\dim(B(a)\cap E(b))$
外部	$\dim(E(a)\cap I(b))$	$\dim(E(a)\cap B(b))$	$\dim(E(a)\cap E(b))$

(a) 9-交矩阵的原始定义

	内部	边界	外部
内部	2	1	2
边界	1	0	1
外部	2	1	2

(b)两多边形及其 9-交矩阵

图 8-8　早期的 9-交模型

第二阶段：将图 8-8 中 dim(x)函数改为!IsEmpty(x)，若 x 不为空返回 T，否则返回 F。此时 9-交矩阵的每位只有 T、F 两种情况，理论上两空间对象有 2^9（512）种情况，但事实上很多情况是无效的，例如，该矩阵的右下角通常为 T（而非 F），因为一个对象的外部和另一个对象的外部相交的结果通常是 T。根据分析，实际上有效空间关系只有 9 种，如图 8-9。

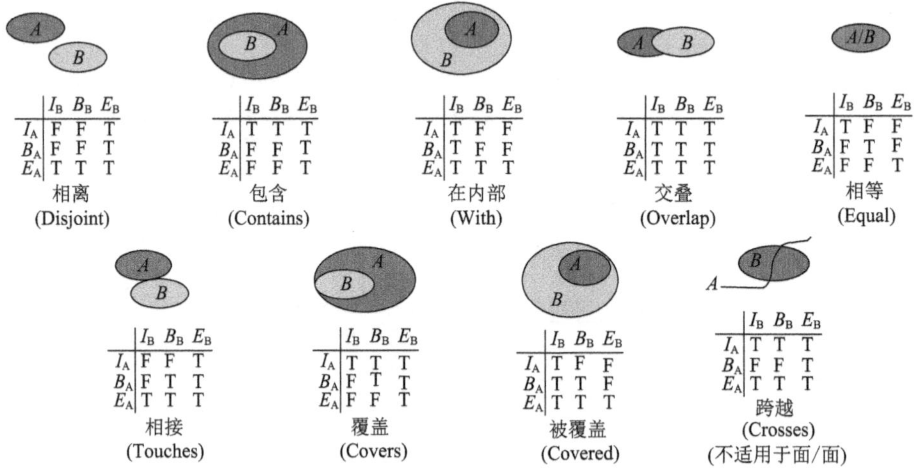

图 8-9　第二阶段的 9-交模型

第三阶段：事实上，有些拓扑关系无需得知 9-交的所有值就能判定，这样减轻了算法的工作量。空间数据库中，9-交模型的具体实现如下：首先，我们将矩阵的函数改为 $p(x)$，p 的取值范围为{T,F,*,0,1,2}，其中，T 表示 $x\neq\varnothing$，F 表示 $x=\varnothing$，0、1、2 则表示 x 为点、线、面，而*表示通配，即是什么值都可以；此时，数据库中各类拓扑关系的模式矩阵可以简化为图 8-10 所示的表达式；其中，*号处不需要对 $I(a)$、$B(a)$、$E(a)$、$I(b)$、$B(b)$、$E(b)$及其交集行判断；公式中的 T、F 处仅需知道 x 是否为空即可；唯一需要精确计算的是在判断线 *a*、线 *b* 是否跨越时需要判断 $I(a)\cap I(b)$是否为点对象。由此可见，图 8-10 大大简化了 9-交模型的判断逻辑。这里需要注意，Touches、Crosses 和 Overlaps 针对不同的空间对象，给出了不同的 9-交矩阵表达；其中，A 为面要素、L 为线要素、P 为点要素；即若 *a* 为面要素、*b* 为线要素，则为满足 A/L 条件。

a.equals(*b*) =　"TFFFTFFFT"

a.disjoint(*b*) =　"FF*FF****"

a.touches(*a*,*b*) =　"FT*******" 或 "F**T*****" 或 "F***T****"；条件：A/A，L/L，L/A，P/A 和 P/L

a.crosses(*b*) = { "T*T******"，条件：P/L, P/A 或 L/A；"0********"，条件：L/L }

a.within(*b*) =　"T*F**F***"，

a.overlaps(*b*) = { "T*T***T**"，条件：A/A 或 P/P；"1*T***T**"，条件：L/L }

a.contains(*b*) ⇔　*b*.within(*a*)

a.intersects(*b*) ⇔　! *a*.disjoint(*b*)

图 8-10　第三阶段的 9-交模型

此外，空间拓扑关系的分辨能力也具有一定的层次关系。空间拓扑关系不同的精度层次关系如图 8-11 所示。一般来说，两对象的空间关系首先可以分为相离（disjoint）或相交（intersects）。第二层次 intersects 可细分为 overlaps、contains、equals 和 within；其中，disjont 和 intersects 是互补操作，即 *a*.intersects(*b*)⇔!*a*.disjoint(*b*)；contains 和 within 是互逆操作，即 *a*.contains(*b*)⇔*b*.within(*a*)。第三层次还可以对 intersects、contains、within 和 overlap 进行细分：intersects 又可细分出 touches，而 touches 可以看做边界重合的 intersects 的特例；contains 可细分为 contains 和 covers，而 covers 可以看做边界重合的 contains 的特例；within 可细分为 within 和 covered，而 covered 可以看做边界重合的 within 的特例；overlaps 可细分为 overlaps 和 crosses，关于两者的区别可参见图 8-11。

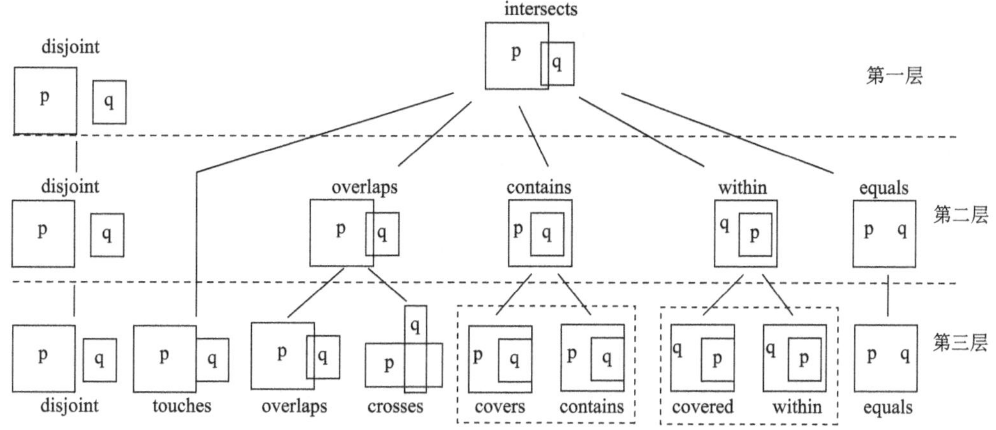

图 8-11　空间拓扑关系的层次包含关系

最后需要注意，有些拓扑关系不适用于所有类型的空间对象，即有些类型的对象间是不存在拓扑关系的，具体操作可参照图 8-12 进一步理解。

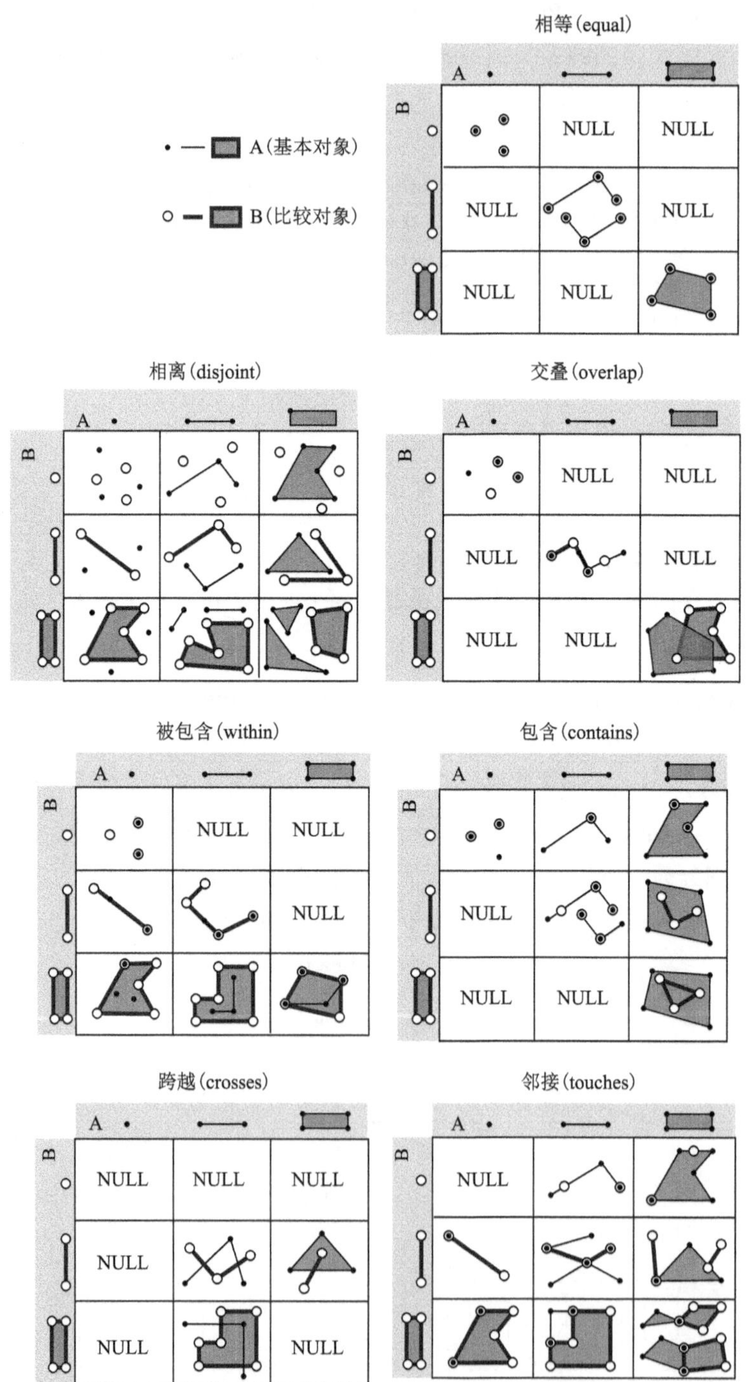

图 8-12　点/线/多边形空间拓扑关系示意

（2）线性参考函数

线性参考系统（linear reference system，LRS）和动态分段技术是交通地理信息系统（GIS-T）的两项关键技术，它们在基于线性的网络的分析、查询和显示中表现出的优点已被广泛认同。线性参考系统已被广泛用于以线性网络为基础的应用系统中，包括基础设施管理、货运、智能交通、水文分析等。

线性参考系统是沿线性网络要素（如公路、铁路等），采用相对方位存储地理信息的方法。在空间数据库中，该位置的值被存储在点坐标的 *M* 值中。以高速路的加油站为例，我们除记录（x, y）空间坐标外，还可以将其距起点或某个相对位置的距离记录在 *M* 值中，如图 8-13。基于该线性参考系的表达，只要指定沿某线性构造的起点和终点，就能够动态地参考和构造此线性要素的各部分，实现动态分段，而无须直接存储各部分的空间数据。

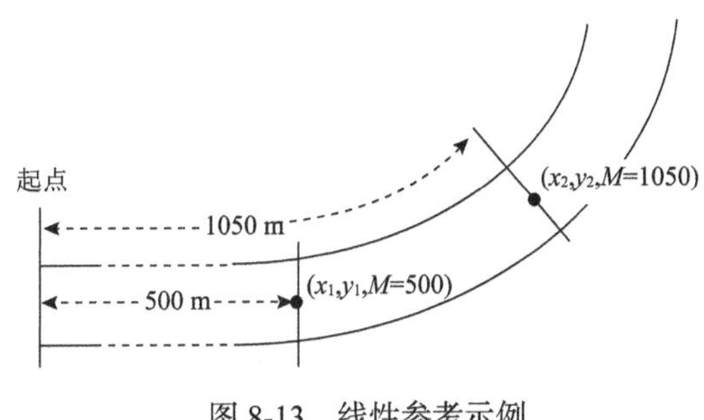

图 8-13　线性参考示例

locatealong 和 locatebetween 就是用于动态构造线性要素各部分的方法。locatealong 用于选取 Geometry 中 *M* 值为 mVaule 的点，并构造出一个新的 Geometry；而 locatebetween 用于选取 geometry 中 *M* 值在 mStrart 和 mEnd 之间的点，并构造出一个新的 Geometry。

8.1.2　逻 辑 模 型

基于上述模型，OGC 提出了基于预定义（predefined）数据类型、基于扩展 Geometry 类型的两种实现方法。

1. 基于预定义数据类型的实现

所谓基于预定义数据类型的实现就是利用关系数据库已有的数字（numeric）类型或二进制大对象（BLOB）类型实现空间数据的存储与管理，如图 8-14 右下角的虚线框。关于这些数据类型的解释和维护都由 DBMS 负责，即图 8-7 定义的函数应嵌入到数据库管理系统中，而非游离于数据库之外，这样看来，尽管 ArcSDE 用 BLOB 类型存储数据也拥有系列空间访问函数，但其函数存在于数据库管理系统之外的中间层，因此，严格地讲 ArcSDE 不属于空间数据库管理系统。

在基于 Numeric 或 BLOB 的实现中，要素表（feature table）、几何列信息表（GEOMETRY_COLUMNS）和空间参考系表（SPATIAL_REF_SYS）的结构都一样，不同之处仅在于几何表（geometry table）的结构，如图 8-14。图 8-14 虚线框中左边的表是基于 Numeric 类型的实现，右边的表是基于 BLOB 类型的实现，在具体实现中，只能二选一。

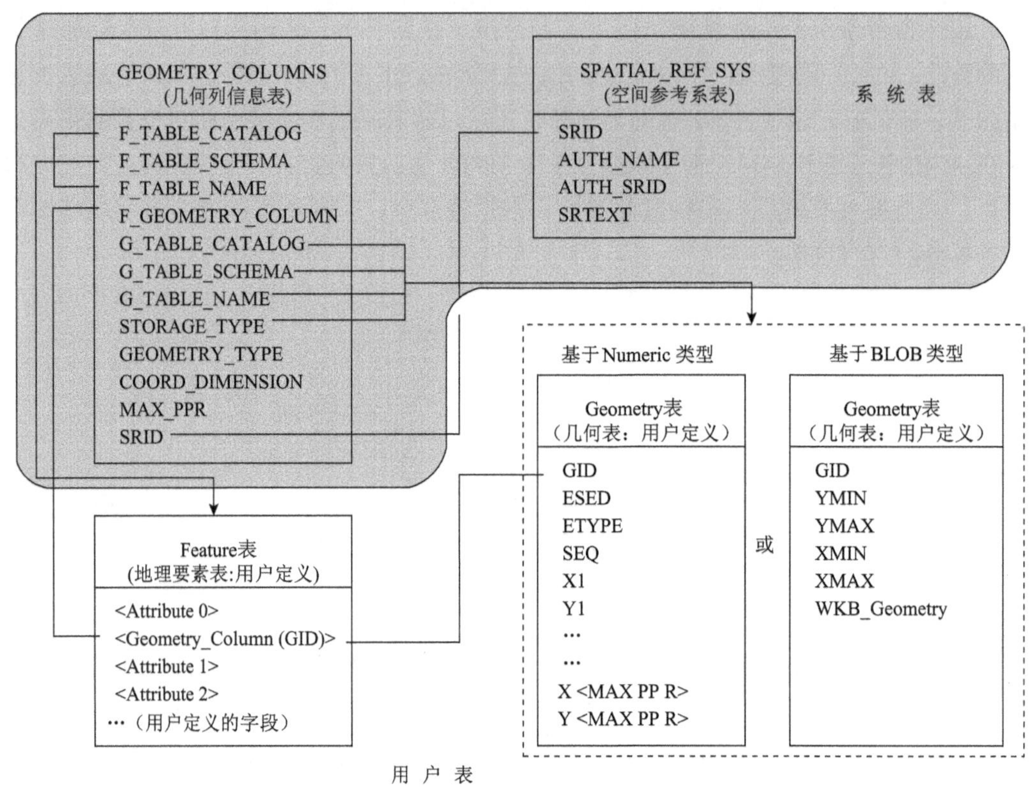

图 8-14　基于预定义数据类型的要素表模式

图 8-14 中，要素表和几何表是用户表，用于存储空间数据；GEOMETRY_COLUMNS 和 SPATIAL_REF_SYS 是系统表（也称数据字典），用于存储用户表的元数据信息。表中各字段的含义如下：

- feature 表：记录了一组具有相同属性和行为的地理要素（feature）的集合，要素表的列代表要素的属性，而不同的行代表不同的要素。Geometry_Column 列存储的是几何对象的唯一标识（geometry ID，GID），而几何数据实际存储在 Geometry 表中；因此，可以将该 GID 作为指针到 Geometry 表中找到其空间数据。
- （基于 Numeric 类型的）Geometry 表：是将几何类型的空间坐标点作为数值序列（X, Y 和可选的 Z 和 M 值）存储在表中，每行最多可存储 MAX_PPR 个点；若 Geometry 的点数超过 MAX_PPR，则折行存储。GID 是 Geometry 对象的唯一标识；ESEQ 则用于标识 GeometryCollection 中不同的 Geometry 元素；SEQ 用于标识 Geometry 折行存储后的行序号；ETYPE 用于标识 Geometry 表中指定的几何对象的类型，例如，点、线、多边形、多点、多线、多多边形等。因此，该表的主键由 GID、ESEQ 和 SEQ 联合构成。

- （基于 BLOB 类型的）Geometry 表：是将空间数据以 WKB 形式存储在名为 WKB_Geometry 的 BLOB 类型的字段中，有关 WKB 的存储格式详见 8.1.3 节。在该表中，不会出现折行存储的情况，一行存储一个 Geometry 对象，每行 GID 是该 Geometry 对象的唯一标识，YMIN、YMAX、XMIN、XMAX 用于存储该对象的四至。因此，该表的主键是 GID。
- GEOMETRY_COLUMNS 表：登记了数据库中所有要素表及其几何列的信息。该表的前三列可以唯一标识一个 feature 表，其中，F_TABLE_CATALOG、F_TABLE_SCHEMA 和 F_TABLE_NAME 分别记录了用户自定义的 feature 表所在的数据库名、模式名和表名；F_GEOMETRY_COLUMN 记录了该表中 Geometry 列的名字；STORAGE_TYPE 则记录了 Geometry 列采用的存储类型，即是 numeric 类型、还是 BLOB 类型；GEOMETRY_TYPE 记录了 Geometry 列中几何对象的类型，例如：点、线、多边形、多点、多线、多多边形等；COORD_DIMENSION 用于记录 Geometry 表中几何对象的坐标维数；MAX_PPR 用于记录 numeric 类型的空间数据表中每行所允许存储的最大点数；SRID 则记录该表的空间参考系 ID，并作为外键参照 SPATIAL_REF_SYS。
- SPATIAL_REF_SYS 表：记录了该空间数据库所支持的所有空间参考系的列表。其中，SRID 是主键，唯一标识一个空间参考系，AUTH_NAME 是空间参考系的名字，SRTEXT 是该空间参考系的文字描述，详见 8.1.3 节中空间参考系的 WKT 表达。

下面给出一个实例，重点介绍 Geometry 表在基于 Numeric 和 BLOB 数据类型实现的不同。以图 8-15（a）的空间数据为例，若 MAX_PPR 为 4，则基于 Numeric 类型实现的 Geometry 表的存储内容如图 8-15（b）；其中，1 或多个坐标值（*X* 和 *Y* 坐标值）将被表达为 Geometry 表中数值类型的对，每个几何对象用 GID 标识，对象中不同元素的顺序由 ESEQ 标识、每个元素的类型用 ETYPE 标识，每个元素分布在要素表的 1 或多行中，它们特有的顺序用 SEQ 值标识。对于无用的坐标对（*X* 和 *Y*）应将其全置为 Null。而基于 BOLB 类型的 Geometry 表的存储如图 8-15（c）；仍用 GID 作为键、用 Geometry 的 WKB 格式（详见 8.1.3 节）存储几何对象，Geometry 表包括几何对象的最小边界矩形；这样方便基于最小边界矩形直接构建空间索引。

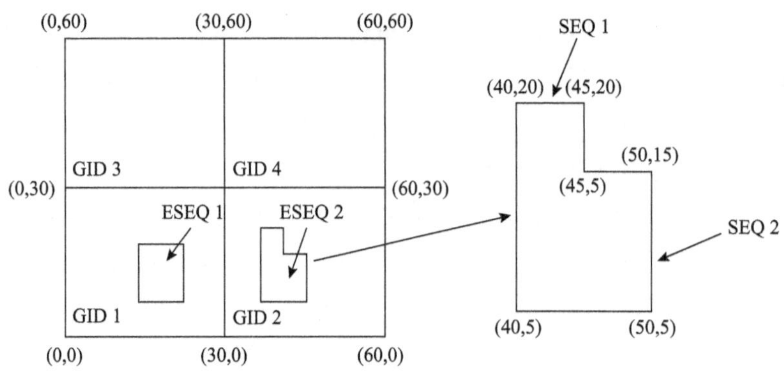

(a)空间数据示例

GID	ESEQ	ETYPE	SEQ	X0	Y0	X1	Y1	X2	Y2	X3	Y3	X4	Y4
1	1	3	1	0	0	0	30	30	30	30	0	0	0
1	2	3	1	10	10	10	20	20	20	20	10	10	10
2	1	3	1	30	0	30	30	60	30	60	0	30	0
2	2	3	1	40	5	40	20	45	20	45	15	50	15
2	2	3	2	50	5	40	5	Null	Null	Null	Null	Null	Null
3	1	3	1	0	30	0	60	30	60	30	30	0	30
4	1	3	1	30	30	30	60	60	60	60	30	30	30

(b)基于 Numeric 类型实现的 Geometry 表

GID	XMIN	YMIN	XMAX	YMAX	Geometry
1	0	0	30	30	< WKBGeometry >
2	30	0	60	30	< WKBGeometry >
3	0	30	30	60	< WKBGeometry >
4	30	30	60	60	< WKBGeometry >

(c)基于 BLOB 类型实现的 Geometry 表

图 8-15　空间数据示例及其基于预定义数据类型的 Geometry 表

2. 基于扩展 Geometry 类型的实现

所谓基于扩展 Geometry 类型的实现就是利用对象关系型数据库中对抽象数据类型的支持，定义 Geometry 类型及其相关的方法与函数，并用该扩展的 Geometry 类型实现空间数据的存储与管理。扩展 Geometry 的部分解释、维护由定义者负责，如两 Geometry 的比较操作、Geometry 的检索机制等都由定义者自己提供。Oracle Spatial 中的 SDO_Geometry 则属于扩展的空间数据类型，但在基于扩展 Geometry 类型的实现中，管理要素表（Feature Table）、几何信息列表（GEOMETRY_COLUMNS）和空间参考系表（SPATIAL_REF_SYS）的定义如图 8-16。其中，GEOMETRY_COLUMNS 表和 SPATIAL_REF_SYS 表是系统表，用于登记用户表的元数据信息；GEOMETRY_COLUMNS 的字段是图 8-14 中同名表字段的子集，SPATIAL_REF_SYS 表与图 8-14 中的 SPATIAL_REF_SYS 表相同；上述两表相关字段可参照上节理解，这里不再赘述。feature 表是用户表，用于存储空间数据，其属性数据依然存在用户定义的 attributes 列中，空间数据则存放在扩展 Geometry 类型的 Geometry_Column 中。

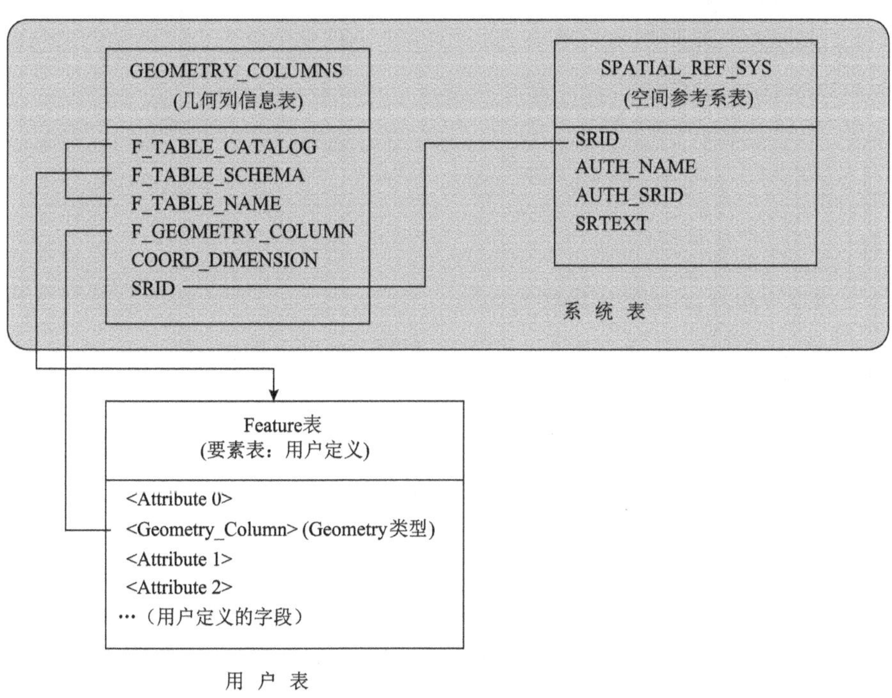

图 8-16　基于扩展 Geometry 类型的要素表模式

从数据库底层来看，扩展 Geometry 类型还是存储在 BLOB 字段中，不同之处在于空间数据库可以根据 Geometry 类型的定义，对 BLOB 中的数据进行解释，在 SQL 中可以使用 Geometry 类型的相关函数。以图 8-7 描述的 Geometry 为例，可以在关系型数据库中用如下的示例方法定义其类型和方法。

```
--创建扩展的 Geometry 数据类型
CREATE TYPE Geometry AS OBJECT
(
Private Dimension SMALLINT DEFAULT -1,
Private CoordinateDimension SMALLINT DEFAULT 2,
```

```
Private Is3D SMALLINT DEFAULT 0,
……
Private IsMeasured SMALLINT DEFAULT 0
)
NOT INSTANTIABLE
NOT FINAL
--定义 Dimension 函数
METHOD Dimension()
RETURNS SMALLINT
LANGUAGE SQL
DETERMINISTIC
CONTAINS SQL
RETURNS NULL ON NULL INPUT,
……
……
--定义 SymDifference 函数
METHOD SymDifference(ageometry Geometry)
RETURNS Geometry
LANGUAGE SQL
DETERMINISTIC
CONTAINS SQL
RETURNS NULL ON NULL INPUT
```

上述给出的仅是示意性的例子。尽管各种 ORDBMS 产品在支持对象模型方面的思路一致，但是，由于 SQL99 标准的发布晚于相关产品的发布，因此不同产品采用的术语、语法、扩展功能可能略有差异。因此，在使用不同数据库产品定义空间数据类型时，其 SQL 语句的写法还要以其产品手册的要求为准。

同样，SFA SQL、SQL/MM 等空间数据库的标准也滞后于实际系统的实现。尽管这些空间数据库的实现思想基本相同，但在一些细节上还是有差异。首先，支持的空间数据类型略有不同：除 SQL Server2008 扩展了点、折线、多边形等多种不同空间数据类型外，其他大多数空间数据库只扩展了 Geometry 这类空间数据类型，该类型具体是点、折线还是多边形，是通过 GeometryType 得知的。其次，数据类型所属方法的表现形式也不尽相同：有些是将其附着在类上作为方法来实现，而有些则将其作为函数封装在函数包中。例如，Oracle Spatial 中的空间拓扑关系就是作为方法附着在类上，以 Overlap 为例，调用的时候采用“扩展 Geometry 的列名.Overlap(aGeometry)”的形式；而 PostGIS 中则采用空间函数的形式实现，以 Overlap 为例，调用的时候采用“Overlap(aGeometry, anotherGeometry)”的形式。因此，在空间数据库的学习过程中，应掌握万变不离其宗的思想，不要过分拘泥于具体语言表达形式。在实际应用中，语言具体表达形式需要参考产品用户手册。

8.1.3　WKB 与 WKT

1. WKB 表达

在基于 BLOB 的实现方案中，数据库仅将其解释为一个大的二进制，而空间数据库管理系统需要知道二进制内数据的具体含义。SFA SQL 给出了一种较为紧凑的几何数据的二进制格式，即 WKB（well-known binary）。它不仅可用于 BLOB 中空间对象的存储，还可以用于几何数据的交换。这里给出一个由两个环（NR=2）构成的多边形（T=3）的 WKB 表达，这两个环由三个点（NP=3）组成，其后的坐标对为组成它的点，如图 8-17。详细的语法定义，请参见 SFA SQL 的有关资料。

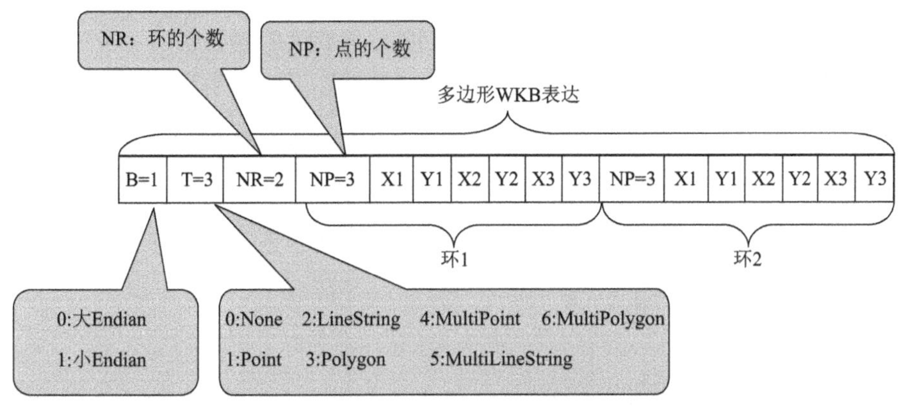

图 8-17　由两个环构成的多边形的 WKB 表达

图 8-17 中的第一位用于标识 WKB 中的数字类型是串行化为网络数据表示（network data representation，NDR），还是采用外部数据表示（external data representation，XDR）存储在磁盘上。NDR、XDR 实质是两种标准的数字类型二进制编码方式。XDR 是按大 Endian 方式编码，而 NDR 是按小 Endian 方式编码。有关 NDR 和 XDR 编码的具体细节，请参考有关计算机网络方面的书籍。

2. WKT 表达

为方便不同环境下几何数据格式间的转换，OGC 还提出了一种基于文本格式的几何数据交汇的标准表达格式，即 WKT（well-known text）。若能较好理解图 8-3 的 Geometry 模型，则读懂 WKT 就相对容易。表 8-3 给出了一些几何对象的 WKT 表达及其注释。WKT 的具体语法定义，请参见 SFSQL 的有关资料，这里不做重点阐述。

表 8-3　一些不同几何对象的 WKT 表达

几何类型	WKT 表达	注释
Point	POINT(10 10)	坐标为(10,10)的一个点
LineString	LINESTRING(10 10, 20 20, 30 40)	由点(10,10)到点(20,20)，再到点(30,40)的折线
Polygon	POLYGON((10 10, 10 20, 20 20, 20 15, 10 10))	一个由如下点顺序连成的多边形：(10,10)、(10,20)、(20,20)、(20 ,15)、(10,10)
MultiPoint	MULTIPOINT(10 10, 20 20)	由点(10,10)和点(20,20)组成的多点
MultiLineString	MULTILINESTRING((10 10, 20 20), (15 15, 30 15))	由从点(10,10)到点(20 20)、点(15,15)到点(30,15)的两条线段组成的多折线
MultiPolygon	MULTIPOLYGON(((10 10, 10 20, 20 20, 20 15, 10 10)), ((60 60, 70 70, 80 60, 60 60)))	由 POLYGON ((10 10, 10 20, 20 20, 20 15, 10 10))和 POLYGON((60 60, 70 70, 80 60, 60 60))组成的多多边形
GeomCollection	GEOMETRYCOLLECTION(POINT (10 10), POINT (30 30), LINESTRING (15 15, 20 20))	POINT (10 10）, POINT (30 30）, LINESTRING (15 15, 20 20）组成的几何的集合

OGC 也为空间参考系提供了投影、地理和地心三种坐标系的不同 WKT 表达形式。SPATIAL_REF_SYS 系统表中的 SRTEXT 存储的就是空间参考系的 WKT 表达。以地理坐标系为例，在 NAD83 水准面（Datum）上的 UTM10 带被定义为

```
PROJCS["NAD_1983_UTM_Zone_10N",
<geographic cs>,
PROJECTION["Transverse_Mercator"],
PARAMETER["False_Easting",500000.0],
PARAMETER["False_Northing",0.0],
PARAMETER["Central_Meridian",-123.0],
PARAMETER["Scale_Factor",0.9996],
PARAMETER["Latitude_of_Origin",0.0],
UNIT["Meter",1.0]]
```

定义在地理坐标系统对象中的名字和若干对象依次为：水准面、椭球体、本初子午线和测量的角度单位。

3. 小结

这里需要注意 WKT 和 WKB 格式只支持二维几何对象的表达、没有任何有关空间参考系的信息；也就是说，当 WKT 或 WKB 在转换成另一种格式时，空间参考系信息会丢失。若想保留空间参考信息，通常需要额外用 SetSRID 等函数，把其写到转换后的几何对象中。

为了避免这一缺点，PostGIS 扩展形成了 EWKB（Extend WKB）和 EWKT

（Extend WKT）的表达。EWKB、EWKT 不仅嵌入了几何对象的 SRID 信息，还增加了对 3DZ、3DM 和 4D 坐标的支持。

8.2　几何拓扑模型

在几何对象模型产生以前，几何拓扑模型曾是一种极有影响力的空间数据模型。早期商品化 GIS 软件大多采用以“结点→边→多边形”的拓扑组成关系为基础的模型，有时也称为平面拓扑模型或 Coverage 模型。

GIS 的多边形可由线围成，而线则可由点集连接而成。几何拓扑模型就是以几何的组成关系为基础，来组织和存储几何坐标。以图 8-18（a）的多边形为例，其几何拓扑模型和几何对象模型的表达方式分别如图 8-18（b）和（c）。图 8-18（b）认为多边形 A 是由边 1、边 2、边 3 围成，其中边 1 起于结点 1、途径点 6、止于结点 5，边 2 起于结点 5、止于结点 4，边 3 起于结点 4、途径点 3 和点 2、止于结点 1。而在图 8-18（c）的几何对象模型中，每个多边形的点坐标都是独立的（即使位置相同），即同一坐标在不同几何对象中会重复存储，甚至可能出现错位。几何拓扑模型是从拓扑组成的视角表达几何形状，几何形状间不会出现交叠、也不会存在间隙，故几何拓扑模型中多边形面积之和应该等于区域总面积。几何拓扑模型常用于对几何计算结果一致性要求较高的应用中，例如，地籍管理。而几何对象模型则从面向对象的视角，认为几何空间由不同几何对象填充而成，同一坐标点在不同几何对象中重复存储，由于输入或计算误差，可能导致坐标点错位的情况，致使几何之间出现交叠或间隙，这样会出现多边形面积之和与区域总面积不一致的情况。几何对象模型不适于几何计算一致性要求较高的应用，但常用于面向对象的设施管理中。当然，为了避免出现不同几何对象同一坐标点错位的情况，ArcGIS 提供了共享边编辑的工具，即移动几何对象的某坐标点时，相关几何对象上的相应坐标点也自动发生同样的变更。

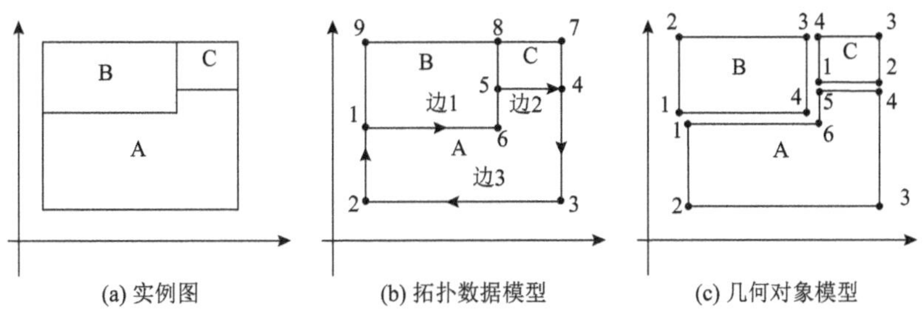

图 8-18　拓扑模型与对象模型的比较

由于几何拓扑数据模型具有结构紧凑、拓扑关系明晰、拓扑查询和网络分析效率高等优点，空间数据库厂商开始考虑通过预先存储的几何对象的拓扑数据结构，提高系统空间查询与分析的效率，满足用户需求。

8.2.1　概 念 模 型

目前，SFA SQL 对拓扑概念模型做了定义，但尚未涉及相关内容；而 SQL/MM 定义了几何对象的拓扑数据模型，并在 Oracle Spatial 中实现。

SQL/MM 的几何拓扑模型源于 ISO19107 中的最小拓扑（minitope）模型，但它仅采用了其中 3 个拓扑要素，即面（face）、边（edge）和结点（node），如图 8-19。

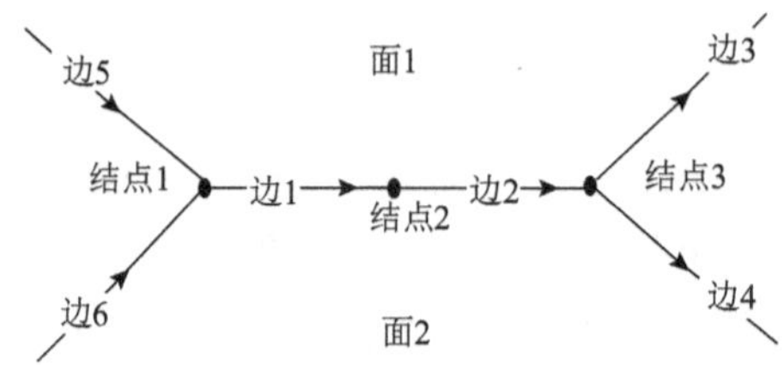

图 8-19　拓扑模型中面、边、结点的概念及关系示意图

其中，结点是零维拓扑单形（primitive），是两个或两个以上的边交汇处的空间点。边是一维拓扑单形。边的几何实现是曲线。SQL/MM 的边是有向的，其方向由其坐标点的存储顺序决定。面是二维拓扑单形。面的几何实现是曲面。这里我们可以简单地将面等同于图 8-18 中的多边形。

在几何拓扑模型中，面、边和结点是相对独立的实体，它们都拥有各自的唯一标识（ID）和几何形状。此外，边还是联系面和节点的纽带，其 E-R 图如图 8-20。其中，边和结点之间是起止关系，即每条边由起结点开始、止结点为终止；而面则由边围成。

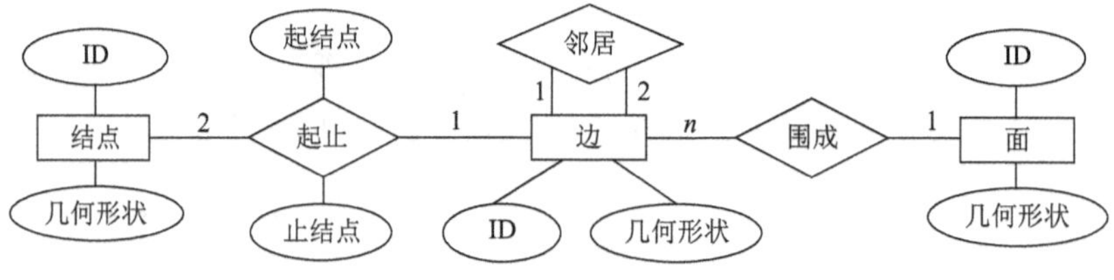

图 8-20　拓扑模型 E-R 图

8.2.2　逻 辑 实 现

根据上述概念模型，SQL/MM 的几何拓扑模型的逻辑实现如图 8-21。注意，SQL/MM 中所有表名和几何类型都被冠以“ST_”开头的前缀；尽管 SFA SQL 中的表名、类型及函数名没有明确冠以“ST_”，但为了与 SQL/MM 兼容，它也支持以“ST_”开头的表、类和函数，详见第 9 章。图 8-21 中表名由用户输入的拓扑名而定，即根据用户输入的拓扑名替换图中<topology-name>的部分。

图 8-21 中三个表的含义如下：

（1）结点表（<topology-name>.ST_NODE）：用于存储拓扑模型的结点信息；其中，ID 是结点编号，POINT 用于存储结点几何坐标，FACEID 用于记录孤立（Isolated）结点所在的面 ID 号。

（2）面表（<topology-name>.ST_FACE）：用于存储拓扑模型的面信息；其中，ID 是面编号，POLYGON 用于存储面的几何坐标。

（3）边表（<topology-name>.ST_EDGE）：用于记录拓扑模型的边信息，以及边与结点、面之间的连接信息。下面依次介绍各字段：

- ID：边的编号；
- CURVE：用于存储边的几何坐标；
- STATNODE：边起始结点的 ID 号；
- ENDNODE：边终止结点的 ID 号；
- LEFTFACE：沿着边的走向位于左手边的面 ID 号；
- RIGHTFACE：沿着边的走向位于右手边的面 ID 号；
- NEXTLEFTEDGE：在当前边的左面（LEFTFACE）中，从当前边开始按逆时针方向移动，找到的下一条边的 ID 号；若下一条边起止结点标识的方向与当前逆时针转动方向相反，则在前面加上“-”号；
- NEXTRIGHTEDGE：在当前边的右面（RIGHTFACE）中，从当前边开始按逆时针方向转动，找到的下一条边的 ID 号；若下一条边起止结点标识的方向与当前逆时针转动方向相反，则在前面加上“-”号。

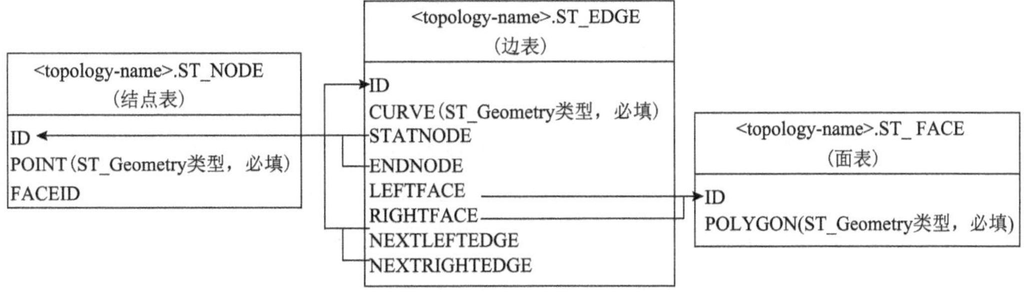

图 8-21　拓扑模型表模式

以图 8-22（a）的情境为例，在网格参考系下其拓扑要素表达可抽象为图 8-22（b）的形式，其中，结点、边、面分别用“N+编号”“E+编号”“F+编号”的方式编码。根据上述逻辑实现，其在用户给定的<topology-name>下，其边表、结点表和面表存储的信息如表 8-4。根据上面对表相关字段含义的介绍，不难理解表中各记录的含义。注意，在下一左边（NEXTLEFTEDGE）、下一右边（NEXTRIGHTEDGE）字段中，若某边坐标点的实际方向与面按逆时针方向相反，则在其编号前面加上“-”号。

例如，沿着边 E4 的方向前进其左面是 F2、右面是 F1，其下一左边是面 F2 从 E4 开始按逆时针方向移动的下一条边，即 E9，由于 E9 的走向与逆时针方向一致，故 E4 的下一左边是“9”；而其下一右边是面 F1 从 E4 开始按逆时针方向移动的下一条边，即 E1，由于 E1 的走向与逆时针方向相反，故 E4 的下一右边是“–1”。

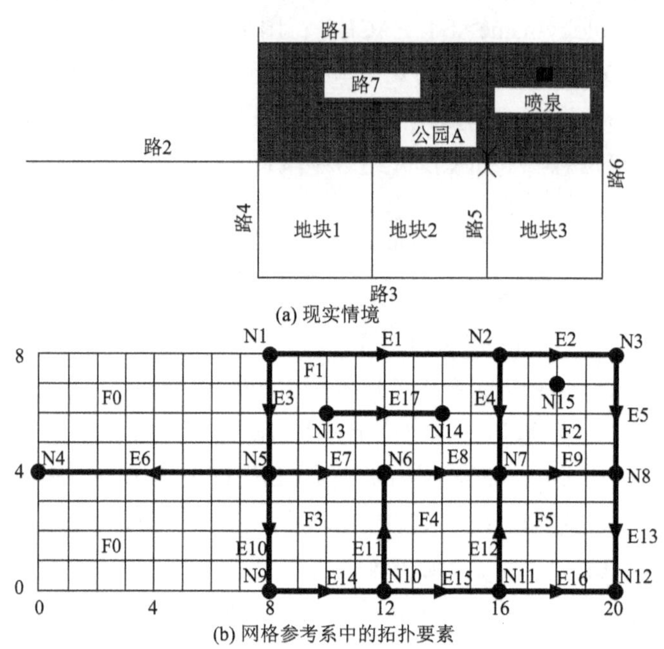

图 8-22　现实情景及其拓扑要素的表达

表 8-4 三张表实现了几何拓扑模型关系的表达和存储，但是很明显表中也存在一定的冗余信息，如结点、边、面都重复存储了一些相同的空间点坐标，故给模型一致性的维护带来了困难。因此，空间数据库中常常封装了一些用于维护数据一致性的函数；如在面中加入边（AddEdgeModFace）、拆分边（ModEdgeSplit）、改变边的几何形态（ChangeEdgeGeom）等函数。同时，空间数据库也封装了一些获取拓扑信息的函数，如获得构成某面的所有边（GetFaceEdges）、获得面的几何形态（GetFaceGeometry）等。

表 8-4　图 8-22 拓扑要素的逻辑实现

（a）<topology-name>. ST_EDGE 表

编号	起结点	止结点	左面	右面	下一左边	下一右边	几何形状
1	1	2	0	1	2	3	Line(8 8, 16 8)
2	2	3	0	2	5	4	Line(16 8, 20 8)
3	1	5	1	0	7	1	Line(8 8, 8 4)
4	2	7	2	1	9	–1	Line(16 8, 16 4)
5	3	8	0	2	13	–2	Line(20 8, 20 4)

（b）<topology-name>. ST_NODE 表

编号	面编号	几何形状
1		Point(8, 8)
2		Point(16, 8)
3		Point(20, 8)
4		Point(0, 4)
5		Point(8, 4)

续表

（a）<topology-name>. ST_EDGE 表

编号	起结点	止结点	左面	右面	下一左边	下一右边	几何形状
6	5	4	0	0	–6	–3	Line(8 4, 0 4)
7	5	6	1	3	8	10	Line(8 4, 12 4)
8	6	7	1	4	–4	–11	Line(12 4, 16 4)
9	7	8	2	5	–5	–12	Line(16 4, 20 4)
10	5	8	3	0	14	6	Line(8 4, 8 0)
11	10	6	3	4	–7	15	Line(12 0, 12 4)
12	11	7	4	5	–8	16	Line(16 0, 16 4)
13	8	12	0	5	–16	–9	Line(20 4, 20 0)
14	9	10	3	0	11	–10	Line(8 0, 12 0)
15	10	11	4	0	12	–14	Line(12 0, 16 0)
16	11	12	5	0	–13	–15	Line(16 0, 20 0)
17	13	14	1	1	–17	17	Line(10 6, 14 6)

（b）<topology-name>. ST_NODE 表

编号	面编号	几何形状
6		Point(12, 4)
…	…	…
13		Point(10, 6)
14		Point(14, 6)
15	2	Point(18, 7)

（c）<topology–name>. ST_FACE 表

编号	几何形状
0	Polygon((0 0, 20 0, 20 8, 0 8, 0 0))
1	Polygon((8 4, 16 4, 16 8, 8 8, 8 4))
2	Polygon((16 4, 20 4, 20 8, 16 8, 16 4))
…	………
5	Polygon((16 0, 20 0, 20 4, 16 4, 16 0))

此外，该表还存在自参考的缺陷，如边表中下一左边、下一右边作为外键参照本表的主键“编号”。虽然可以采用“递归”“传递闭包”建立边之间的首尾连接关系，但大多数数据库尚不支持这些查询，这可能也是造成表中坐标点冗余存储的原因。

8.3　网络拓扑模型

网络拓扑模型（以下简称：网络模型）是 GIS 中另一种常见的矢量数据模型，常用于交通路径分析、资源分配的应用。网络模型将空间地物抽象为链（NetLink）、网络结点（NetNode）等对象，并关注其间连通关系。网络模型与几何拓扑模型类似，它们都是矢量数据，但是几何拓扑模型中空间地物的精确形状是不可缺少的，而网络更注重连通关系以及其权重（例如，具有连通关系的两对象间距离或者阻力），空间地物的精确几何形状则是可选项。例如，基于哥尼斯城堡七桥[图 8-23（a）]生成的 A～D 四个区域之间的网络连接图[图 8-23（b）]就没有关注地物的精确几何形状。

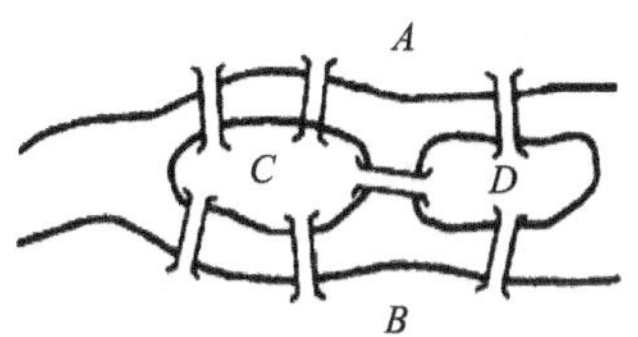

(a) 哥尼斯城堡七桥

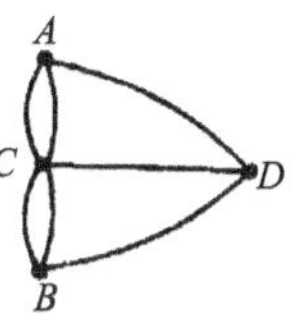

(b) 网络连接关系

图 8-23　网络模型示意图

网络模型的典型案例就是交通网络（如：陆上、海上及航空线路），常用于交通分析。它也常用于管线与隧道中分析水、汽油及电力的流动。在有些应用中，用户可能既需要采用面向对象的概念管理空间数据，又需要具备网络分析的能力；此时，几何对象模型、网络模型可以在数据库中共存。

8.3.1　概 念 模 型

网络模型中链（NetLink）与网络结点（NetNode）间的连通关系，与拓扑模型中边与结点间的关系十分相似。

图 8-24 给出的网络模型的结构基本等同于图 8-20 的右半部分。除命名外，不同之处仅在于：①网络模型的几何形状属性是可选项；②网络模型中“链”已经是最顶层的单形对象了，没有几何拓扑模型中的面实体，以及边面间的围成关系和边边间连接关系。因此，有关网络模型的理解可以参照几何拓扑模型的描述，这里不再赘述。

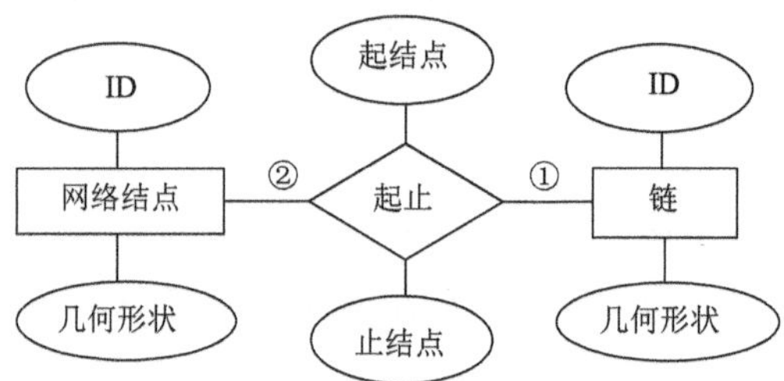

图 8-24　网络模型 E-R 图

8.3.2　逻 辑 实 现

根据上述概念模型中的实体映射为表、属性映射为字段后，SQL/MM 中网络模型的逻辑实现如图 8-25。除表名代表的含义不同外，各字段的含义基本与几何拓扑模型相同。这里也不再赘述。

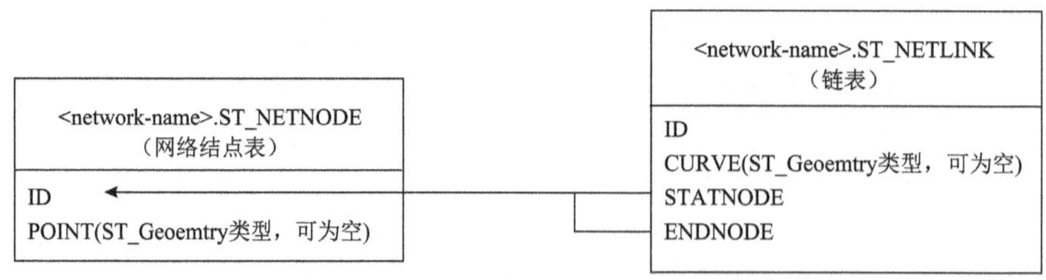

图 8-25　网络模型表模式

以图 8-22（a）的交通网络（如图 8-26）为例，在网格参考系下其网络要素表达可抽象为图 8-26（b）的形式，其中，网络结点、链分别用“N+编号”“L+编号”的方式编码。根据上述逻辑，在用户给定的<network-name>下，网络结点表（<network-

name>.ST_NETNODE）、链表（<network-name>.ST_NETLINK）存储的信息如表 8-5。

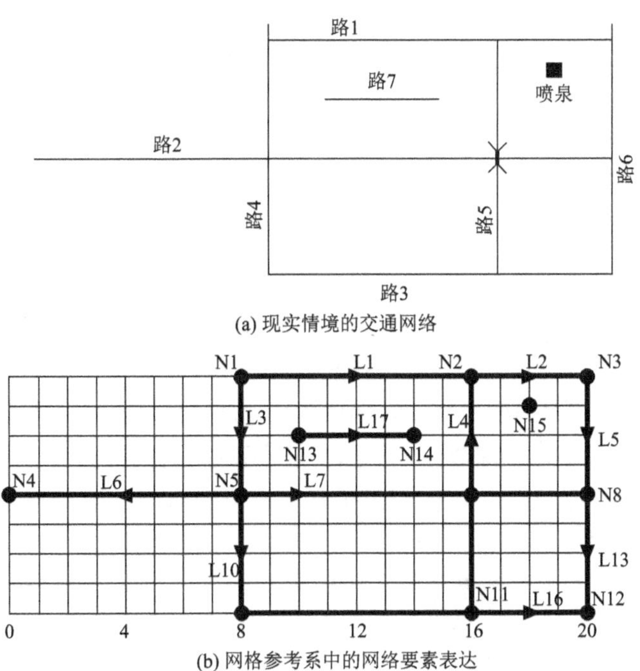

(a) 现实情境的交通网络

(b) 网格参考系中的网络要素表达

图 8-26　现实情景的交通地图及网络要素表达

表 8-5　图 8-26 网络模型的逻辑实现

（a）<network-name>.ST_NETNODE 表

编号	几何形状
1	Point(8, 8)
2	Point(16, 8)
3	Point(20, 8)
4	Point(0, 4)
5	Point(8, 4)
8	Point(20, 4)
11	Point(16, 0)
12	Point(20, 0)
13	Point(10, 6)
14	Point(14, 6)
15	Point(18, 7)

（b）<network-name>.ST_NETLINK 表

编号	起结点	止结点	几何形状
1	1	2	Linestring(8 8, 16 8)
2	2	3	Linestring(16 8, 20 8)
3	1	5	Linestring(8 8, 8 4)
4	11	2	Linestring(16 0, 16 8)
5	3	8	Linestring(20 8, 20 4)
6	5	4	Linestring(8 4, 0 4)
7	5	8	Linestring(8 4, 20 4)
10	5	11	Linestring(8 4, 8 0, 16 0)
13	8	12	Linestring(20 4, 20 0)
16	11	12	Linestring(16 0, 20 0)
17	13	14	Linestring(10 6, 14 6)

同样，该模型也存在一定的冗余。为维护网络模型数据表中数据的一致性和完整性，空间数据库扩展出初始化网络（InitTopoNet）、逻辑网络有效性检查（ValidLogicalNet）、移动结点（MoveNode）、加链（AddLink）、改变链

的几何形态（ChangeLinkGeom）等函数，供用户访问。此外，空间数据库还提供无向最短路径（ShortestUndPath）、有向最短路径（ShortestDirPath）等网络分析函数。

8.4　栅格数据模型

栅格数据是另一类常见的空间数据。栅格数据采用一组笛卡儿平面来描述空间对象的性质。所谓笛卡儿平面是一个二维数组，其中的某行某列对应现实世界中某栅格单元的系列属性值。在空间数据库中，栅格数据主要有三类：①GIS 栅格分析中涉及的栅格数据，例如，图 7-2（a）的土壤 pH 值分布数据，图 7-2（b）的数字高程模型（DEM）数据。此类数据的栅格单元通常仅有一项属性值，其值可能为“整型”，也可能为“浮点型”。②遥感影像数据，例如，数字正射影像（DOM）。这类数据的某栅格单元通常对应多个属性值，该值记录了现实世界中对应区域对不同波段光谱的反射值，其值可能为“整型”，也可能为“浮点型”。③图片数据，例如，数码照片、数字栅格地图（DRG）等。此类数据某一栅格单元通常对应 3 个属性值，分别代表 R、G、B 三种颜色，单元格属性的值域为 0～256。可见，这几类数据大体相似，但又略有不同。

空间数据库则采用一种统一的栅格数据模型，描述上述不同种类的栅格数据。该栅格模型也被称为网格（grid）模型或覆盖（coverage）模型。目前，国际上有关栅格数据的标准尚不统一，OGC 尚未定义相关的实现标准，SQL/MM 第四部分也仅针对上述第三类数据——静态图像，给出了相关标准。另外，由于上述三类栅格数据有其各自的特点和应用需求，通常采用不同的技术路线进行管理。这点将在 8.4.4 节中进一步讨论。无论如何，经过数十年的发展，尽管不同系统的栅格模型和技术实现会略有不同，但其中的一些概念和技术基本上得到了业界认同。下面以 Oracle 的 GeoRaster、PostGIS 的 WKTRaster 为例，进一步介绍这些基本概念及其存在的差异或争议。

8.4.1　概念模型

基于上述三类栅格数据的理解，栅格数据可以用行维、列维和波段（层）维进行统一描述，其中，层通常被视为逻辑上的概念，而波段则视为物理上的概念。行有行宽，列有列宽，波段则有波段数目。波段表示的是多维栅格像素矩阵的一个物理维度，单一波段内数据独自成为一个二维像素矩阵。栅格影像可以是单波段，也可以是多波段的。最常见的情况是可见光全色影像数据，分为 R、G、B 三个波段。图 8-27（a）表示一个栅格数据的结构，具有行维、列维、波段维特征，其在波段维上有三个波段。

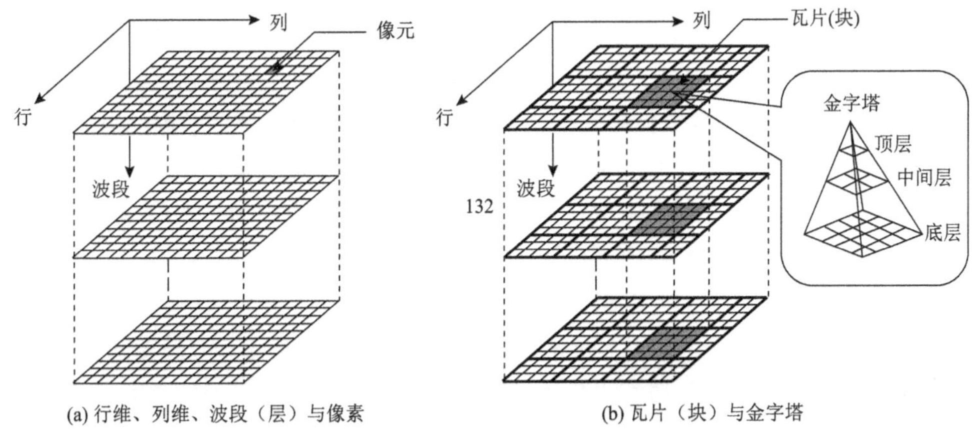

(a) 行维、列维、波段（层）与像素　　(b) 瓦片（块）与金字塔

图 8-27　栅格数据管理中的若干概念

若以像素作为栅格数据管理的最小单元，需要管理的单元数目则过多，特别是拼接后的遥感影像，其像素数目可能会多到系统难以管理的程度。另外，以像素为最小管理单元也会影响栅格数据的绘制速度。因此，空间数据库通常以用户定义的 $m \times n$ 的像素区域作为最小管理单元，我们常称之为“瓦片（tile）”或“块（block）”，如图 8-27（b），通常瓦片中具有几个波段。另外，为了加快海量影像数据的显示速度，空间数据库通常会对瓦片采用重采样技术建立具有不同分辨率的数据，形成“金字塔”，如图 8-27（b）。用户请求数据时，空间数据库会先将最粗略的栅格数据传给用户，再渐进传输精细的数据，从而加快系统响应速度（有关影像金字塔的实现细节详见 8.4.3 节）。

基于上述概念，大多数空间数据库系统栅格概念模型基本如图 8-28。其中，RasterDataset 代表栅格数据表，是由许多瓦片（Tile）组成，每个 tile 又是由许多波段（band）组成；每个 band 都依赖颜色表（Colormap）、统计信息（Statistics）和直方图（Histogram）等用于描述栅格元数据的对象类。Colormap 用于描述波段中不同像素的属性值在可视化时用何种颜色显示；Statistics 用于描述波段中像素属性的统计值，如最大值、最小值、均值等；Histogram 用于描述波段中像素属性值的分布情况；Block（Tile）则用于描述波段内瓦片的像素值，它提供了访问瓦片内像素的基本方法，甚至包括影像金字塔的访问。

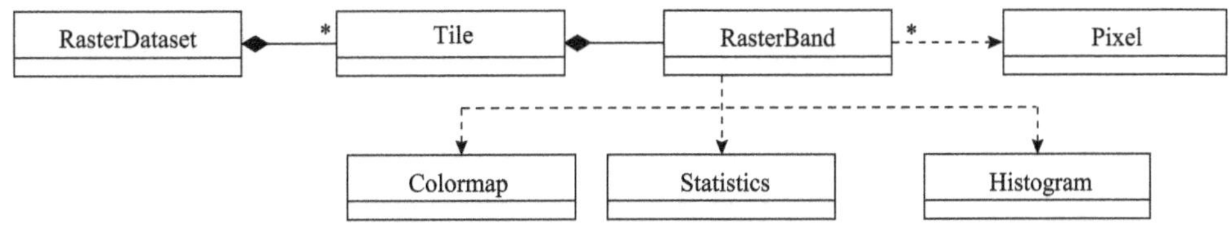

图 8-28　栅格数据概念模型

这里需要注意，此处的直方图与 11.5 节介绍的直方图完全不同。此处的直方图是针对栅格数据的，是对波段中像素属性值的分布进行统计；在某些情况下，根据此属性

值的分布，可以给不同属性值赋予不同的色度，以达到较好的渲染效果。而 11.5 节讨论的直方图则是针对矢量数据的，是对空间对象分布状况的统计；在执行空间查询前，可根据此直方图对查询结果数据集的大小进行初步估计，用于评价空间数据的查询耗时。

另外，在栅格数据概念模型中还要分清像素坐标系和地理坐标系。像素坐标系包含行、列两个坐标分量，表示像素在像素矩阵中的位置，也称为“图像坐标系”；地理坐标系是与像素对应的实际地理位置的大地坐标，地理坐标系并不唯一，可能是经纬度，也可能是 SPATIAL_REF_SYS 系统表中的某坐标系，它依次包含 x 和 y 两个坐标分量。两个坐标系坐标分量的方向关系如图 8-29，其中，列与 x 方向相同，而行与 y 的方向则正好相反。“块”通常也是用像素坐标系描述的，但其空间单元不是像素、而是像素块。

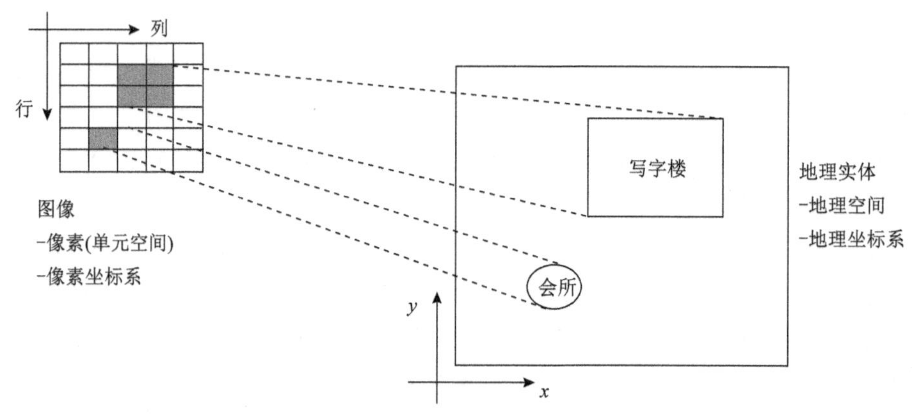

图 8-29　两个坐标系统的关系

8.4.2　逻辑与物理实现

在空间数据库管理系统诞生前，栅格数据管理也先后经历了文件系统、文件关系型混合、空间引擎、对象关系型几种管理方案。根据 7.2 节所述，基于文件系统和文件关系型混合的管理方案应不难理解。基于空间引擎的管理方案可参见 ArcSDE 的文档。本节主要介绍基于对象关系模型的栅格管理方案。

基于对象关系模型的栅格管理本质就是在空间数据库中扩展栅格数据类型（例如：Oracle Spatial 的 SDO_Raster、PostGIS 的 WKTRaster）及其相关函数，并将瓦片中的栅格数据块存储在上述扩展数据类型中，由数据库负责栅格数据的解译和管理，用户可以通过扩展的 SQL 访问栅格数据。下面重点介绍 PostGIS 的 WKTRaster。

WKTRaster 的目的是实现矢量层和栅格层的无缝一体化操作，例如，矢量层和栅格层之间可以进行叠加操作；故其在实现上与地理几何模型十分相似。首先，它将栅格数据视为一种新的 WKT/WKB 类型，其逻辑实现（如图 8-30）也与几何对象模型的逻辑实现（如图 8-17）较为相似。

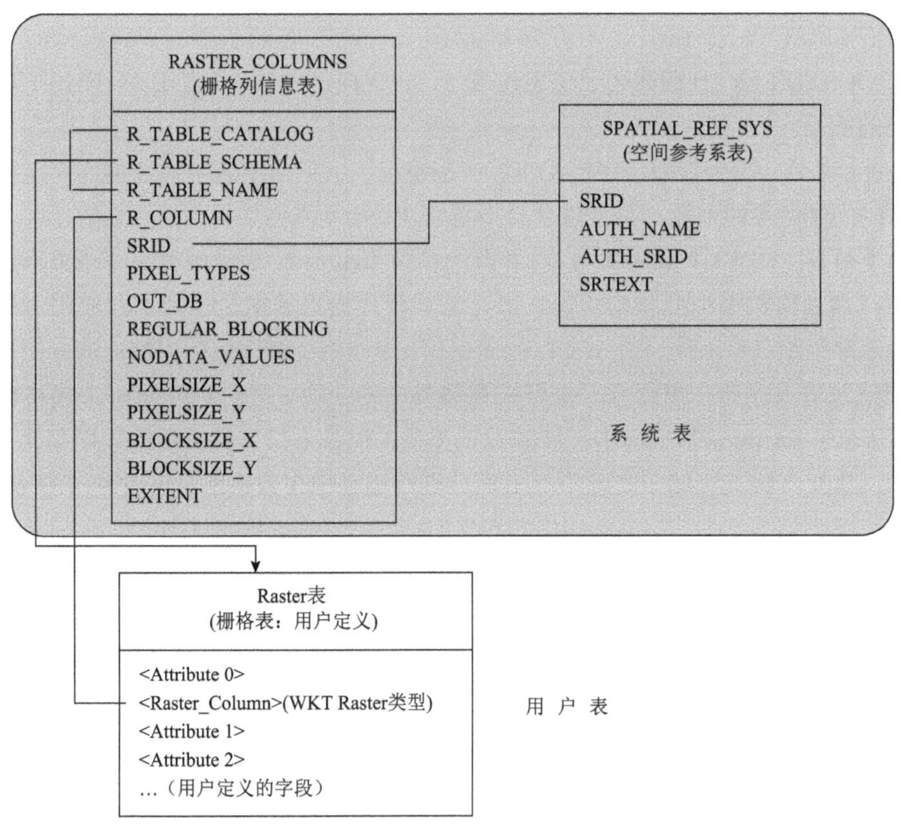

图 8-30　WKT Raster 的逻辑模型

图 8-30 中，各表各字段的含义如下：

- 栅格（Raster）表：是用户表，记录了一组具有相同属性和行为的栅格数据集合，不同行代表不同的栅格数据块。Raster_Column 列是数据库扩展的栅格数据类型，其它列则是用户定义的属性列。
- 栅格列信息（RASTER_COLUMNS）：是系统表，登记了数据库中所有栅格数据表及其栅格列的描述信息。R_TABLE_CATALOG、R_TABLE_SCHEMA 和 R_TABLE_NAME 分别用来记录某 Raster 表所在的数据库名、模式名和该表的表名，用于唯一标识一个 Raster 表。R_COLUMN 用于记录由前三列值确定的该 Raster 表中 Raster 列的名字。SRID 用于描述该 Raster 表的空间参考系，作为外键参照 SPATIAL_REF_SYS。PIXEL_TYPES 用于描述栅格像素值的数据类型，例如，1BB（1 位布尔类型）、4BUI（4 位无符号整数）、8BSI（8 位有符号整数）、32BF（32 位浮点数）。OUT_DB 是布尔类型的数组，标志着栅格数据每个波段是存储在数据库内（in-db），还是在数据库外（out-db）。REGULAR_BLOCKING 用于标识常规的块约束是否强加给表。NODATA_VALUES 是双精度类型的数组，用于记录每个波段中代表无数据的像素单元的值。PIXELSIZE_X、

PIXELSIZE_Y 分别描述了像素单元在 x、y 方向的长度，BLOCKSIZE_X、BLOCKSIZE_Y 分别描述了像素块在 x、y 方向的大小。EXTENT 描述了该栅格表的四至。

- 空间参考系（SPATIAL_REF_SYS）：是系统表，记录了该空间数据库所支持的所有空间参考系的列表；其字段含义不再赘述。

由上可见：①WKT Raster 与 8.1.2 节的扩展 Geometry 数据类型的实现方案类似，是采用扩展栅格数据类型和栅格表，来存储和管理栅格数据的。②不同应用对栅格数据的理解和组织各有不同，故 WKT Raster 不限定栅格类型存储的内容；这样栅格表中的一条记录可以存储一幅图像，也可以存储其中的一块，还可以存储一个栅格对象。③尽管 WKT Raster 是数据库中扩展的数据类型，但其不仅支持将影像数据存储于栅格字段中，也支持将其存储于文件中。下面分别给出存储在数据库、文件中 Raster 类型的文本表示，如图 8-31。④PostGIS 的 WKTRaster 比 Oracle 的 GeoRaster 简单，且灵活；它能实现栅格、矢量数据的一体化操作，但是没有时态管理方面的功能。

```
--- 存储在栅格列中
RasterFromText('RASTER(2,8,30.0,2,22165.382558570,785,0,0,-22165.382558570815,
                   -545856.650,7086694.1733,
                   BAND(8BUI,(0,3,7,6,8,9,1,8,9,5,5,6,6,2,2,4,4)),
                   BAND(16BF,(0.0,1.2,1.2,2.6,2.6,3.4,3.4,4.0,4.0,5.6,5.6,6.3,
                      6.3,7.8,7.8,8.6,8.6))',[<srid>])
--- 存储在文件中
RasterFromText('RASTER(2,8,30.0,2,22165.382558570,785,0,0,-22165.382558570815,
                   -545856.650,7086694.1733,BAND(PT_EXT,0,c:/data/landsat/01b1.tif),
                   BAND(PT_EXT,0.0, c:/data/landsat/01b2.tif))',[<srid>])
```

图 8-31 WKT Raster 的两类表达案例

8.4.3 影像金字塔技术

影像金字塔是空间数据库中常见的一种管理技术，主要用于提高高精度影像数据的浏览与显示速度。空间数据库通常利用最近邻域、双线性插值等方法对原始影像进行重采样，形成粗分辨率表达；并利用同样的方法对影像数据进行逐级的萃取综合，形成多级金字塔结构（如图 8-32）；在浏览显示时，根据当前显示的范围自动计算显示比例尺，并抽取适当的分辨率的级别显示，以实现影像数据快速显示。通常情况下，金字塔每级图层的行、列数都相当于前一级图层行、列数的一半。因此，在对需要建金字塔的数据分块时，最好以 2^n 像素×2^n 像素大小进行划分。

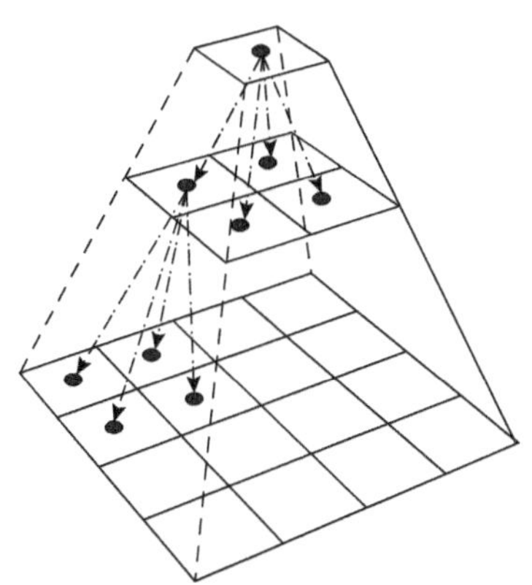

图 8-32　金字塔构建示意图

上述基于重采样的金字塔技术实质是一种用冗余换效率的方案。此方案通常会带来较大的数据冗余，但是能较好地保留影像数据原始信息，故该方案常被称为“无损金字塔”。在某些对影像原始信息保真度要求不高的应用中，可以采用小波压缩实现影像金字塔，即“有损金字塔”。

小波压缩的实质采用某种编码方法，它首先将原始影像分解为 HH_1、HL_1、LH_1、LL_1 四个频带，其中，HH_1、HL_1、LH_1 表示图像的高频部分或称“细节”部分，而 LL_1 表示原图像在较粗尺度上的近似（低频的“粗糙像”）；接下来小波编码再将 LL_1 频带视为原始图像，并对其进行分解，形成 HH_2、HL_2、LH_2、LL_2，其中，LL_2 则表示 LL_1 在另一更粗尺度上的近似，依次类推对图像进行编码，如图 8-33 从上到下的过程所示。经小波编码分解后，系统无需存储原始影像，而仅存储最低级别的 LL 频带（如图 8-33 中的 LL_3 频带）以及中间各尺度下的 HH、HL、LH 的高频信号。系统再对这

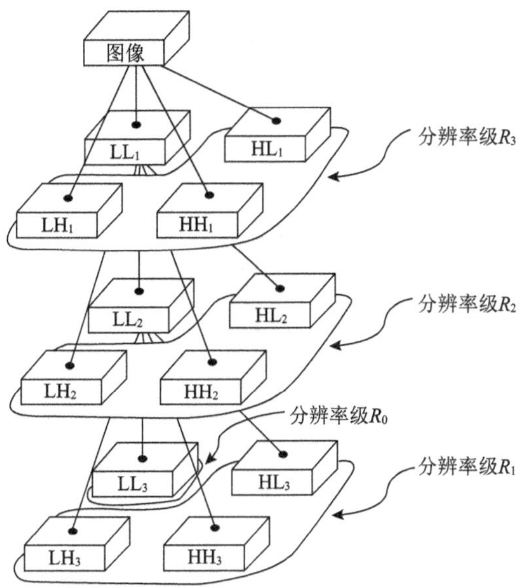

图 8-33　小波编码的分解与合成过程示意

些频带的信号进行压缩，形成小波压缩文件。由于体现影像“细节”的高频信号通常具有较高的压缩比，故压缩后的文件通常会比原始影像文件小不少。在浏览该压缩文件时，系统则先调出最粗略的 LL_3 频带进行显示；当用户需要更高分辨率的影像时，系统则实时地将 LL_3 频带与 HH_3、HL_3、LH_3 频带进行合成，形成影像更精细的表达 LL_2 频带。依次类推，直到合成最终的“原始影像”。这里需要注意，经上述分解和压缩等操作后，合成的“原始影像”比编码前的“原始影像”有一定程度失真的。通常情况下，压缩率越高失真也越大。

ECW 和 JPEG2000 等成熟的影像格式都支持小波压缩，故在文件型的影像管理中，可充分利用其提供的多分辨率压缩、解压技术，实现影像数据的高效浏览与显示。

8.4.4　问题与讨论

目前，在栅格数据概念模型方面业界基本已取得较为一致的认识，但是在实现方面还是有较大的区别。根据上述介绍，栅格管理的实现主要还存在如下两方面的争议，希望读者结合应用的实际需求，选择合适的技术方法。

（1）栅格数据存储在数据库中，还是文件中。

在早期的空间数据库中，栅格数据通常以文件的形式存储于磁盘，数据库中仅记录栅格的文件路径和文件名。其后，ArcSDE 将栅格数据按 BLOB 的形式存储在数据库中，Oracle 的 GeoRaster 按扩展数据类型的方式管理栅格数据，而 PostGIS 的 Raster 既支持数据库存储模式，也支持文件型存储模式。

“栅格数据存储在数据库中，还是文件中”一直以来都是业界常常争议的问题。栅格模型覆盖的数据种类很多，因此目前应结合栅格数据更新和操作的特点选择合适的存储方式。对于数据量小、更新频率较高或涉及复杂空间分析操作的栅格数据（如，某地区的污染扩散场的数据），可能采用数据库管理的方式会更好。因为它可以充分利用数据库的并发编辑功能和空间分析功能，有时甚至可以和矢量数据一起进行一体化的处理和分析；此外，由于其数据量较小，也不会影响数据库的访问速度。然而，对于数据量大、基本无需更新、查询操作简单的遥感影像数据，可能采用将波段存储在文件中的方式更好。这主要是因为数据库无需负担海量影像数据的并发控制、安全管理、灾难恢复等工作，而且直接采用文件的方式读取，具有较高的响应速度。例如，Google Earch 就是采用文件系统管理海量影像数据。

（2）栅格数据是先分块、还是先分波段管理。

PostGIS 是先分块、再分波段的管理模式，而有些系统（如 Oracle 的 SDO_Raster）则是先分波段、再分块的管理模式。两种模型各有优缺点，在应用中要根据实际情况选择合适的管理方式。在实际应用中，若某波段（层）的数据量较大，则可采用分块的方式管理；若数据量较小，则可将其作为一块统一管理。

当某波段的数据量较大时，若应用常涉及多波段数据的计算或合成（例如，基于

RGB 合成真彩色影像），则建议选用块内多波段的管理模式（即先分块再分波段）；否则建议选用波段内多块（即先分波段再分块）的管理模式。

8.5　注记文本模型

8.5.1　概 念 模 型

GIS 的注记主要有注记标签（annotation lable）、注记文本（annotation text）和注记尺寸（annotation size）三种形式。

- 注记标签：是选择要素层（图层）的某属性值作为注记，并放置在点要素的旁边或线面要素中的某位置显示，建立属性值与要素位置之间的对应关系。标签的显示风格与该要素层的文本风格定义一致。漫游或缩放后标签会根据地理要素的空间位置自动重置。例如，对于省级行政区数据，若将属性表中“行政区名”的属性定义标签，则这些省级行政区名会自动按照同样大小的字体和格式显示在其所在的多边形中。
- 注记文本：是独立于要素层的一个文本数据集，它是由一些有序的、各自独立放置的文本元素组成，这些文本元素可能会沿着地理要素的方向、根据某地理要素的范围进行放置，故注记文本与要素具有非正式的对应关系。地图上用于命名山脉的文本通常就是一个标准注记文本。虽然山脉的详细特征没有描写，但是它标记的是一个区域。本节讨论的模型仅针对注记文本，不包含注记标签和注记尺寸。
- 注记尺寸：是用于标注几何体长、宽、高数值的注记；在地块、房屋的测量等应用中常用，如图 8-34 的户型图中的标记。

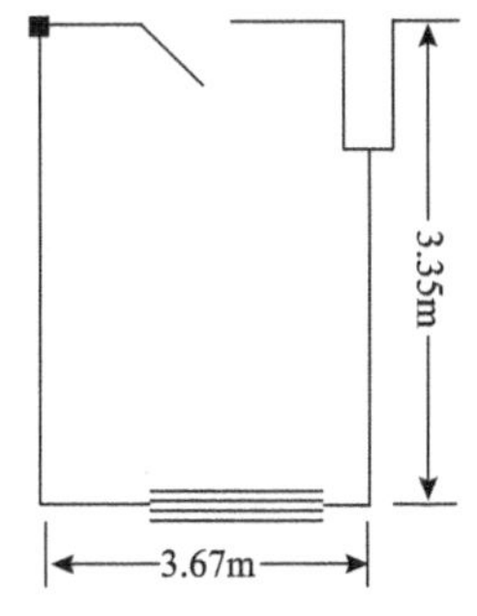

图 8-34　尺寸注记示意图

由于注记标签中的文本是要素的某个字段属性、其显示样式与该层的文本风格一致；因此不需要额外对其进行定义；而注记文本则具有自己的地理位置（文本要素的放置方向或范围）及其相关描述（文本要素的文字或显示样式）。因此，在空间数据库中，与 Geometry、Raster 一样，注记文本（annotation text）也是一种空间数据类型，常用于地图的制图与可视化发布。

SFA SQL 定义的注记文本模型如图 8-35，各类的含义如下：

- Text：是注记文本，描述了该条标注文本所放置的范围（Envelope），记录了组成它的所有文本元素（TextElement）。
- TextElement：是构成 Text 的基本元素，描述了注记文本中每部分文字的具体信息，如该文字的内容（Value）、放置位置（Location）、文本指示线（LeaderLine）等。每个 TextElement 都有其各自相应的属性值；通常第一个 TextElement 的属性描述相对完整，若后继 TextElement 的属性没有明确设定，通常都沿用前一个 TextElement 的属性值。
- TextAttributes：描述了 TextElement 中文字的字体、大小、颜色、旋转角度等信息。

此外，图 8-35 类图中还给出了文本属性中有关字体样式（FontStyle）、文本整饰（TextDecoration）、字体宽（FontWeight）、水平对齐方式（HorizontalAlignment）、垂直对齐方式（VerticalAlignment）的枚举定义。

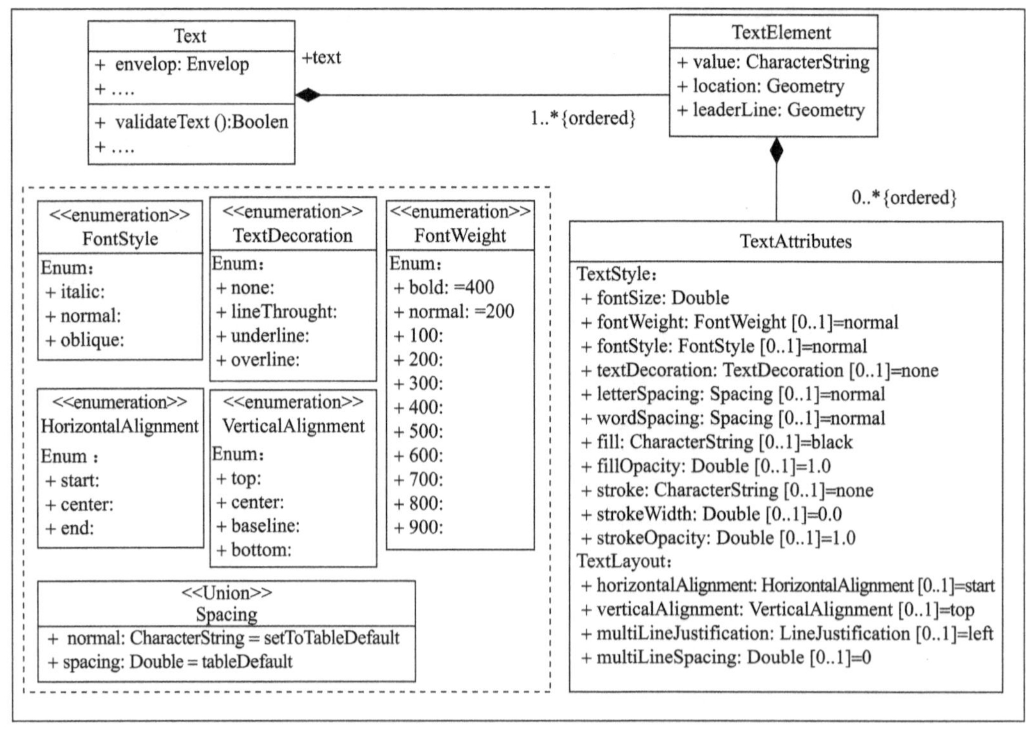

图 8-35　注记文本对象模型

8.5.2　逻辑模型

注记文本模型也有基于预定义数据类型和基于扩展 Text 类型的两种实现方式。

1. 基于预定义数据类型

基于预定义数据类型的注记文本的逻辑模型如图 8-36。它是在图 8-14 的模式下，在要素表中添加了用户定义的用于描述文本键值（Text_Key）和显示范围（Text_Envelope）的字段；增加一个用户可以自定义的注记文本（Text）表，用于记录文本键值（Text_Key）、文本元素序号（Text_Key_SEQ）、文本内容（Text_Value）、文本指示线（Text_LeaderLine）、文本放置位置（Text_Location）和文本（Text_Attributes）。此外，在系统中还增加了一个用于描述注记文本的元数据表（ANNOTATION_TEXT_METADATA）；该表的各字段与用户表之间的对应关系如图 8-36 中右下部分的折线所示，这里就不再赘述；该表的后两列记录了 Text 表中文本要素的默认表达（A_TEXT_DEFAULT_EXPRESSION）和显示属性（A_TEXT_DEFAULT_ATTRIBUTES）。

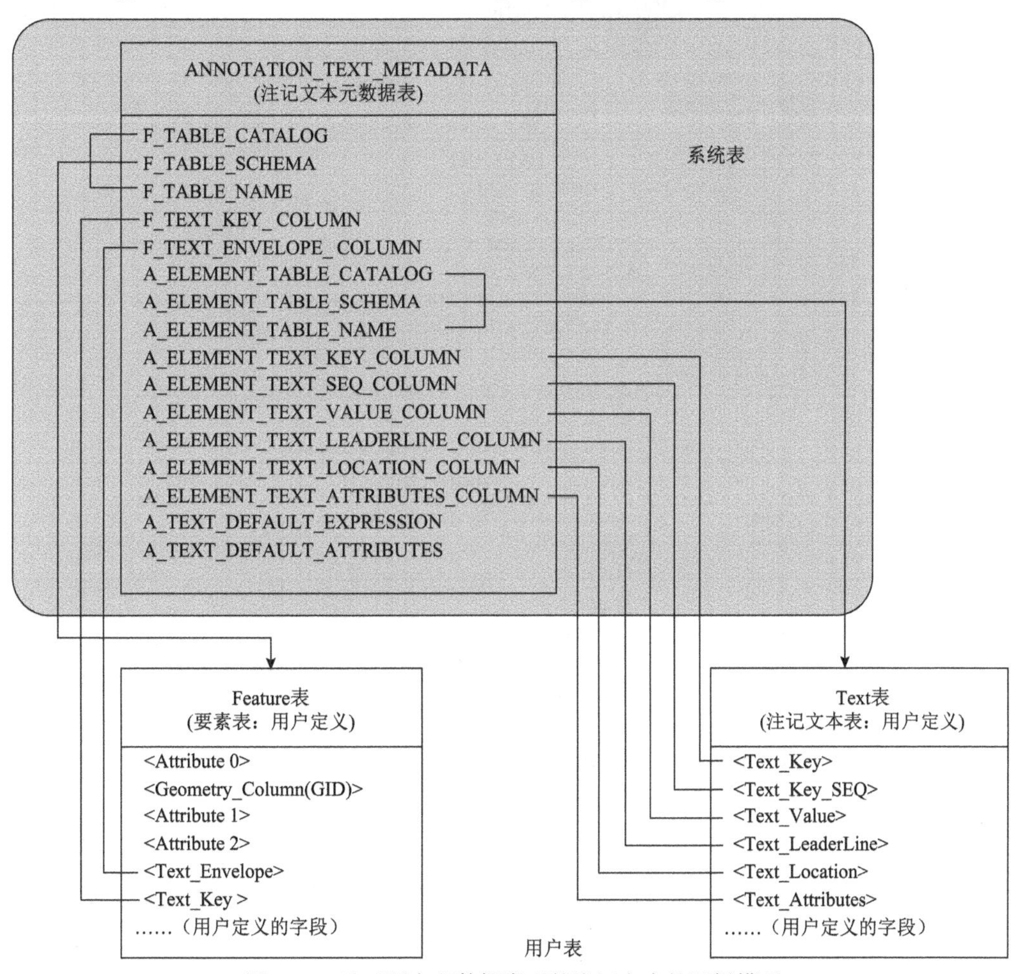

图 8-36　基于预定义数据类型的注记文本的逻辑模型

这里需要注意，Text_Key 用于唯一标识一个 Text 对象，而 Text_Key 和 Text_Key_SEQ 的联合键用于唯一标识一个 TextElement。此外，在 Text 表中大部分文本的显示属性可能一样，此时可将该显示属性统一存储在元数据表的 A_TEXT_DEFAULT_ATTRIBUTES 字段中，若某行的属性不同于元数据表中的默认值，则可记录在 Text 表的<Text_Attributes>字段中。

2. 基于扩展 TEXT 数据类型

基于扩展 Text 数据类型的注记文本的逻辑模型如图 8-37。它是在图 8-16 的模式下，在要素表中添加一个扩展 Text 类型的 Text_Column 字段；同时也在系统中增加了一个用于描述注记文本的元数据表（ANNOTATION_TEXT_METADATA）。该表的各字段与用户表之间的对应关系如图 8-37，这里不再赘述。该表的后三列记录了 Text 类型列的默认地图基本尺度（A_TEXT_DEFAULT_MAP_BASE_SCALE）、默认表达（A_TEXT_DEFAULT_EXPRESSION）和默认显示属性（A_TEXT_DEFAULT_ATTRIBUTES）。后两个字段的用法与上相同。

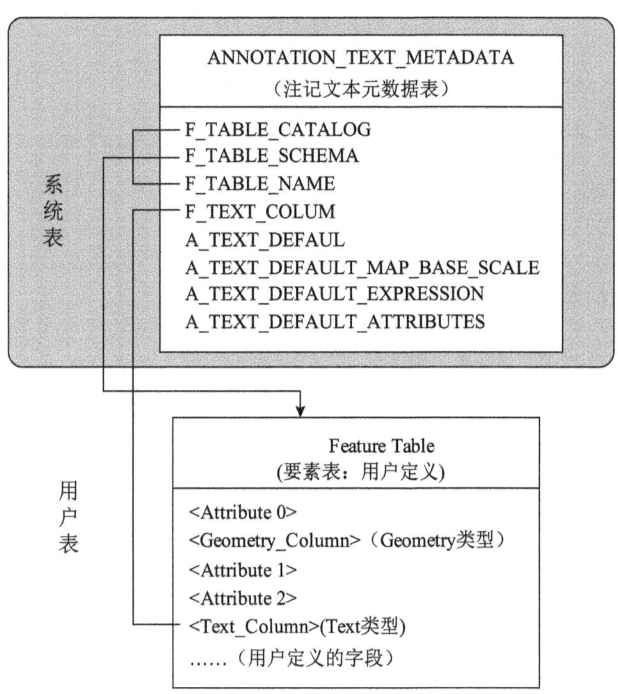

图 8-37　基于扩展 Text 数据类型的注记文本的逻辑模型

【练习题】

1. 说明空间数据库中常见的几何对象模型、几何拓扑模型、网络模型、栅格数据模型分别表达地理空间中的哪些现实世界的现象。

2. 阐述几何拓扑模型与网络模型的区别与联系。

3. 什么是预定义数据类型？简介基于预定义数据类型的几何对象模型实现方案。

4. 什么是扩展的 Geometry 数据类型？简介基于扩展 Geometry 数据类型的几何对象模型实现方案。

5. 图 8-12 为什么不绘制 Intersects（相交）的示意图。

语言是人与人沟通最重要的桥梁，空间结构化查询语言则是人与空间数据库沟通的重要手段。

第 9 章　空间结构化查询语言（GSQL，SSQL）

结构化查询语言（SQL）在第 3 章已有详细介绍，它是关系数据库的标准语言。SQL 是个通用的、功能极强的关系数据库语言，其功能已并不仅限于查询。当前几乎所有关系数据库管理系统软件都支持 SQL，许多软件厂商对 SQL 基本命令集进行了不同程度的扩充修改。

空间结构化查询语言（spatial structured query language，SSQL）是基于 SQL 99 提供的面向对象的扩展机制，扩充的一种用于实现空间数据的存储、管理、查询、更新与维护的结构化查询语言。由于空间数据常常与地理位置密切相关，故有人也将其称为 GSQL（geographcal structured query language）。SSQL 通常都是基于某种空间数据模型，对标准 SQL 进行了扩展。主要的扩展包括：①空间数据类型的基本操作；②描述空间对象间拓扑关系的函数；③空间分析与处理的一般操作。

本章以开源的 PostgreSQL/PostGIS 为例，介绍栅格矢量数据模型的 GSQL 及其写作形式；在此基础上，参照 PostGIS 的相关文档，应该容易掌握网络模型和几何拓扑模型相关的函数及其书写方式。

9.1　PostgreSQL 和 PostGIS 介绍

9.1.1　PostgreSQL 与 PostGIS

PostgreSQL（http://www.postgresql.org/）的前身是 1986 年由“图灵奖”获得者美国加州大学伯克利分校的斯通布雷克教授领导的 Postgres 项目开发的对象关系型数据库系统。该项目在面向对象的数据库、索引技术、规则、过程和数据库扩展等现代数据库技术方面，取得了显著成果。同时，斯通布雷克将 PostgreSQL 纳入到 BSD 版权体系中，使 PostgreSQL 在各种科研机构和一些公共服务组织得到广泛应用。尽管早期的 PostgreSQL 已经定义了点（POINT）、线（LINE）、线段（LSEG）、矩形（BOX）、多边形（POLYGON）和圆（CIRCLE）等基本几何类型及其相关的操作和索引；但其对空间数据的表达和处理能力仍然难以满足 GIS 的应用需求，具体表现在：缺乏地理空间数据类型，没有空间分析、投影变换等功能。

针对上述问题，Refractions Research 公司研发了 PostGIS（http://postgis.net）。PostGIS 是 PostgreSQL 的空间扩展模块；它提供了空间对象、空间索引、空间操作函数和空间操作符等服务功能。PostGIS 的版权被纳入到 GNU 的 GPL 中，也就是说任何人可以自由得到 PostGIS 的源码并对其做研究和改进。PostgreSQL/PostGIS 的开放性、灵活性和可扩展性，使其得到迅速的发展，越来越多的爱好者和研究机构参与到相关的应用开发和完善当中，并形成了系列支持 PostgreSQL 和 PostGIS 开源 GIS 的产品体系。例如，支持空间格式转换的 GDAL、支持投影转换的 Proj4、地图服务 GeoServer、网站服务器 MapBender、桌面 GIS 软件 QuantumGIS 等。

目前，PostgreSQL 和 PostGIS 是一套较为成熟、完善的空间数据库管理系统，且其具有开源、免费、短小精悍、易于理解、便于操作等特点，成为初学者的理想教学软件。此外，PostgreSQL 和 PostGIS 遵循空间数据库的国际标准，其理论、体系、概念与 Oracle、MS SQL 等商用数据库基本一致，学习成果易于移植。

9.1.2 PostGIS 的空间特性

PostGIS 遵循 OGC 的 SFA SQL 规范，支持前面提到的 Geometry、Raster 等各种空间数据类型，支持 WKT 和 WKB 等系列表达，支持其扩展的各种数据类型的存取和构造方法，提供空间分析函数，提供对于元数据的支持及其相关访问函数。

除上述 SFA SQL 规范要求的内容外，PostGIS 还提供以下规范之外的功能。

- **空间坐标转换**：虽然 SFA SQL 的几何类型都将 SRID 作为自身结构的一部分，但并没引入坐标转换功能。在 Proj4 的加持下，PostGIS 支持常见的地理坐标系、投影坐标系的转换。
- **球面空间的运算**：除 Geometry 类型①外，PostGIS 支持 Geography 类型②，对于 Geography 类型数据的距离和面积计算是在球面空间进行的，即其距离为弧线距离、面积为弧面距离。
- **空间聚集函数**：数据库中聚集函数是对系列属性数据进行统计的函数；例如，Sum 和 Average。空间聚集函数则是对系列几何对象进行统计的空间函数，例如，EXTENT 用于返回覆盖所有几何对象的四至，如“SELECT Extent（geom）FROM roads”这条 SQL 语句的执行结果是返回覆盖 roads 表中所有几何对象的四至。
- **栅格数据类型**：PostGIS 先后出现过 PGCHIP、PGRaster、WKTRaster 三种不同方案，实现栅格数据对象的存储和管理。本章主要介绍 WKTRaster 的内容。

这里需要注意，PostGIS 并未严格地按照面向对象的形式实现，而是采用对象类型加函数的形式实现。早期 PostGIS 函数根据 OGC 的 SFSQL 标准开发，后来，OGC 为了与 SQL/MM 兼容，修订了 SF SQL 标准，形成了 SFA SQL 和 ISO 19125。后来为了与 SQL/MM 标准兼容，空间函数的参数稍微有些变动，且均以“ST_”开头。为此

---

① Geometry 类型：欧式空间下的几何数据类型；采用 X（Easting）、Y（Northing）两坐标描述地球上某个点的位置，单位可以是米（如 SRID：3857），也可以是度（SRID：4326）；距离和面积等的计算遵循欧式空间的计算规则，例如，距离为两点间的直线距离。

② Geography 类型：球面空间下的几何数据类型；它使用经度、纬度和高程描述地球上某个点的位置；其几何基础是球面，例如，两点间的距离相当于计算圆弧的距离。有时 Geography 类型和 Geometry 类型可以相互转换。

OGC 又根据 SFA SQL 封装了一套“ST_”开头的函数。因此，PostGIS 常常会出现两个功能基本相同的函数，一个以“ST_”开头，另一个则无“ST_”。

为了与 SQL/MM 兼容，本章主要介绍 PostGIS 中以“ST_”开头的函数。

9.1.3　相关数据类型

为了更好理解后续章节空间函数中参数的意义，先简单介绍 PostGIS3.3.3（以下简称 PostGIS）常用的数据类型及描述（表 9-1）。下述相关数据类型与函数的详细介绍可见 http://postgis.net/docs/manual-3.3/。

表 9-1　PostGIS 常见数据类型描述

数据类型	解释
box2d	矩形框类型：由矩形框左下角、右上角坐标组成。例如，box2d(0 0, 5 5)
box3d	长方体类型：由长方体左前下角、右后上角坐标组成。例如，box3d(0 0 0, 5 5 5)
bytea	相当于 BLOB 类型，表示一个可变长的二进制值
geometry	用平面坐标系表示几何要素的类型：详见 8.1 节
geometry[]	几何数据类型数组：有多个几何类型组成的数组
geometry set	几何数据类型的集合
geography	使用大地（椭球）坐标系表示的几何要素的类型
geomval	一种复合数据类型，由.geom 字段引用的几何图形对象和 val 组成，val 是表示栅格标注栏中特定几何位置的像素值的双精度值
addbandarg	一种复合类型，用于输入到 ST_AddBand 函数，用于定义栅格波段的初始化值和属性
raster	栅格类型：详见 8.4 节
reclassarg	一种复合类型，用于输入到 ST_Reclass 函数，用于定义重分类的行为参数
summarystats	一种复合类型，用于承载 ST_SummaryStats、ST_SummaryStatsAgg 两函数的返回值
unionarg	一种复合类型，用于输入到 ST_Union 函数，用于定义联合操作的相关参数

9.2　矢量数据的定义与操作

9.2.1　数据定义与插入

1. 表的定义

建立数据库的重要步骤是定义表。PostGIS 创建空间表的语句与创建属性表的语句基本相同，其格式如下。

```
CREATE TABLE <表名>
(<列名><数据类型>[列级完整性约束条件]
 [,<列名><数据类型>[列级完整性约束条件]]
   ……
[,<表级完整性约束条件>]
);
```

其中，<表名>是需要定义的空间表名称，其中至少有一个支持空间数据类型的列。

【例 9-1】 建立名为“landuse”的土地利用数据表，属性包括 ID 号（landuse_id）、名称（name）、几何列（the_geom）、面积（area）、周长（perimeter）等。其中 ID 号为主键，即不能为空且值是唯一的。

```
CREATE TABLE landuse
(landuse_id INT4 NOT NULL,
 name VARCHAR(20),
 the_geom GEOMETRY,
 area FLOAT8,
 perimeter FLOAT8,
 CONSTRAINT landuse_pkey PRIMARY KEY (landuse_id)
);
```

在 PostGIS 中执行上述语句后，就在数据库中建立了名为“landuse”的空表。

2. 索引定义

建立索引是加快查询速度的有效手段。用户可以根据应用系统的需求，在表上建立一个或多个索引，以提供多种存取路径，加快查询速度。与属性表相同，PostGIS 也使用 CREATE INDEX 语句来建立索引。其格式如下：

```
CREATE [UNIQUE] INDEX <索引名>
      ON <表名> [USING 索引方法](<列名>[操作符][,<列名>[操作符]]…)
```

注意，PostGIS 中默认索引方法是 B 树，如果要建立 R 树等空间索引，需要指明索引方法。

【例 9-2】 为 landuse 表的 the_geom 列，创建名为“geo_idx”的 R 树索引。

```
CREATE INDEX geo_idx ON landuse USING R-TREE (the_geom);
```

在 PostGIS 中，B 树是最常用的（也是缺省情况下的）索引类型，当使用<、<=、=、>=、>等操作符搜索数据时，优先使用 B 树索引。当判断几何的空间关系时，R 树方法最常用。特别是使用<<、&<、&>等空间关系操作符（详细介绍见 9.2.7）时，

R 树索引方法优先使用。HASH 提供了一个非常快速的对比方法，但仅限于“=”操作符。

3. 数据插入

在 PostGIS 中一般使用 INSERT 语句为表添加新记录。通常有两种形式：①插入一条记录；②插入某子查询的结果，即通过使用 SELECT 查询、一次插入多条记录。

1）插入单条记录

插入单条记录的 INSERT 语句格式如下：

```
INSERT INTO <表名>[(<列名 1>[,<列名 2>…])]
VALUES (<常量 1>[,<常量 2>]…);
```

在插入过程中可以指定特定列，若 INTO 子句中没有出现的属性列，则 PostGIS 将为此列插入一个缺省值（一般为空值）。

【**例 9-3**】将一条新的土地利用数据记录（ID:12；名称：Timber-forest；几何列 WKB 描述：01010000001DDB93F460BB4241A84E5AC86F455441；面积：47806700；周长：34246.2）插入到 landuse 表中。

```
INSERT INTO landuse(landuse_id,name,the_geom,area,perimeter)
VALUES ('12', 'Timber-forest',
        '01010000001DDB93F460BB4241A84E5AC86F455441',
        '4.78067e+007','3.42462e+004');
```

2）插入子查询结果

插入子查询结果的 INSERT 语句格式为

```
INSERT INTO <表名>[(<列名 1>[,<列名 2>…])]
     SELECT 语句;
```

【**例 9-4**】将 landuse 表中 ID 号小于 15 的记录存入表 landuse_new 中。

首先建立新表 landuse_new，其属性列名与 landuse 相同；然后，插入 ID 号小于 15 的记录的 INSERT 语句是

```
INSERT INTO landuse_new(landuse_id, name, the_geom, area, perimeter)
     SELECT *FROM landuse
     WHERE landuse_id<15;
```

9.2.2　表的管理函数

管理函数用于管理和操作几何类型的数据表及其元数据，如表 9-2。

表 9-2　部分 PostGIS 管理函数

函数名称	功能
AddGeometryColumn(varchar, varchar, varchar, int4, varchar, int4)	添加几何字段（对应 ALERT）
DropGeometryColumn(varchar, varchar, varchar)	删除几何字段（对应 ALERT）
DropGeometryTable(varchar, varchar)	删除一个空间表（对应 DROP TABLE）
Populate_Geometry_Columns()	确保集合列遵循一定的规则（对应 ALERT）
Probe_Geometry_Columns()	扫描数据库几何字段，若 GEOMETRY_COLUMNS 表中尚无其元数据信息，则在该中添加
Find_SRID(varchar, varchar, varchar)	返回某空间表某空间列的空间参考系 ID
UpdateGeometrySRID(varchar, varchar, int4)	更新某空间表某空间列的空间参考系 ID
Update_Geometry_Stats (varchar, varchar)	更新空间表的统计信息

下面以 AddGeometryColumn 函数为例进一步介绍其使用方法。AddGeometryColumn 的参数依次为：表的模式名<schema_name>、表名<table_name>、列名<column_name>、空间参考<srid>、数据几何类型<type>、几何对象类型的维数<dimension>。其中，srid 必须是一个对应 SPATIAL_REF_SYS 表中的某 SRID 值，type 必须是一个大写的字符串，用来描述几何类型，如 POLYGON 或者 MULTILINESTRING 等。该函数的功能是在一个已存在的表中增加一个几何字段列。

【例 9-5】在 landuse 表中添加一个新的几何字段 geom，其空间查询语句如下：

```
SELECT AddGeometryColumn('public','landuse','geom',-1,'POLYGON',2)
```

9.2.3　几何构造函数

构造函数用于根据给定的几何描述，构造相应的几何对象，常用的函数如表 9-3。ST_GeomCollFromText(text,[])函数，这种形式的参数列表表示该函数有一个必备参数（如 text），另外一个为可选参数（如[]）。如无特殊说明，本章中其他函数的可选参数均用“[]”形式表示。此外，花括号内的函数与花括号外的函数功能、参数均相同，仅名字有差异，如表 9-3 第 3 行所示。

表 9-3　部分几何对象构造函数

函数名称	功能
ST_GeomCollFromText(text,[]) ST_GeomCollFromWKB(bytea,[]) ST_GeomFromText{ST_GeometryFromText、ST_WKTToSQL} (text,[])	根据 From 后指定的格式表达，创建几何（GeometryCollection）对象集，例如，多点、多折线、多多边形

续表

函数名称	功能
ST_GeomFromEWKT(text,[]) ST_GeomFromWKB{ST_WKBToSQL}(bytea,[]) ST_GeomFromTWKB(bytea,[]) ST_GeomFromEWKB(bytea,[]) ST_GeomFromGeoHash(text, int4) ST_GeomFromGML{ST_GMLToSQL} ST_GeomFromGeoJSON(text,[]) ST_GeomFromKML(text,[])	根据 From 后指定的格式表达，创建几何（Geometry）对象，例如，点、折线、多边形
ST_GeogFromText {ST_GeographyFromText}(text,[]) ST_GeogFromWKB(bytea,[])	根据 From 后指定的格式表达，创建 Geography 对象
ST_MakePoint{ST_Point}(float8, float8,[],[]) ST_MakeLine(geometry, geometry) ST_MakeEnvelope (float8, float8, float8, float8, int) ST_MakePolygon{ST_Polygon}(geometry,[]) ST_MakePointM(float8, float8, float8)	根据参数，创建 Make 后指定的几何对象
ST_PointFromTex(text,[]) ST_PointFromWKB(bytea,[]) ST_PointFromGeoHash(text, int4) ST_PolygonFromText(text,[]) ST_MLineFromText(text,[]) ST_MPointFromText(text,[]) ST_MPolyFromText(text,[]) ST_Box2dFromGeoHash(text, int4)	根据 From 后指定的格式表达，创建 From 前指定的几何（Geometry）对象

下面以 ST_GeomFromText(text,[])和 ST_LineFromWKB(bytea,[])函数为例进一步介绍其使用方法。ST_GeomFromText 的第一个参数为文本类型，是某个几何对象的 WKT 描述；ST_LineFromWKB 第一个参数为长二进制类型，是某个几何对象的 WKB 描述。他们的第二个参数均为可选参数，一般为空间参考（SRID）所对应的整数值。在缺省的情况下，SRID 取值为–1。

【例 9-6】构造名为 aline 的 LINESTRING(1 2, 3 4)几何对象。空间查询语句如下：

```
SELECT ST_LineFromWKB(
                        ST_AsBinary(ST_GeomFromText('LINESTRING(1 2, 3 4)'))
                           ) AS aline;
```

输出结果为

```
aline
--------------------------------
01020......
```

其中，ST_AsBinary 的作用是将 Geometry 类型转换为 WKB 类型的函数，详见 9.2.4 节。

9.2.4　几何访问函数

访问函数主要用于获取几何对象的相关属性信息，常用的函数如表 9-4。

表 9-4　部分几何访问函数

函数名称	功能
ST_Dimension(geometry) ST_GeometryType(geometry) ST_SRID(geometry) ST_Envelope(geometry)	获取几何对象 geometry 的维数、几何类型、空间参考系 ID 及其 MBR
ST_StartPoint(geometry) ST_EndPoint(geometry)	获取线对象 geometry 的起点、终点
ST_NumGeometries(geometry) ST_GeometryN(geometry, int4)	获取多几何对象中的对象个数及其第 *N* 个对象
ST_IsClosed(geometry) ST_IsEmpty(geometry) ST_IsRing(geometry) ST_IsSimple(geometry)	判断几何对象 geometry 是否闭合、是否为空、是否闭合、是否为简单对象
ST_ExteriorRing(geometry) ST_NumInteriorRings(geometry) ST_InteriorRingN(geometry,int4)	获取多边形 geometry 的外环、内环的个数及其第 *N* 个内环
ST_NumPoints(geometry) ST_PointN(geometry,int4)	获取几何对象 geometry 中点的个数及其第 *N* 个点
ST_X(geometry) ST_Y(geometry) ST_Z(geometry) ST_M(geometry)	分别为获取点 geometry 的 *X*、*Y*、*Z*、*M* 值

【例 9-7】用 ST_IsSimple 函数判断下面两个几何对象是否为简单对象。空间查询语句如下：

```
SELECT ST_IsSimple(
              ST_GeomFromText('LINESTRING(1 1, 2 2, 1 3, 1 2, 2 1)')
                  ) AS smpl_line,
        ST_IsSimple(
               ST_GeomFromText('POLYGON((0 0, 0 1, 1 1, 1 0, 0 0))')
                   ) AS smpl_plygn;
```

输出结果如下：

```
smpl_line       smpl_plygn
--------------------------
 f                t
```

9.2.5　几何输出函数

输出函数主要是按不同格式的要求输出几何对象，常用的函数如表 9-5。PostGIS 按 WKB、WKT、EWKB、EWKT、GeoJSON、GML、KML、SVG、用 little-endian（NDR）或者 big-endian（XDR）编码的 HEXEWKB 等格式输出几何对象。

表 9-5　部分几何对象输出函数

函数名称	功能
ST_AsText(geometry) ST_AsBinary(geometry,[]) ST_AsEWKB(geometry,[]) ST_AsEWKT(geometry,[]) ST_AsGeoJSON([int4],geometry,[int4], [int4]) ST_AsGML([int4],geometry,[int4]) ST_AsHEXEWKB(geometry, []) ST_AsKML([int4],geometry,[int4]) ST_AsSVG(geometry,[int4],[int4])	根据 As 后指定的格式，返回 geometry 参数的几何表达

【例 9-8】我们以 POLYGON((0 0, 0 1, 1 1, 1 0, 0 0))为例，分别按二进制、EWKT、SVG 的格式输出，其空间查询语句和输出结果分别如下。

```
(1) SELECT ST_AsBinary(
            ST_GeomFromText(
                  'POLYGON((0 0, 0 1, 1 1, 1 0, 0 0))',4326
                      )
            );
```

输出结果为

```
st_asbinary
______________________
\001\003\000\000\000\001\000\000\000\005\000\000\000\000\000\000\000\
    000\000\000\000\000\000\000\000\000\000\000\000\000\000\000\000\00
    0\000\000\000\000\000\000\000\000\000\360?\000\000\000\000\000\000
    \360?\000\000\000\000\000\000\360?\000\000\000\000\000\000\360?\00
    0\000\000\000\000\000\000\000\000\000\000\000\000\000\000\000\000\
    000\000\000\000\000\000\000
```

```
(2) SELECT ST_AsEWKT(
            ST_GeomFromText(
                  'POLYGON((0 0, 0 1, 1 1, 1 0, 0 0))',4326
                  )
         );
```

输出结果为

```
st_asewkt
------------------------------------------
SRID=4326;POLYGON((0 0, 0 1, 1 1, 1 0, 0 0))
```

```
(3) SELECT ST_AsSVG(
                ST_GeomFromText(
                              'POLYGON((0 0, 0 1,1 1,1 0,0 0))',4326
                              )
                );
```

输出结果为

```
st_assvg
------------------------------------------
M 0 0 0 -1 1 -1 1 0 Z
```

9.2.6　几何编辑函数

编辑函数用于增加、删除、修改几何对象的坐标信息，常用函数如表 9-6 所示。

表 9-6　部分几何对象编辑函数

函数名称	功能
ST_AddBBOX(geometry) ST_DropBBOX(geometry)	添加、删除几何对象 geometry 的 MBR
ST_AddPoint(geometry, geometry,[])	给线添加一个点
ST_Affine(geometry, float8, float8, float8, float8, float8, float8) ST_Affine(geometry, float8, float8, float8, float8, float8, float8, float8, float8, float8, float8, float8, float8)	对二维、三维坐标空间中的几何对象进行仿射变换
ST_Force_Collection(geometry)	将几何对象转换为 GeometryCollection
ST_Force_2D(geometry) ST_Force_3D{ST_Force_3DZ }(geometry) ST_Force_3DM(geometry) ST_Force_4D(geometry)	分别将几何对象 geometry 中的坐标转换为 *XY*、*XYZ*、*XYM*、*XYZM* 的形式
ST_ForceCCW(geometry)	强制多边形逆时针方向调整所有外环方向，顺时针方向调整所有内环方向
ST_LineMerge(geometry)	将多折线（MultiLineString）合并为折线（LineString）
ST_Multi(geometry)	将几何对象 geometry 转化为相应的几何集合形式，然后返回；若已是几何集合形式，则直接返回
ST_RemovePoint(geometry, int4)	删除线上的一个点
ST_Reverse(geometry)	反转，即将几何对象用反序返回

续表

函数名称	功能
ST_RotateX(geometry, float8) ST_RotateY(geometry, float8) ST_RotateZ{ ST_Rotate}(geometry, float8)	将 geometry 分别沿 X 轴、Y 轴、Z 轴进行旋转
ST_Scale(geometry, float8, float8,[])	对几何对象进行缩放
ST_Segmentize(geometry,float8)	分段处理，使每段距离不大于给定的距离
ST_SetPoint(geometry,int4, geometry)	用给定的点代替折线的 int4 参数指定的点
ST_SetSRID(geometry, int4)	设置几何对象的空间参考系 ID
ST_SnapToGrid(geometry,float8) ST_SnapToGrid(geometry,float8, float8) ST_SnapToGrid(geometry,float8, float8,float8, float8) ST_SnapToGrid(geometry,geometry, float8, float8, float8, float8)	根据网格起点和网格单元大小将几何对象的所有顶点捕捉到网格上 （支持多种参数输入方式）
ST_Transform(geometry,int4)	将几何对象的坐标转化到指定空间参考系
ST_Translate(geometry,float8, float8,[])	根据偏移参数对几何对象进行偏移
ST_TransScale(geometry,float8, float8, float8, float8)	对二维坐标空间中的对象进行偏移和缩放

从上表中可以看出，PostGIS 提供的编辑函数种类较多，组合起来基本上能处理几何对象编辑的各类问题。在此我们对 ST_Force_Collection、ST_ForceRHR、ST_Affine（适用于三维坐标空间）的函数进行简单的介绍。

【例 9-9】使用 ST_Force_Collection 函数将原先的 Geometry 数据类型转换为 GeometryCollection。

```
SELECT ST_AsEWKT(
        ST_Force_Collection('POLYGON((0 0 2, 0 5 2, 5 0 2, 0 0 2),
                    (1 1 2, 3 1 2, 1 3 2, 1 1 2))'
              )
        );
```

输出结果为

```
st_asewkt
-----------------------------------------------------
GEOMETRYCOLLECTION(POLYGON((0 0 2, 0 5 2, 5 0 2, 0 0 2),(1 1 2, 3 1 2,
   1 3 2, 1 1 2)))
```

从输出结果可知，该函数将原来的两个 Polygon 转换为一个 Polygon 的集合。

【例 9-10】将上例中用到的多边形 POLYGON((0 0 2, 0 5 2, 5 0 2, 0 0 2), (1 1 2, 3 1 2, 1 3 2, 1 1 2))用 ST_ForceRHR 函数进行强制转换，使其点坐标排列顺序符合 RHR

法则（Right-Hand-Rule）

```
SELECT ST_AsEWKT(ST_ForceRHR('POLYGON((0 0 2, 5 0 2, 0 5 2, 0 0 2),
                                    (1 1 2, 1 3 2, 3 1 2, 1 1 2))'
                            )
                 );
```

输出结果为

```
st_asewkt
------------------------------------------------------------
POLYGON((0 0 2, 0 5 2, 5 0 2, 0 0 2), (1 1 2, 3 1 2, 1 3 2, 1 1 2))
```

【例 9-11】对三维坐标空间中的几何对象进行仿射变换的函数 ST_Affine，它有 13 个参数。可简记为 ST_Affine(geom, a, b, c, d, e, f, g, h, i, xoff, yoff, zoff)，根据计算机图形学的基本知识，它对应的变换矩阵为

$$\begin{bmatrix} a & b & c & \text{xoff} \\ d & e & f & \text{yoff} \\ g & h & i & \text{zoff} \\ 0 & 0 & 0 & 1 \end{bmatrix}$$

原几何对象中的位置属性 x，y，z，仿射变换后分别为

$$\begin{cases} x' = a \times x + b \times y + c \times z + \text{xoff} \\ y' = d \times x + e \times y + f \times z + \text{yoff} \\ z' = g \times x + h \times y + i \times z + \text{zoff} \end{cases}$$

将一条线沿 Z 轴方向旋转 180°，对应的空间查询语句如下：

```
SELECT ST_AsEWKT(ST_Affine(the_geom,cos(pi()),-sin(pi()),0,sin(pi()),
                           cos(pi()),0,0,0,1,0,0,0)) As using_affine
FROM (SELECT ST_GeomFromEWKT('LINESTRING(1 2 3, 1 4 3)') As the_geom)
     As HAHA;
```

输出结果为

```
using_affine
------------------------------------------------------------
LINESTRING(-1 -2 3, -1 -4 3)
```

9.2.7 运　算　符

正如属性数据的“>”、“=”、“<”等操作符一样，PostGIS 也定义了一些空间运算符。PostGIS 的运算符主要包括边界框运算符（表 9-7）、距离运算符（表 9-8）。其中，边界框运算符用于判断空间对象边界框（MBR）是否满足各类空间关系。

表 9-7　常见的几何边界框运算符

空间关系	运算符	示例	含义
Intersects	&&	Geo1 && Geo2	若 Geo1 的边界框与 Geo2 边界框相交，则返回 Ture
	&&&	Geo1 &&& Geo2	在 *n* 维坐标空间中，若 Geo1 的边界框与 Geo2 边界框相交，则返回 Ture
Equal	~=	Geo1 ~= Geo2	若 Geo1 双精度表达的边界框与 Geo2 双精度表达的边界框相等，则返回 Ture
Within	@	Geo1 @ Geo2	若 Geo1 的边界框在 Geo2 边界框内，则返回 Ture
Contains	~	Geo1 ~ Geo2	若 Geo1 的边界框包含 Geo2 边界框，则返回 Ture
Overlaps 或 Direction（方位）	&<	Geo1&<>Geo2	若 Geo1 的边界框与 Geo2 边界框交叠，或 Geo1 的边界框在 Geo2 边界框左侧，则返回 Ture
	&<|	Geo1&<|Geo2	若 Geo1 的边界框与 Geo2 边界框交叠，或 Geo1 的边界框在 Geo2 边界框下方，则返回 Ture
	&>	Geo1&>Geo2	若 Geo1 的边界框与 Geo2 边界框交叠，或 Geo1 的边界框在 Geo2 边界框右侧，则返回 Ture
	|&>	Geo1|&> Geo2	若 Geo1 的边界框与 Geo2 边界框交叠，或 Geo1 的边界框在 Geo2 边界框上方，则返回 Ture
Direction（方位）	<<	Geo1<<Geo2	若 Geo1 的边界框在 Geo2 边界框左侧，则返回 Ture
	>>	Geo1>>Geo2	若 Geo1 的边界框在 Geo2 边界框右侧，则返回 Ture
	<<|	Geo1<<| Geo2	若 Geo1 的边界框在 Geo2 边界框下方，则返回 Ture
	|>>	Geo1 |>> Geo2	若 Geo1 的边界框在 Geo2 边界框上方，则返回 Ture

表 9-8　常见的距离运算符

运算符	示例	含义
<->	GeoA <-> GeoB	返回 A 和 B 之间的 2D 距离
|=|	GeoA |=|GeoB	返回 A 和 B 轨迹在其最近的接近点处的距离
<#>	GeoA <#> GeoB	返回 A 和 B 边界框之间的 2D 距离。
<<->>	GeoA <<->> GeoB	返回 A 和 B 边界框质心之间的 n-D 距离
<<#>>	GeoA <<#>> GeoB	返回 A 和 B 边界框之间的 n-D 距离。

【例 9-12】以&&操作符为例，说明几何操作符的使用方法。

```
SELECT tbla.column1,tblb.column1,
       tbla.column2&&tblb.column2 AS overlaps
FROM (VALUES(1,'LINESTRING(0 0, 2 2)'::geometry),
            (2,'LINESTRING(0 1, 0 3)'::geometry)
     ) AS tbla,
     (VALUES(3,'LINESTRING(1 1, 3 5)'::geometry)
     ) AS tblb;
```

输出结果为

column1	column2	overlaps
1	3	t
2	3	f

9.2.8　空间关系函数（精匹配）

目前 PostGIS 的空间关系函数用于判断两几何对象的拓扑关系和距离关系，常用函数分别如表 9-9 和表 9-10 所示。

表 9-9　常见的拓扑关系函数

函数名称	功能
ST_Contains(geometry A, geometry B)	判断 A 是否包含 B
ST_Covers(geometry A, geometry B)	判断 A 是否覆盖 B
ST_CoveredBy(geometry A, geometry B)	判断 A 是否被 B 所覆盖
ST_Crosses(geometry, geometry)	判断两个几何对象是否互相穿过
ST_Disjoint(geometry, geometry)	判断两个几何对象是否相离
ST_Equals(geometry, geometry)	判断两个几何对象是否相等
ST_Intersects(geometry, geometry)	判断两个几何对象是否相交
ST_Overlaps(geometry, geometry)	判断两个几何对象是否是重叠
ST_Relate(geometry, geometry, text)	判断两个几何对象是否符合给定的 9 交矩阵
ST_Relate(geometry, geometry)	获取两个几何对象的 9 交矩阵
ST_Touches(geometry,geometry)	若两个几何对象间至少有一个公共点，但它们的内部又不相交，则返回 TRUE
ST_Within(geometry A, geometry B)	判断 A 是否被 B 包含

表 9-10　常见的距离关系函数

函数名称	功能
ST_3DDWithin(geometry, geometry, double)	如果两个 3D 几何在给定的 3D 距离内，则返回 True
ST_3DDFullyWithin(geometry, geometry, double)	如果两个 3D 几何完全在给定的 3D 距离内，则返回 True
ST_DFullyWithin(geometry, geometry, double)	如果两个几何完全在给定距离内，则返回 True
ST_DWithin(geometry, geometry, double)	如果两个几何在给定距离内，则返回 True
ST_PointInsideCircle(geometry, float, float, float)	判断点是否位于由圆心和半径定义的圆内

以 ST_Intersects 函数为例，ST_Intersects(geometry，geometry)函数判断输入的两个几何对象是否相交；若相交，返回“真”，否则返回“假”。

【例 9-13】判断两个多边形对象 POLYGON((1 1, 2 1, 2 3, 1 1))、POLYGON((3 0, 3 2, 4 0, 3 0))间是否相交，空间查询语句如下：

```
SELECT ST_Intersects(ST_GeomFromText('POLYGON((1 1, 2 1, 2 3, 1 1))'),
                     ST_GeomFromText('POLYGON((3 0, 3 2, 4 0, 3 0))')
                    )
```

其输出结果如下，表示上述输入的两多边形不相交。

```
st_intersects
--------------------------------
f
```

9.2.9　测 量 函 数

测量函数用于获取几何对象的各类测量值，常用的函数如表 9-11。其中，ST_Distance_Sphere、ST_Distance_Spheroid 两个函数均用于计算地球曲面上两点间的最短距离，其区别在于：前者的计算速度更快，后者结果的准确度更高；因为后者用于计算的椭球参数更精细、更精准。

表 9-11　部分几何对象测量函数

函数名称	功能
ST_Area(geometry)	返回几何对象 geometry 在投影平面的面积
ST_Azimuth(geometry, geometry) ST_Distance(geometry, geometry) ST_Max_Distance(geometry, geometry)	分别返回两个几何对象 geometry 在投影平面的方位角（单位弧度）、距离、最大距离
ST_Distance_Sphere(geometry, geometry) ST_Distance_Spheroid(geometry, geometry, spheroid)	返回两个 geometry 几何对象的球面距离，单位为米；第一个函数假定地球半径取值为 6,370,986m，第二个函数可以指定地球椭球参数（spheroid）
ST_Length2d(geometry) ST_Length3d(geometry)	分别返回几何对象 geometry 在二维、三维坐标空间中的长度
ST_Length_Spheroid(geometry,spheroid)	根据给定的地球椭球参数（spheroid），返回几何对象 geometry 在地球曲面上的长度
ST_Perimeter(geometry) ST_Perimeter3d(geometry)	分别返回几何对象 geometry 在二维、三维坐标空间中的周长

【例 9-14】求两点(0 0)和(1 1)间的方位角，空间查询语句如下：

```
SELECT ST_Azimuth(
        ST_GeomFromText('POINT(0 0)'),ST_GeomFromText('POINT(1 1)'));
```

输出结果为

```
st_azimuth
------------------------------
0.78 5398163397448
```

通过分析可知，两点间的方位角是$\frac{1}{4}\pi$，与输出结果相符。

【**例 9-15**】计算两点在 GRS_1980 地球椭球体下的曲面距离，空间查询语句如下：

```
SELECT ST_Distance_Spheroid (
         ST_Centroid(the_geom), ST_GeomFromText('POINT(-118 38)'),
         'SPHEROID["GRS_1980",6378137,298.257222101]')
FROM landuse;
```

其中，SPHEROID["GRS_1980", 6378137, 298.257222101]为地球椭球参数。

9.2.10　叠置函数

叠置函数用于计算由两个几何图形叠置后产生的结果。这些运算也称为点集理论布尔运算。常用函数如表 9-12。

表 9-12　部分叠置函数

函数名称	功能
ST_ClipByBox2D(geometry,box2d)	返回落在矩形内的几何图形部分
ST_Difference(geometry, geometry) ST_Intersection(geometry, geometry) ST_Union(geometry, geometry) ST_SymDifference(geometry, geometry)	分别返回两 geometry 做交、差、并、补等几何运算后生成的新的 geometry
ST_MemUnion(geometry set)	返回值与 ST_Union 相同，区别仅在于：该函数在内存中完成，效率高
ST_Split(geometry, geometry)	返回一个 geometry 被另一个 geometry 拆开后的 geometry 的集合
ST_Subdivide(geometry, integer, float8)	返回一个 geometry 的直线细分
ST_UnaryUnion(geometry, float8)	返回单个几何图形的组件的并集

9.2.11　几何处理函数

几何函数用于返回两个几何图形做几何运算后的结果，常用函数如表 9-13。

表 9-13　部分几何对象处理函数

函数名称	功能
ST_Buffer(geometry,float, text)	计算给定几何对象在给定距离的缓冲区图形

续表

函数名称	功能
ST_Centroid(geometry)	返回几何图形的几何中心
ST_ConvexHull(geometry, float, boolean)	计算几何图形的凸包
ST_DelaunayTriangles(geometry, float, int4)	返回几何图形的 Delaunay 三角网
ST_GeneratePoints(geometry,integer)	返回多边形或多面中包含的随机点
ST_Simplify(geometry, float)	用 Douglas-Peuker 算法返回简化的几何对象
ST_SimplifyPreserveToPolygon(geometry, float8)	用 Douglas-Peuker 算法返回简化的几何对象，避免产生多边形等无效 geometry
ST_VoronoiLines(geometry,float8, geometry) ST_VoronoiPolygons(geometry,float8, geometry)	分别返回 geometry 的 Voronoi 图的边界和多边形

以 ST_Centroid、ST_Buffer 函数为例，介绍其使用方法。ST_Centroid(geometry)函数返回几何对象的质心点，一般以该几何对象的中心点表示，返回值类型为空间点数据。

【例 9-16】获取土地利用数据表 landuse 中 ID 号为 12 的几何对象的质心。空间查询语句如下：

```
SELECT ST_Centroid(the_geom)
FROM landuse
WHERE landuse_id=12
```

输出结果为

```
st_centroid
_______________________________
01010000001DDB93F460BB4241A84E5AC86F455441
```

该返回结果为 landuse_id=12 的几何对象的质心，显示的是 geometry 数据类型。

ST_Buffer(geometry, float8, [int4])函数用来获取几何对象的缓冲区，是经常用到的函数。其中，第一个参数是需要进行缓冲区操作的几何对象；第二个参数为缓冲区距离；第三个参数是一个可选参数，一般为整型值，表示生成缓冲区的一个 1/4 圆弧内应插入多少个分割点，默认情况下取 8。

【例 9-17】为土地利用数据表 landuse 中 ID 号为 12 的几何对象建立距离为 3 的缓冲区。空间查询语句如下：

```
SELECT ST_Buffer(the_geom,3)
FROM landuse
WHERE landuse_id=12
```

9.2.12　聚 类 函 数

聚类函数实现了几何体集合的聚类算法，常用函数如表 9-14。

表 9-14　常用聚类分析函数

函数名称	功能
ST_ClusterDBSCAN(geometry winset, float8,int4)	使用 DBSCAN 算法，返回每个输入几何图形的群集 ID 的窗口
ST_ClusterIntersecting(geometry set)	以 GeometryCollection 数组的方式返回聚类的结果，其中每个 GeometryCollection 表示一组相互连接的几何图形
ST_ClusterKMeans(geometry winset,int4, float8)	使用 K-Means 算法，返回每个输入几何图形的群集 ID 的窗口
ST_ClusterWithin(geometry set, float8)	返回 GeometryCollection 数组，其中每个 GeometryCollection 表示一组相隔不超过指定距离的几何图形。（距离是以 SRID 为单位的笛卡儿距离）

9.2.13　线 性 参 考

PostGIS 的线性参考函数用于获取线性参考系下的部分几何对象，常用函数如表 9-15。值得注意的是，表 9-15 中的函数只对点、线数据有效，不支持多边形数据类型。

表 9-15　常用线性参考函数

函数名称	功能
ST_Line_Interpolate_Point(geometry, float8)	根据 location（0-1）返回线上该位置的点坐标
ST_Line_Locate_Point(geometry, geometry)	返回 0 至 1 间的数值，它是线段上与给定点距离最近点两者间的长度与线段长度的比
ST_Line_Substring(geometry,float8, float8)	根据始点和终点获取一段线
ST_Locate_Along_Measure(geometry, float8) ST_Locate_Between_Measures(geometry, float8, float8)	分别返回与给定测量值匹配、给定测量值范围匹配的几何对象

下面举例说明 ST_Line_Interpolate_Point 函数的使用方法。该函数带有两个参数，第一个参数必须是一个折线（LINESTRING）类型数据；第二个参数是 0～1 间的值，它表示某点在整个折线上所处的位置。

【**例 9-18**】图 9-1 中点在折线的 30%处，若已知折线的位置属性，便可用 ST_Line_Interpolate_Point 函数得出该点的位置。空间查询语句如下：

```
SELECT ST_AsEWKT(ST_Line_Interpolate_Point(the_line,0.30))
FROM
```

```
(SELECT
    ST_GeomFromEWKT('LINESTRING(25 30,80 100,150 210)') as the_line
 ) As HOHO;
```

输出结果如下，即该点的位置为(65.666222484043 81.7570104342365)。

```
st_asewkt
--------------------------------------
POINT(65.666222484043 81.7570104342365)
```

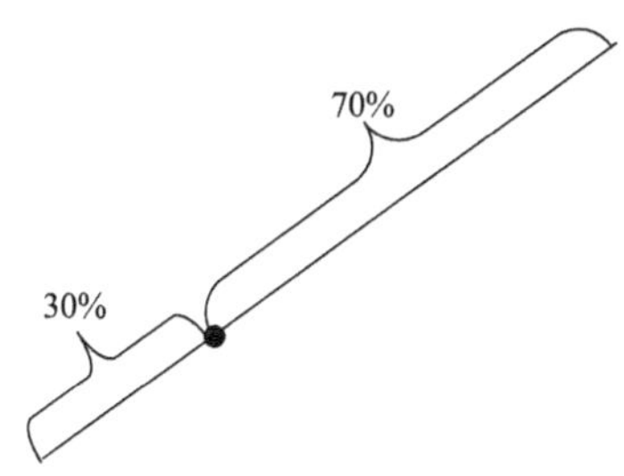

图 9-1　线性参考查询示例

9.2.14　轨迹函数

在 PostGIS 中轨迹为 LineString 类型，其时间顺序由每个坐标上具有递增的度量值（*M* 值）定义。时空数据可以通过使用相对时间（如历元）作为度量值来建模，常用函数如表 9-16。

表 9-16　部分轨迹函数

函数名称	功能
ST_IsValidTrajectory(geometry)	测试几何图形是否为有效轨迹
ST_ClosestPointOfApproach(geometry, geometry)	返回两轨迹的最接近点处的度量值（*M*）
ST_DistanceCPA(geometry, geometry)	返回两轨迹的最近接近点之间的距离
ST_CPAWithin(geometry, geometry, float8)	测试两轨迹的最接近点是否在指定距离内

9.2.15　长事务函数

长事务函数适用于现行锁定机制以支持长事务，主要用于并发访问控制，常用函数如表 9-17。

表 9-17　部分长事务函数

函数名称	功能
AddAuth(text)	添加要在当前事务中使用的授权令牌

续表

函数名称	功能
CheckAuth(text, text, [text])	在表上创建触发器，以基于授权令牌阻止/允许更新和删除行
DisableLongTransactions()	禁用长事务支持
EnableLongTransactions()	启用长事务支持
LockRow(text, text, text, text, timestamp)	设置表中行的锁定/授权。如果已分配锁，则返回 1；否则返回 0
UnlockRows(text)	移除指定授权令牌持有的所有锁，返回释放的锁数。

9.2.16 其他函数

PostGIS 中还有些杂项功能函数例如表 9-18 给出的一些示例。

表 9-18 部分杂项功能函数

函数名称	功能
ST_Accum(geometry set)	构造一个几何对象的数组
ST_Box2d(geometry) ST_Box3d(geometry)	分别返回几何对象 geometry 在二维、三维坐标空间中的边界矩形或长方体
ST_Estimated_Extent(text, text,text)	估计一个空间数据表的边界范围
ST_Expand(geometry, float8)	扩大几何对象
ST_Mem_Size(geometry)	获取几何对象使用的内存大小
ST_Summary(geometry)	获取几何对象的文本概要信息
ST_XMin(box3d)、ST_XMax(box3d) ST_YMin(box3d)、ST_YMax(box3d) ST_ZMin(box3d)、ST_ZMax(box3d)	分别获取 box3d 对象边界的 X、Y、Z 最小值和最大值

此处仅以 ST_Estimated_Extent 和 ST_Mem_Size 函数为例，说明如何使用这些函数。其中，ST_Estimated_Extent 函数的三个参数分别表示空间数据表的模式名<table_schema_name>、表名<table_name>和几何列名<geocolumn_name>。

【例 9-19】估计土地利用数据表 landuse 的边界范围，以及 the_geom 字段占用的内存大小的空间查询语句分别为

```
SELECT ST_Estimated_Extent('public','landuse','the_geom')
SELECT SUM(ST_Mem_Size(the_geom)) FROM landuse
```

通过以上几小节的阐述，不难看出，开源数据库 PostGIS 针对矢量数据提供了种类繁多、功能强大的操作函数。它们能满足 GIS 应用对空间数据库管理系统的基本要求。

9.3　栅格数据的定义与操作

WKT Raster 是 PostGIS 的一个子项目，它引入了一种新的栅格数据类型：raster，这使得 PostGIS 能对栅格数据进行存储与分析。由于 raster 有些函数的参数较多，对于超过 4 个参数的函数将不再列出，或不再列出相关参数。

9.3.1　栅格数据表的定义与数据插入

1. 表的定义

创建栅格表的语法形式与定义矢量表基本相同（详见 9.2.1 节）。区别仅在于：栅格表中应该包含 raster 类型的字段，而矢量表中则包含 geometry 类型的字段。

【例 9-20】建立一个栅格表 simulate_rast，属性包括 ID 号 rid、栅格列 rast。

```
CREATE TABLE simulate_rast(rid int4, rast raster);
```

在 PostGIS 中执行上述语句后，数据库中就建立了一个新的栅格表 simulate_rast。

2. 数据插入

PostGIS 中插入栅格数据的语法形式与矢量数据基本相同（详见 9.2.1 节）。不同之处仅在于需要输入 raster 的数据格式，即 WKTRaster（详见 http://postgis.net/docs/manual-3.3/RT_reference.html#Raster_Management_Functions）。

【例 9-21】向栅格表 simulate_rast 中插入栅格数据，其 GSQL 与具体含义如下。

```
INSERT INTO simulate_rast(rid, rast)
VALUES (1,
('01'                  --外部数据表示（NDR）
|| '0000'              -- 版本号
||'0000'               -- 波段数
||'0000000000000040'   -- x 方向的缩放比
||'0000000000000840'   -- y 方向的缩放比
||'000000000000E03F'   --像素在 x 方向的大小
||'000000000000E03F'   --像素在 y 方向的大小
||'0000000000000000'   -- x 方向的倾斜（或旋转）
||'0000000000000000'   -- y 方向的倾斜（或旋转）
||'00000000'           -- 空间参考系 ID
||'0A00'               -- 栅格对象的宽
||'1400'               -- 栅格对象的高
)::raster
```

```
),              -- 栅格：5×5 像素、3 个波段、像素类型是 PT_8BUI、像素无值数据为 0
(2, (           --下面分为 3 个波段内像素的二进制值排列
'01000003009A9999999999A93F9A9999999999A9BF000000E02B274A'||'41000000
    0077195641000000000000000000000000000FFFFFFF050005000400FDFE
    FDFEFEFDFEFEFDF9FAFEF'||'EFCF9FBFDFEFEFDFCFAFEFEFE04004E627AADD160
    76B4F9FE6370A9F5FE59637AB0E54F58617087040046566487A1506CA2E3FA5A6C
    AFFBFE4D566DA4CB3E454C5665'
)::raster);
```

9.3.2 管理函数

管理函数用于管理和操作栅格表及其元数据，常见函数如表 9-19。

表 9-19　栅格数据管理函数

函数名称	功能
AddRasterConstraints(name,name,text[])	向表中添加 raster 列的约束，包括：空间参考、比例、块大小、对齐方式、波段、波段类型以及用于指示栅格列是否定期被封锁的标志
DropRasterConstraints(name,name,name,text[])	删除表中 raster 列的约束
PostGIS_Raster_Lib_Build_Date	返回栅格库建立的日期
PostGIS_Raster_Lib_Version	返回栅格库版本，并建立配置信息
ST_GDALDrivers	返回 PostGIS 通过 GDAL 支持的栅格格式列表。只有 can_write=True 的格式才能使用 ST_AsGDALRaster 输出
ST_Contour	采用 GDAL 的轮廓算法，为输入栅格波段生成一组矢量等值线
ST_InterpolateRaster(geometry, text,raster,integer)	根据输入的 3D 点（X、Y 表示点在网格中的位置，Z 作为属性值），实现网格表面属性值的空间插值
ST_CreateOverview(regclass,name,int,text)	根据输入的栅格数据，生成低分辨率概览的栅格
UpdateRasterSRID(name,name,integer)	更新栅格列的空间参考系 ID（SRID）

【例 9-22】生成栅格表 simulate_rast 中 rid 为 1 的瓦片的等值线，并以 WKT 的形式输出。

```
/*Availability:3.2.0*/
WITH c AS (
SELECT(ST_Contour(rast,1,fixed_levels=>ARRAY[100.0, 200.0, 300.0])).*
FROM simulate_rast WHERE rid = 1
)
SELECT st_astext(geom), id, value
```

```
FROM c;
```

输出结果为

st_astext	id	value
LINESTRING(116.83446049851494 36.564067797676564, ……)	0	100
LINESTRING(116.98385286395933 36.53818018290429, ……)	1	200
LINESTRING(117.08001694446008 36.547625663969846,……)	2	300
…	…	…

9.3.3　构 造 函 数

构造函数用于构造栅格对象，常见函数如表 9-20。其中，ST_MakeEmptyRaster 函数用于构造一个空的栅格对象，其输入参数顺次为栅格对象的宽（width）、高（height）、像素在 x 方向大小（ipx）、像素在 y 方向大小（ipy）、x 方向的缩放比（scalex）、y 方向的缩放比（scaley）、x 方向的倾斜（或旋转）（skewx）、y 方向的倾斜（或旋转）（skewy）和空间参考系（SRID）。

表 9-20　栅格构造函数

函数名称	功能
ST_AddBand(raster,addbandarg[])	添加波段；若未指定波段的索引号，则将添加到末尾
ST_AsRaster	将 geometry 转换为 raster
ST_Band(raster, integer[])	从现有栅格数据中，构建一个新的波段
ST_MakeEmptyCoverage	在给定的 Coverage 区域，生成一个空的新栅格对象
ST_MakeEmptyRaster(raster)	如果输入栅格对象，则返回一个与输入栅格对象具有相同大小和 SRID、且对齐的空的新栅格对象；若 SRID 省略，则空间参考 ID 为 0
ST_Tile	根据给定的参数，将栅格数据剖分为瓦片
ST_Retile	从任意瓦片栅格数据中，返回一组格式化的瓦片
ST_FromGDALRaster(bytea, integer)	把支持的 GDAL 栅格文件，转换为栅格对象

【**例 9-23**】利用 ST_MakeEmptyRaster 函数构造栅格对象，并将其插入到栅格表 simulate_rast；其空间查询语句如下。

```
INSERT INTO simulate_rast(rid,rast)
VALUES(15,
       ST_MakeEmptyRaster(100, 100, 0.0005, 0.0005, 1, 1, 0, 0, 4326)
       )
```

9.3.4 访问函数

PostGIS 的访问函数分为栅格对象访问函数（raster accessors）、栅格波段访问函数（raster band accessors）和栅格像素访问函数（raster pixel accessors）三类。

（1）栅格对象访问函数：用于获取栅格对象的相关属性值，常用函数如表 9-21。

表 9-21　栅格访问函数

函数名称	功能
ST_GeoReference(raster,[])	以 GDAL 或者 ESRI 格式返回栅格对象 raster 的空间参考元数据（默认为 GDAL 格式）
ST_Height(raster) ST_Width(raster) ST_NumBands(raster) ST_SRID(raster)	分别返回 raster 的高、宽、波段数目以及空间参考系 ID
ST_MetaData(raster)	返回 raster 的元数据，如像素大小、旋转（倾斜）参数、左上角、左下角等
ST_ScaleX(raster) ST_ScaleY(raster)	分别返回 raster 的像素在地理参考系中 x 方向、y 方向的缩放比
ST_SkewX(raster) ST_SkewY(raster)	分别返回 raster 的像素在地理参考系中 x 方向、y 方向的倾斜（或旋转）参数
ST_UpperLeftX(raster) ST_UpperLeftY(raster)	分别返回 raster 在投影空间参考中的左上角 x 坐标、左上角 y 坐标
ST_RasterToWorldCoord(raster, int4,int4)	以 X（经度）和 Y（纬度）的形式，返回 raster 中指定行列的单元的左上角坐标
ST_RasterToWorldCoordX(raster, int4,[int4]) ST_RasterToWorldCoordY(raster, int4,[int4])	分别以 X（经度）、Y（纬度）的形式，返回 raster 中指定行或列的单元的左上角坐标
ST_WorldToRasterCoord(raster,geometry)	根据给定几何 X 和 Y（经度和纬度）或几何点，返回其在 raster 中所处的列和行号
ST_WorldToRasterCoordX(raster,geomety) ST_WorldToRasterCoordY(raster,geomety)	根据给定几何 X 和 Y（经度和纬度）或几何点，分别返回其在 raster 中所处的列号或行号

【**例 9-24**】查看栅格数据表 simulate_rast 中 rid 等于 1 的栅格数据块的空间参考元数据。

```
SELECT ST_GeoReference(rast,'GDAL') As gdal_ref,
       ST_GeoReference(rast,'ESRI') As esri_ref
FROM simulate_rast WHERE rid=1;
```

输出结果为

```
 gdal_ref        esri_ref
2.00 00000000   2.0000000000
0.00 00000000   0.0000000000
0.00 00000000   0.0000000000
3.00 00000000   3.0000000000
0.50 00000000   1.5000000000
0.50 00000000   2.0000000000
```

在输出结果 gdal_ref 中，其中前四行分别对应于以 GDAL 格式和 ESRI 格式返回的 x 方向像素大小、y 方向倾斜（或旋转）、x 方向倾斜（或旋转）、y 方向像素大小。GDAL 格式中的后两行表示栅格对象的左上角 x 坐标（upperleftx）和左上角 y 坐标（upperlefty）；而 ESRI 格式中的后两行值则是 upperleftx + pixelsizex×0.5、upperlefty + pixelsizey×0.5。

（2）栅格波段访问函数：用于获取栅格数据某波段的相关属性值，常用函数如表 9-22。在 PostGIS 1.4 及其以上版本中，ST_BandPixelType 用于返回给定波段像素的数据类型。目前 PostGIS 支持的像素值的数据类型有：1BB、2BUI、4BUI、8BSI、8BUI、16BSI、16BUI、32BSI、32BUI、16BF、32BF、64BF。其中 BB、BUI、BSI、BF 分别是 bit boolean、bit unsigned integer、bit signed integer、bit float 的缩写。例如，2BF 表示 32 位浮点数。

表 9-22　栅格波段访问函数

函数名称	功能
ST_BandMetaData(raster, integer[])	返回波段的元数据
ST_BandHasNoDataValue(raster, int4)	判断 raster 中指定波段是否有 NoData 的情况
ST_BandNoDataValue(raster, int4)	返回 raster 中指定波段内 NoData 的值
ST_BandPath(raster, int4)	返回存储 raster 中指定波段的文件路径
ST_BandPixelType(raster, int4)	返回 raster 中指定波段的像素值的数据类型

【例 9-25】判断栅格数据表 simulate_rast 中 rid 等于 2 的栅格对象第一波段是否有 NoData 的情况。

```
SELECT ST_BandIsNoData(rast,1)
FROM simulate_rast
WHERE rid=2;
```

输出结果如下：

```
bandisnodata
___________________________
False
```

（3）栅格像素访问函数：用于获取栅格数据某波段内指定像素的值，常用函数如表 9-23。其中，ST_Value 函数用于返回指定像素的值；其输入参数依次为栅格对象、波段号、x 和 y 方向的编号。

表 9-23 栅格波段访问函数

函数名称	功能
ST_PixelAsPolygon(raster, integer, integer)	返回指定行列的像素的多边形几何图形
ST_PixelAsPolygons(raster, integer, boolean)	返回指定栅格波段的每个像素的多边形几何图形以及每个像素的值、X 和 Y 栅格坐标
ST_PixelAsPoint(raster, integer, integer)	返回像素左上角的点几何图形
ST_PixelAsPoints(rastert,integer, boolean)	返回栅格波段每个像素的点几何图形以及每个像素的值、X 和 Y 栅格坐标。点几何图形的坐标位于像素的左上角。
ST_PixelAsCentroid(raster,integer, integer)	返回像素表示的区域的质心（点几何图形）
ST_PixelAsCentroids(raster,integer, boolean)	返回栅格波段的每个像素的质心（点几何图形）以及每个像素的值、X 和 Y 栅格坐标。点几何图形是由像素表示的区域的质心
ST_Value(raster,geometry,boolean)	返回指定波段中指定行列的像素值；返回指定波段中指定几何点的像素值
ST_NearestValue(raster, integer, geometry, boolean)	返回指定波段中与指定行列最近的非 NODATA 的像素值；返回指定波段中距指定几何点的像素值最近的非 NODATA 的像素值

【**例 9-26**】查看栅格数据表 simulate_rast 中 rid 等于 2 的栅格对象第 1 波段、第 2 波段在行号、列号均等于 1 处的值。

```
SELECT rid,ST_Value(rast,1,1,1) As b1val,
          ST_Value(rast,2,1,1) As b2val
FROM simulate_rast
WHERE rid=2;
```

输出结果为

```
rid  b1val  b2val
_________________
2     253.0   78.0
```

9.3.5 编 辑 函 数

编辑函数分为栅格对象编辑函数（raster editors）、栅格波段编辑函数（raster band

editors）和栅格像素编辑函数（raster pixel editors）三类。

（1）栅格对象编辑函数：用于设置栅格对象的相关属性值，常用函数如表 9-24。其中，ST_SetScale(raster, float8, [float8])的第三个参数是可选的，表示像素在 y 方向的缩放比；若第三个参数缺省，则认为 x、y 方向的缩放比相同。ST_SetSkew 参数情况与此类似。

表 9-24　栅格编辑函数

函数名称	功能
ST_SetGeoReference(raster, text, text)	设置栅格对 raster 的 6 个地理参考参数
ST_SetRotation (raster, float8)	以弧度设置栅格的旋转
ST_SetScale (raster, float8,[float8])	以坐标参考系为单位设置像素的 X 和 Y 缩放比。如果只传入一个，则将 X 和 Y 设置为相同的值
ST_SetSkew (raster, float8,[float8])	设置地理参考 X 和 Y 倾斜（或旋转）参数。如果只传入一个，则将 X 和 Y 设置为相同的值
ST_SetSRID (raster, integer)	设置栅格对 raster 的空间参考标识 SRID
ST_SetUpperLeft(raster, double precision, double precision)	将栅格像素左上角的值设置为投影的 X 和 Y 坐标
ST_Resample	使用指定的重采样算法、新尺寸、任意网格角和一组从其他栅格定义或借用的栅格地理配准属性，对栅格进行重采样
ST_Rescale	通过调整栅格的比例（或像素大小），重采样栅格
ST_Reskew	通过调整栅格的倾斜度（或旋转）参数，重采样栅格
ST_SnapToGrid	将栅格捕捉到网格，重新采样栅格
ST_Resize	将栅格大小调整为新的宽度/高度
ST_Transform	使用指定的重采样算法将已知空间参考系中的栅格重新投影到另一个空间参考系

下面仅对 ST_SetGeoReference 函数进行说明。该函数用于给栅格对象设置 6 个地理参考参数。接受的输入格式为 GDAL 或者 ESRI，默认是 GDAL 格式，各参数间用空格分隔。

【例 9-27】将栅格数据表 simulate_rast 中 rid 等于 5 的栅格对象地理参考数据进行重新设置。空间查询语句如下：

```
UPDATE simulate_rast
SET rast=ST_SetGeoReference(rast, '2 0 0 3 1.5 2', 'ESRI')
WHERE rid=5;
```

（2）栅格波段编辑函数：用于设置栅格数据某波段的属性值，常用函数如表 9-25。

表 9-25　栅格波段编辑函数

函数名称	功能
ST_SetBandNoDataValue(raster, double precision)	设置 raster 中指定波段内 NoData 的值
ST_SetBandIsNoData(raster, integer)	将波段的 IsNoData 标志设置为 TRUE
ST_SetBandPath	更新数据库外波段的外部路径和波段号
ST_SetBandIndex(raster, integer, integer, boolean)	更新数据库外波段的外部波段号

【例 9-28】将 Simulate_rast 表内 ID 为 7 的栅格对象的第 1 个波段设置为无数据。其空间查询语句如下：

```
UPDATE simulate_rast
SET rast=ST_SetBandNoDataValue (rast,1,false)
WHERE rid=7;
```

（3）栅格像素编辑函数：用于设置栅格数据某波段内指定像素的值，常用函数如表 9-26。

表 9-26　栅格像素编辑函数

函数名称	功能
ST_SetZ{ST_SetM}(raster,geometry, text, integer)	返回与输入几何图形具有相同 *X*、*Y* 坐标的几何图形，并使用请求的重采样算法将栅格中的值复制到几何图形的 *Z* 或 *M* 值中
ST_SetValue(raster, integer,geometry, double precision)	修改指定波段下指定行列号的某像素的值
ST_SetValues	以数组的形式为指定波段内的多个像素赋值

【例 9-29】为构造一个临时表（test_raster），并为其添加一条 2×2 的 Raster 对象，其像素单元矩阵为{{10 50},{40 20}},然后根据上面构造的栅格数据的像素值，按照 bilinear 法，推算出 LINESTRING(1.0 1.9, 1.0 0.2)中各点上像素的属性值，并将其赋给对应点的 *Z* 坐标，最后输出赋值后的 LINESTRING。

```
/*Availability: 3.2.0*/
--构造名为 test_raster 的临时表，其栅格字段为 rast，并将增加一条记录，其为拥有 1
    个波段，2*2 的 Raster 对象
WITH test_raster AS
```

```
(SELECT ST_SetValues(
     ST_AddBand(
         ST_MakeEmptyRaster(width=>2,
                            height=>2,
                            upperleftx=>0,
                            upperlefty=>2,
                            scalex=>1.0,
                            scaley=>-1.0,
                            skewx=>0,
                            skewy=>0,
                            srid=>4326),      -- 根据括号内参数，构造一个空的 Raster 对象
         index => 1, pixeltype => '16BSI',
         initialvalue => 0,
         nodataval => -999),                  -- 为该 Raster 对象添加一个波段
    1,1,1,newvalueset =>ARRAY[ARRAY[10.0::float8, 50.0::float8],
                         ARRAY[40.0::float8, 20.0::float8]])   -- 为该 Raster 对象添加第一个波段中的像素赋值 {{10 50}, {40 20}}
AS rast)                 ------将其命名为 rast 列

-------取上面构造的记录测试 ST_SetZ 函数
SELECT  ST_AsText(    ----以 WKT 的形式输出 ST_SetZ 函数的返回结果
     ST_SetZ(rast,band => 1,
         geom => 'SRID=4326;LINESTRING(1.0 1.9,
                              1.0 0.2)'::geometry,
         resample => 'bilinear')
)                        -- 根据将上面构造的栅格数据的像元属性值，按照双线性插值法推算 geom 中各点所在位置上的像元属性值，并将其赋给对应点的 Z 坐标
FROM test_raster
```

输出结果为

```
st_astext
-----------------------------
LINESTRINGZ(1 1.9 38, 1 0.2 27)
```

9.3.6　栅格波段统计和分析函数

目前，PostGIS 支持的栅格波段统计和分析函数如表 9-27。

表 9-27　栅格波段统计和分析函数

函数名称	功能
ST_Count(raster, integer, boolean)	返回栅格或栅格覆盖范围中指定波段的像素数

续表

函数名称	功能
ST_CountAgg(raster, integer, boolean)	返回一组栅格中指定波段的像素数
ST_Histogram(raster, integer, integer, boolean)	用于汇总栅格或栅格覆盖范围的数据分布，以直方图形式表示
ST_Quantile(raster, double precision[])	计算栅格或栅格表覆盖范围内像素值的分位数
ST_SummaryStats(raster, boolean)	返回栅格或栅格表覆盖范围内指定栅格波段的计数、总和、平均值、标准值、最小值、最大值组成的汇总统计数据
ST_SummaryStatsAgg	返回由一组栅格中指定波段的计数、总和、平均值、标准差、最小值、最大值组成的汇总统计数据
ST_ValueCount	返回一组记录，包含指定栅格（或栅格覆盖）中指定波段内的像素值及其出现的次数

9.3.7 输入函数

目前，PostGIS 支持的栅格数据输入函数如表 9-28。

表 9-28 输入函数

函数名称	功能
ST_RastFromWKB(bytea)	从知名二进制（WKB）表达，返回栅格值
ST_RastFromHexWKB(text)	从知名二进制（WKB）的十六进制表达，返回栅格值

9.3.8 输出函数

目前，PostGIS 支持的栅格数据输入函数如表 9-29。

表 9-29 输出函数

函数名称	功能
ST_AsBinary{ST_AsWKB} (raster, boolean)	返回栅格的知名二进制（WKB）的表达
ST_AsHexWKB(raster, boolean)	返回栅格的知名二进制（WKB）的十六进制表达
ST_AsGDALRaster(raster,text, text[], integer)	返回 GDAL 的栅格格式的表达
ST_AsJPEG ST_AsPNG ST_AsTIFF	根据 As 后指定的图像格式输出栅格数据

【**例 9-30**】查看栅格数据表 simulate_rast 中 rid 等于 1 的栅格对象的 WKB 表示形式。

```
SELECT ST_AsBinary(rast)
```

```
FROM simulate_rast
WHERE rid=1;
```

输出结果为

```
st_asbinary
------------------------------------------------
\x010000000000000000000000400000000000000084000000000000e03f000000000
    000e03f0000000000000000000000000000000000000000000a0014002
```

9.3.9 地图代数

与地图代数相关的常用函数，见表 9-30。

表 9-30　部分地图代数函数

函数名称	功能
ST_Clip	根据输入的几何图形，裁剪的栅格数据；若未指定波段编号，则剪裁所有波段
ST_Intersection	返回两个栅格相交部分的栅格；或返回“几何图形-像素值”对，表示几何图形与栅格的几何交集
ST_Union	将一组栅格合并为一个多波段的栅格
ST_Reclass	重分类
ST_ColorMap	设置颜色地图
ST_Grayscale	设置灰度地图

9.3.10 DEM 相关的函数

与 DEM 数据相关的常用函数，见表 9-31。

表 9-31　DEM 相关函数

函数名称	功能
ST_Aspect	返回高程栅格波段的坡向（默认以度为单位）
ST_HillShade	使用提供的方位角、高度、亮度和比例输入返回高程栅格波段的假设照明
ST_Roughness	返回 DEM 的“粗糙度”
ST_Slope	返回高程栅格波段的坡度（默认以度为单位）
ST_TPI	返回具有计算出的地形位置指数的栅格
ST_TRI	返回具有计算的地形崎岖指数的栅格

9.3.11 几何处理函数

几何处理函数用于获取由栅格对象衍生出的几何形状，常用函数如表 9-32。其中，ST_Intersection、ST_Polygon 函数的参数列表中均含有可选参数，该参数对应波段号，默认情况下波段号取 1。

表 9-32　几何处理函数

函数名称	功能
ST_Box3D(raster)	返回栅格的封闭框的框 3D 表示
ST_ConvexHull(raster)	返回栅格对象的凸包
ST_Envelope(raster)	返回一个多边形，该多边形用于表示栅格对象的范围
ST_Polygon(raster,integer)	返回由值相同的像素块构成的多边形几何对象

下面以 ST_ConvexHull、ST_Envelope 函数为例，说明栅格对象处理函数的使用方法。

【**例 9-31**】求栅格数据表 simulate_rast 中 rid 等于 1 的栅格对象范围的四至和凸包。

```
SELECT ST_AsText(ST_Envelope(rast))As env,
   ST_AsText(ST_ConvexHull(rast)) As convhull
FROM simulate_rast
WHERE rid=1;
```

输出结果分别为

```
Env
        convhull
--------------------------------------------------------------------
POLYGON((0.5 60.5, 20.5 60.5, 20.5 0.5, 0.5 0.5, 0.5 60.5))
          POLYGON((0.5 0.5, 20.5 0.5, 20.5 60.5, 0.5 60.5, 0.5 0.5))
```

根据查询结果，发现上述两函数的返回大体相同，但当栅格存在倾斜（或旋转）时，两函数的结果就有区别了。感兴趣的读者可以深入思考、剖析。

9.3.12　运 算 符

用于判断栅格对象边界框空间拓扑关系的操作符与 Geometry 类略有不同，如表 9-33。

表 9-33　栅格运算符

操作符	示例	含义
&&	RasterA&&RasterB	若栅格对象 A 的边界框与栅格对象 B 边界框相交，则返回真
=	RasterA=RasterB	若栅格对象 A 的边界框与栅格对象 B 边界框相同，则返回真。边界框采用双精度表示

续表

操作符	示例	含义
~=	RasterA~=RasterB	若栅格对象 A 的边界框与栅格对象 B 边界框相等，则返回真
@	RasterA@RasterB	若栅格对象 A 的边界框在栅格对象 B 边界框内，则返回真
~	RasterA~RasterB	若栅格对象 A 的边界框包含栅格对象 B 边界框，则返回真
&<	RasterA&<Raster B	若栅格对象 A 的边界框位于栅格对象 B 边界框左侧，则返回真
&>	Raster A&>Raster B	若栅格对象 A 的边界框位于栅格对象 B 边界框右侧，则返回真

【例 9-32】以&<操作符为例，SSQL 查询语句如下：

```
SELECT A.rid As a_rid, B.rid As b_rid, A.rast &< B.rast As leftside
FROM simulate_rast AS A
CROSS JOIN simulate_rast AS B;
```

输出结果如下：

```
a_rid    b_rid    leftside
1        1         TRUE
1        2         TRUE
1        15        TRUE
2        1         FALSE
2        2         TRUE
2        15        FALSE
15       1         FALSE
15       2         TRUE
15       15        TRUE
…        …         …
```

9.3.13　栅格对象的空间拓扑关系

精确判断栅格对象空间拓扑关系的函数与 Geometry 类似，这里不再介绍。常见函数如表 9-34。

表 9-34　栅格对象的空间拓扑关系

函数名称	功能
ST_Contains(raster, raster)	含义与前类似，具体详见说明书
ST_Covers(raster, raster)	
ST_CoveredBy(raster, raster)	
ST_Disjoint(raster, raster)	

续表

函数名称	功能
ST_Intersects(raster, raster) ST_Overlaps (raster, raster) ST_Touches(raster, raster) ST_Contains(raster, raster) ST_Within(raster, raster) ST_DWithin(raster, raster) ST_DFullyWithin(raster, raster) ST_ContainsProperly(raster, raster)	含义与前类似，具体详见说明书
ST_SameAlignment(raster, raster)	如果栅格具有相同的倾斜、比例、空间参考和偏移量（像素可以放在相同的网格上，而不会剪切成像素），则返回 True，如果没有注意细节问题，则返回 False
ST_NotSameAlignmentReason (raster, raster)	返回文本，说明栅格是否对齐，如果未对齐，则返回原因

【练习题】

1. 空间数据库中函数通常分为几类？简述各类函数的作用。
2. 与普通函数相比，PostGIS 中的几何操作符有什么特殊之处？
3. ST_Intersection 与 ST_Intersects 的区别。

空间索引是提高空间数据库存储效率、空间检索性能的关键技术，有时甚至会影响整个系统的成败。

第 10 章　空间索引与空间查询过程

传统数据库索引技术有聚簇索引、B 树系列索引、哈希索引等，但它们仅适用于一维结构化的属性数据，不能直接用于二维或三维的空间数据。20 世纪 70 年代以来，业界相继提出了上百种空间索引，通常来说都可以归为网格（grid）索引、四叉树索引、R 树索引以及有序文件索引（Cheng，2017）。

空间索引可以理解为空间图形集合的“目录”，此目录用于提高距离、最近邻、空间拓扑关系、空间方位等查询的执行效率。在空间数据库中，空间查询操作一般分为过滤和精炼两步，如图 10-1。过滤步是利用空间对象索引编目信息以及空间对象的近似形状，检索出可能满足上述各类空间查询条件的空间对象（称为“候选集”）；精炼步则是对候选集中空间对象按查询条件进行精确匹配，最终获得精准满足条件的空间对象。特别是在海量空间数据库中，过滤步的空间索引可以极大减少参与精确检测的空间对象数目，从而提高执行效率。

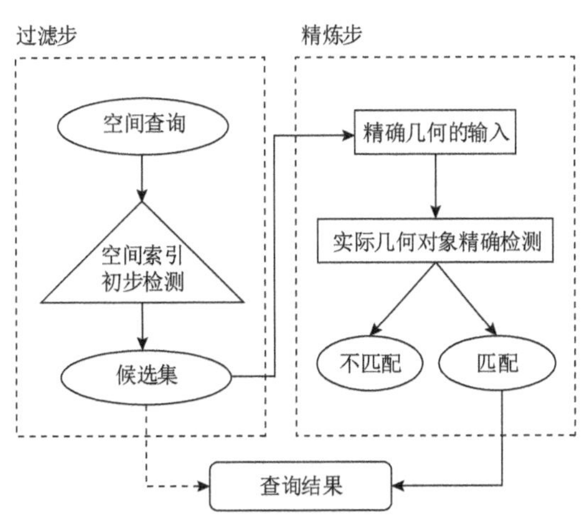

图 10-1　空间查询执行过程

这里需要注意，空间索引主要作用于图 10-1 的过滤步。因此，空间索引是依据空间实体的位置、形状以及实体间的某种空间关系，按一定顺序排列的数据结构，其中索引数据结构中应包含空间实体标识、最小边界矩形（空间几何形状的近似）及其在数据表中的存储地址等信息。由于空间索引主要作用在过滤步，因此索引中仅存储空间几何形状的近似表达（例如：最小边界矩形）即可，无需精确的几何形状。

第二代 GIS 系统和第三代 GIS 系统对空间对象采用的索引方式没有太大的变化，

但是，将空间索引整合进 RDBMS 后使得高维的空间索引可以参与到数据库内核的查询优化中，以达到更佳的查询性能。

10.1　基 本 知 识

10.1.1　最小边界矩形

最小边界矩形（minimum bounding rectangle，MBR）是 GIS 或者计算机图形学领域非常重要的概念。几何对象的 MBR 是该几何对象的最小外接矩形，但 MBR 的边必须平行于 X，Y 轴。同凸包一样，MBR 是对几何对象的一种逼近。图 10-2 给出了不同几何对象的 MBR 示意。由于 MBR 是平行于 X、Y 轴的矩形，故基于空间几何对象 MBR 的运算要比基于其本身的运算简单得多，速度也快很多。

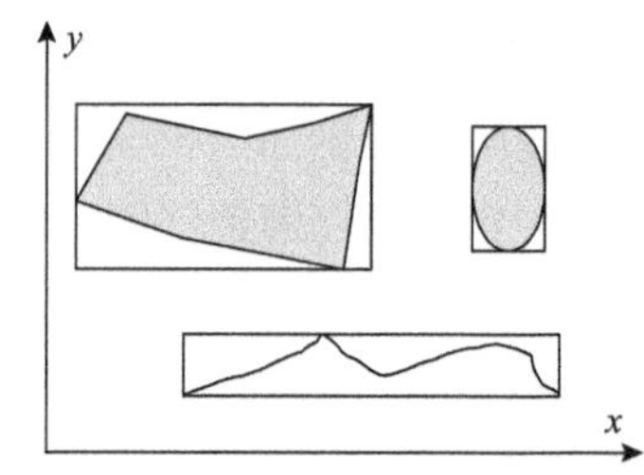

图 10-2　空间对象与其 MBR

10.1.2　空间填充曲线

空间填充曲线（space-filling curve）是一种降低空间维度的方法。它是利用一维线性顺序来填充整个二维空间，以达到在二维空间中接近的区域在一维线性顺序中也尽可能接近的目的。空间填充曲线也属于一种降维操作；既然是降维，信息一定会有损失，即只能尽可能达到上述目的。图 10-3 给出了多种利用一维线性顺序来填充整个

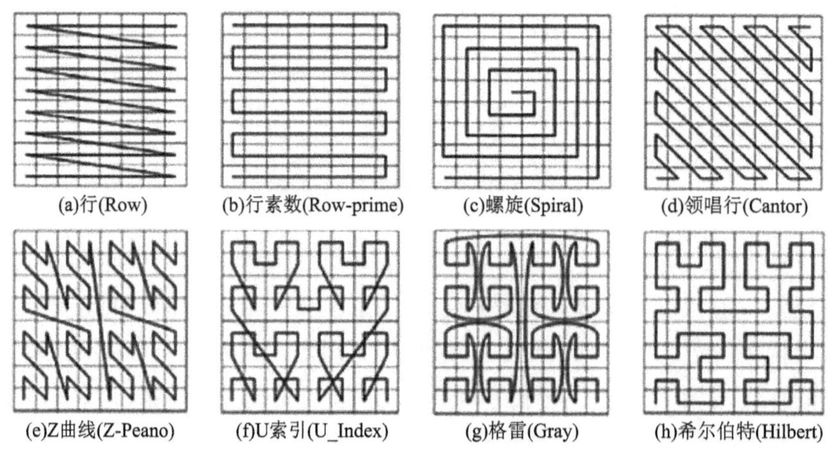

图 10-3　空间填充曲线

二维空间的方法。总体来说，图 10-3（e）～（h）具有分形特征的曲线在空间接近度上有更好的表现。目前，较为常用的空间填充曲线有 Z 曲线、Hilbter 曲线，下面重点介绍这两类空间填充曲线。

1. Z 曲线

Z 曲线是一条沿“Ν”字型路径填充数据空间的曲线。图 10-4（a）曲线为 1 阶 Z 曲线，也称基本 Z 曲线。为了将数据空间循环分解到更小的子空间，我们需要引入 *m* 阶 Z 曲线。*m* 阶 Z 曲线是基本 Z 曲线的每个网格被 *m* – 1 阶 Z 曲线填充，即分形。例如，1 阶 Z 曲线中的 4 个网格由 1 阶 Z 曲线进行填充得到 2 阶 Z 曲线，2 阶 Z 曲线如图 10-4（b）；1 阶 Z 曲线中的 4 个网格由 2 阶 Z 曲线进行填充得到 3 阶 Z 曲线，3 阶 Z 曲线如图 10-4（c）。Z 曲线较为简单，在填充过程中无需任何反射和旋转操作。

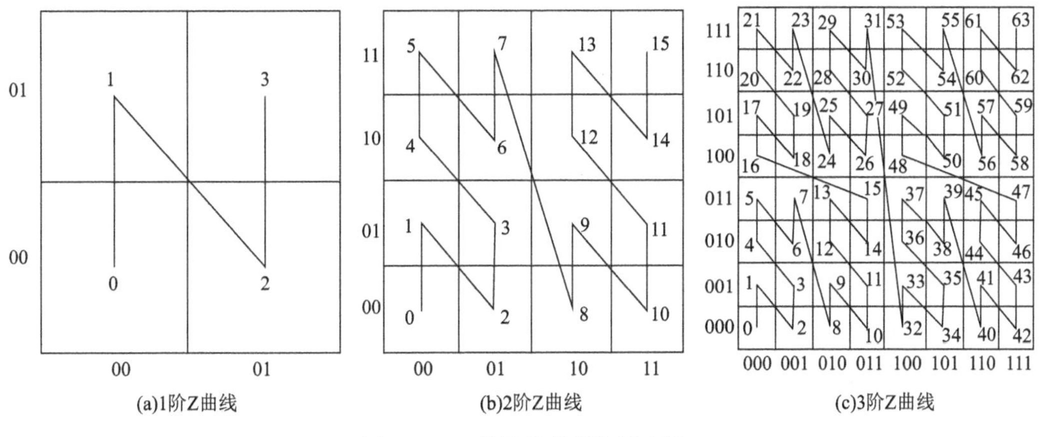

图 10-4　Z 曲线及其网格填充值

数据空间经 Z 曲线填充后，按照 Z 曲线经过的顺序，每个网格空间都会被赋予一定的值，称为 Z 值。以图 10-4（c）中 *X* 为 0 1 1、*Y* 为 1 0 0 的网格为例，其 Z 值的生成过程如图 10-5。虽然多数情况下 Z 值邻近的网格其空间位置也相对邻近，但也存在部分值邻近而空间位置相对较远的情况，例如，7 到 8、31 到 32 等之间存在的长跳转（这就是因降维导致的信息损失）。

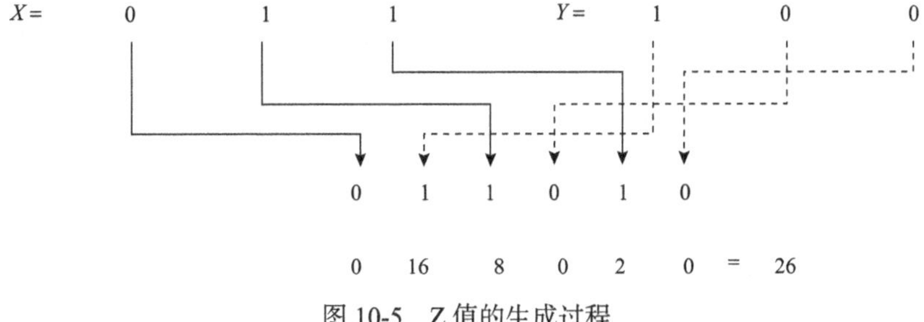

图 10-5　Z 值的生成过程

2. Hilbert 曲线

Hilbert 曲线是一条沿“⊓”字型路径填充数据空间的曲线。图 10-6（a）的曲线为 1 阶 Hilbert 曲线，也称基本 Hilbert 曲线。同样，为了获得 *m* 阶 Hilbert 曲线，将基本 Hilbert 曲线中的每个网格由 *m*–1 阶 Hilbert 曲线进行填充，同时 *m*–1 阶 Hilbert 曲线必须按相应的规则进行反射和旋转操作。2 阶和 3 阶 Hilbert 曲线如图 10-6（b）和（c）。

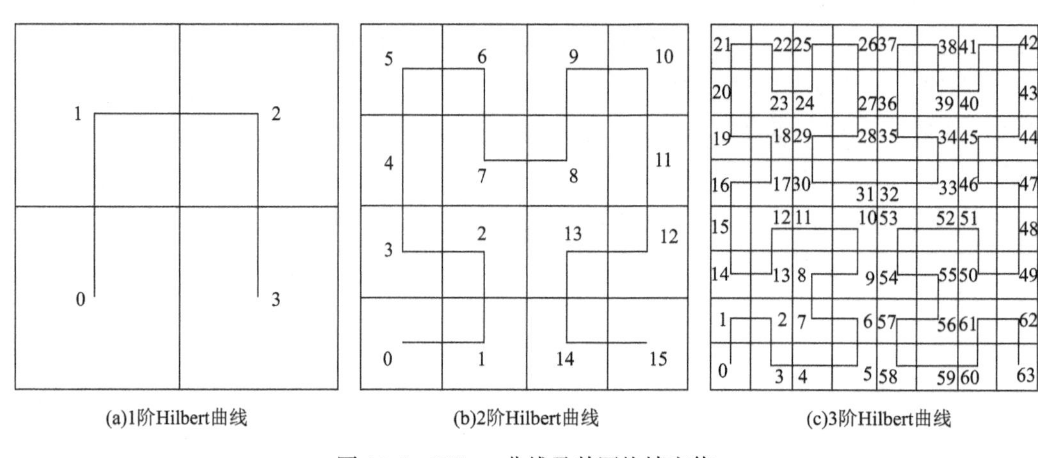

(a)1阶Hilbert曲线　(b)2阶Hilbert曲线　(c)3阶Hilbert曲线

图 10-6　Hilbert 曲线及其网格填充值

数据空间经 Hilbert 曲线填充后，按照 Hilbert 曲线经过的顺序，每个网格空间也会被赋予一定的值。具体赋值方法可查阅相关文献。与 Z 曲线相比，Hilbert 基本不存在长跳转，因此通常 Hilbert 值邻近的网格其空间位置也相对邻近。当然，空间位置邻近的网格，其 Hilbert 值有时也不邻近，例如，空间邻近的 5 号和 58 号网格，其 Hilbert 值相差较远（这也是因降维导致的信息损失）。总体来说，Hilbert 曲线降维后的空间邻近性优于 Z 曲线。

3. 空间填充曲线对空间索引的作用

显然，ISAM、B 树、哈希等经典的一维数据索引方法不能直接应用于二维的空间数据。早期 GIS 学者设想：若能对二维空间中的数据建立一维排序，则可直接使用关系型数据库的索引方法。事实上这种想法是错误的。一是由于空间填充曲线不能保证所有二维空间邻近的对象在一维曲线编码上也邻近，降维导致空间信息的损失给传统索引的精准检索带来了困难；二是只有点对象可以对应唯一的填充曲线编码，而常见的线、面等数据往往对应多段编码，这也为检索中的比较操作带来了困难。因此 GIS 学者不得不研发空间数据专属的索引方法，空间数据专属的索引方法详见后续章节。

尽管空间填充曲线在建立二维空间对象与一维索引之间的联系时失败了，但其编码的思想在 GeoHash、Hilbert R 树、空间聚簇等特有的空间索引中都有借鉴。

10.2　基于哈希思想拓展的系列空间索引

10.2.1　网 格 索 引

与第 5 章的 Hash 索引类似，网格（grid）索引的基本思想是将研究区域用横竖线条划分为大小相等或不等的网格，每个网格可视为一个桶（bucket），它记录了落入每一个网格区域内的空间实体编号。当用户进行空间查询时，首先计算出查询区域涉及的空间网格，然后再在网格索引中找到候选的空间实体数据集，这样一来就提高了数据检索速度。

以图 10-7（a）中的三个空间要素为例，我们可将其划分为 m×n 的网格。若将空间区域划分为 2×2 的 4 个网格，则要素落入网格 A、B、C、D 的情形如图 10-7（b）中的索引 1；若将空间区域划分为 4×4 的 16 个网格，则要素落入网格 1～16 的情形如图 10-7（b）中的索引 2。若需查找与某一矩形框相交的空间对象，首先根据空间网格的划分方法可以快速地计算出与该矩形框相交的网格，然后从索引表中找到与这些网格相交的空间对象，再读取这些空间对象的空间坐标与空间查询区域做精确的空间相交判断，得到最终的查询结果。

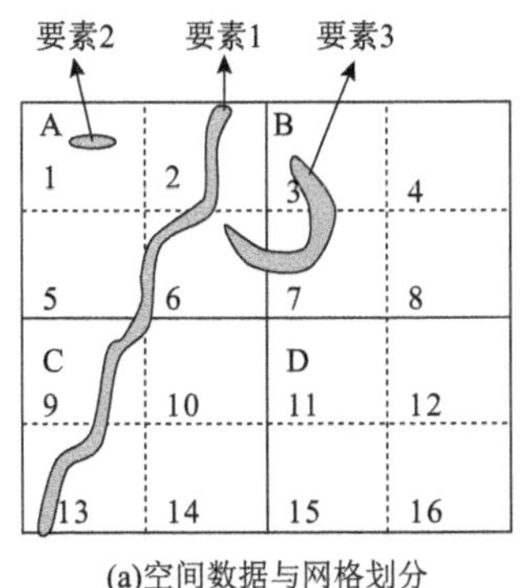

(a)空间数据与网格划分

索引1	
网格号	要素号
A	1，2，3
B	3
C	1

索引 2	
网格号	要素号
1	2
2	1
3	3
5	1
6	1，3
7	3
9	1
10	1
13	1

(b)两个不同级别的网格索引

图 10-7　空间数据及其网格索引

网格索引最大的优点是简单，易于实现。其次，网格索引具有良好的可扩展性。网格化可以通过网格编号向正负方向上不断延展以反映整个二维空间的情况。当追加新要素记录时，只需在索引中增加记录，无需改动已有索引数据。甚至于新增的数据超出了格网空间时，我们依然可按既定的编码规则生成网格即可，无需改动已有索引。因此，网格索引是“数据独立的（data independent）”。这点明显优于树结构的索引，因为随着数据的增加，树结构索引常常需要调整，即“数据依赖的”。

网格索引的难题是网格大小的选择。若网格过大，落入某个区域对象的个数可能过多，从而加大后续精匹配步骤的工作量。以索引 1 为例，其网格相对较大，某桶内（例如网格 A）对应的要素数相对较多；当查询窗口位于 A 区域时，即便查询窗口非常小，索引 1 也会将三个要素都作为候选集，提交给系统进行后续的精匹配，加大了精炼步的工作量。但是若网格过小，又会导致一些面积较大的要素落入多个网格中，导致网格索引表过长，增加粗匹配步的工作量。以索引 2 为例，其索引目录相对较长、索引文件需要的存储空间相对较大，索引检索过程也相对较长。

通常来说，理想的网格大小是使网格索引记录不至于过多，同时每个网格内的要素个数的均值与最大值尽可能小。为了获得较好的网格划分，可以根据用户的多次试验来获得经验最佳值，也可以通过表中几何的大小和空间分布等特征值，来定量地确定网格大小。但当空间数据的大小或分布出现偏斜（skew）情况时，网格大小的选择就变成了一个更复杂的问题（郭薇和郭菁，2006）。

10.2.2 GeoHash 编码及其检索过程

上述网格索引中是采用先行后列的方式对空间进行编码。当然也可以采用 GeoHash 的方式对网格空间进行编码。GeoHash 索引就是基于 GeoHash 编码的一种空间检索方式，其基本原理是将地球理解为一个二维平面，通过把二维的空间经纬度取值编码为一个字符串，这样可以把平面递归分解成更小的子块，每个子块在一定经纬度范围内拥有相同的编码。以 GeoHash 方式建立空间索引，可以提高对空间 POI 数据进行经纬度检索的效率。

下面先介绍 GeoHash 编码。对空间区域进行 GeoHash 编码的基本过程如下：第一步，先将纬度值域（−90, 90）平分成两个区间（−90, 0）和（0, 90），如果目标纬度位于前一个区间，则编码为 0，否则编码为 1，然后基于该纬度所落的区间再平均分成两个区间进行编码，以此类推，直到精度满足要求。对于经度也采用同样的算法依次细分。以北京市北海公园内某纬度 39.928167°、经度 116.38550°的 POI 为例，其纬度、经度的前几位的编码过程如表 10-1。

表 10-1　北京市北海公园内某 POI 的经纬度编码过程

（a）纬度 39.928167°的编码过程

bit	min	mid	max
1	−90.000	0.000	90.000
0	0.000	45.000	90.000
1	0.000	22.500	45.000
1	22.500	33.750	45.000
1	33.7500	39.375	45.000
0	39.375	42.188	45.000
0	39.375	40.7815	42.188
0	39.375	40.07825	40.7815
1	39.375	39.726625	40.07825
1	39.726625	39.9024375	40.07825
……	……	……	……

（b）经度 116.38550°的编码过程

bit	min	mid	max
1	−180	0.000	180
1	0.000	90	180
0	90	135	180
1	90	112.5	135
0	112.5	123.75	135
0	112.5	118.125	123.75
1	112.5	115.3125	118.125
0	115.3125	116.71875	118.125
1	115.3125	116.015625	116.71875
1	116.015625	116.3671875	116.71875
……	……	……	……

第二步，采用 Z-Value 的坐标交叉的方法，合并经度和纬度的编码，奇数位放纬度，偶数位放经度，组成一串新的二进制编码，再按照图 10-8 的 Base32 进行编码，该编码保留了阿拉伯数字中的 0-9，对于数字 10-31 则用去除 A、I、L、O 后的 22 个字母依次表示。

值	0	1	2	3	4	5	6	7	8	9	10	11	12	13	14	15
Base32 编码	0	1	2	3	4	5	6	7	8	9	B	C	D	E	F	G

值	16	17	18	19	20	21	22	23	24	25	26	27	28	29	30	31
Base32 编码	H	J	K	M	N	P	Q	R	S	T	U	V	W	X	Y	Z

图 10-8　Base32 编码

若取表 10-1 中的前 5 次递归的结果，编码采用 Z-Value 的方式合并经度和纬度编码后，再按照 Base32 进行编码，其 GeoHash 编码（WX）生成过程如图 10-9。同理，若取表 10-1 中前 10 次递归的结果，其纬度码为 1011100011，经度码为 1101001011，交叉合成后的二进制码为 11100　11101　00100　01111，其十进制表达为 28 29 4 15，对应的 GeoHash 编码则为 WX4G。

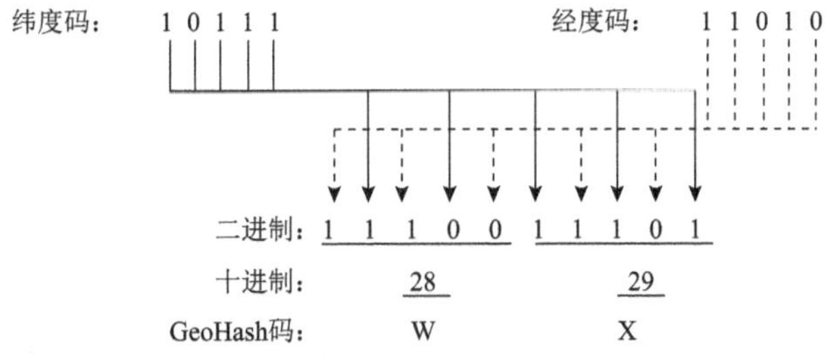

图 10-9　GeoHash 码生成示意

这里需要注意：①GeoHash 算法计算出来的编码值实际表示一个矩形网格的区域范围。在上述区间二分的过程中，事实上可以不断的持续下去，以获得经（或纬）度更多位数的编码值，进而缩小 GeoHash 值所表示的区域范围，从而更准确的反映出该经纬度坐标的位置。②GeoHash 用一个字符串表示经度和纬度两个坐标，比直接用经纬度高效很多，而且使用者可以发布地址编码，既能表明自己位于某位置附近，又不至于暴露自己的精确坐标，有助于隐私保护。③两个网格 GeoHash 值共同前缀越长，说明这两个网格区域越接近。利用 GeoHash 的编码信息可以提高查询、检索效率。但反之并不成立，即两个很接近的网格区域，可能 GeoHash 值的共同前缀很短甚至完全没有共同前缀；即所谓的边缘场景，例如两个很邻近的区域如果分别在格林威治子午线（经度为 0°）的两侧，显然它们的 GeoHash 值完全没有共同的前缀。④GeoHash 字符串编码的长度还可以粗略估算两空间位置之间的距离关系，编码长度与网格大小的对应关系如表 10-2；例如，当两 POI 编码的前 6 位相等时，两 POI 的距离应该在 0.6～1.2km 之间。

表 10-2　GeoHash 字符串编码长度对应的网格大小

字符串长度	网格宽度	网格高度
1	5000km	5000km
2	1250km	625km
3	156km	156km
4	39.1km	19.5km
5	4.89km	4.89km
6	1.22km	0.61km
7	153m	153m
8	38.2m	19.1m
9	4.77m	4.77m
10	1.19m	0.596m

在检索中，为避免“边缘场景”导致的漏检问题，可以通过算法推算出邻近网格的编码，适当扩大区域搜索。具体推算方法：根据 GeoHash 的编码规则将经纬度分解到二进制，结合地理常识，中心网格在南北（上下）方向上体现为纬度的变化，往北则纬度的二进制加 1，往南则纬度的二进制减 1，在东西（左右）方向上体现为经度的变化，往东则经度的二进制加 1，往西则减 1，可以计算出上下左右四个网格经纬度的二进制编码，再将加减得出的经纬度两两组合，计算出左上、左下、右上和右下四个网格的经纬度二进制编码，从而就可以根据 GeoHash 的编码规则推算出周围八个网格的字符串。

10.3　基于 B 树思想拓展的系列空间索引

10.3.1　Kd 树

Kd（K-dimension）树是一棵面向 K 维空间点数据的平衡二叉树，主要用于点数据的空间范围搜索和最近邻搜索。构造 Kd 树相当于不断地用垂直于坐标轴的超平面将 K 维空间切分，构成一系列的 K 维超矩形区域。Kd 树的每个节点对应于一个 K 维超矩形区域。利用 Kd 树可以省去对大部分数据点的搜索，从而减少搜索的计算量。为了提高搜索速度、降低树的深度，通常在用超平面切分空间时，倾向于使位于超平面两边的点数之差不超过 1。

Kd 树是传统树索引向多维空间扩展的最简单的方案。以图 10-10（a）中的二维空间数据集：T={(2, 3), (5, 4), (9, 6), (4, 7), (8, 1), (7, 2)}为例，其平衡 Kd 树如图 10-10（b）。在二维空间，首先找到一个点，使得通过该点且与 Y 轴平行的线的两边的点的数目差不超过 1，此时找到满足条件的(7, 2)，并将其作为 Kd 树的根节点；然后，在 X <7 的子空间内，找到一个点，使得通过该点且与 X 轴平行的线的两边的点的数目差不超过 1，此时找到满足条件的点(5, 4)，再将其作为 Kd 树根节点的左子节点；之后，在 X >7 的子空间内，找到一个点，使得通过该点且与 X 轴平行的线的两边的点的数目差不超过 1，此时找到满足条件的点(9, 6)，再将其作为 Kd 树根节点的右子节点。根据上面的规则依次迭代，直到遍历完所有的点，就生成了图 10-10（b）中的 Kd 树。根据生成规则，可知 Kd 树奇数层的左右子树分辨器是 X 坐标、偶数层的左右子树分辨器是 Y 坐标；例如，图 10-10（b）中根节点左子树上的所有节点的 X 都小于 7，而右子树上的所有节点的 X 都大于 7；第 2 层(5, 4)节点左子树上所有节点的 Y 都小于 4，而右子树上所有节点的 X 都大于 4。

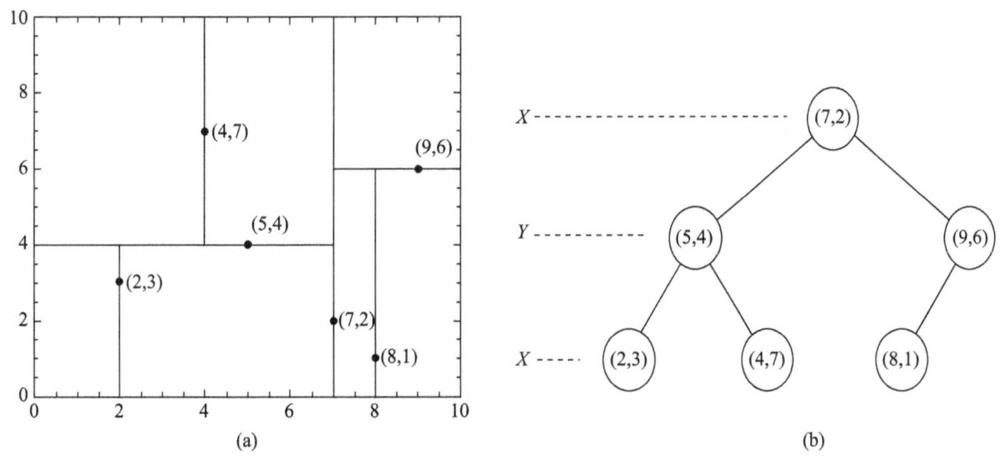

图 10-10　Kd 树的示例

基于 Kd 树的空间范围搜索相对简单，但进行最近邻搜索则相对复杂。下面以搜索点(2, 4.5)的最近邻点为例，介绍最近邻搜索的基本思路。具体过程如下：

第一步，根据(2, 4.5)的坐标，先从(7, 2)查找到(5, 4)节点，在进行查找时是以 y=4 为界分割超平面的，由于查找点 y 值为 4.5，因此进入右子空间查找到(4, 7)，形成搜索路径<(7, 2), (5, 4), (4, 7)>。

第二步，取(4, 7)为当前最近邻点，计算其与目标查找点的距离为 3.202。然后回溯到(5, 4)，计算其与查找点之间的距离为 3.041。(4, 7)与目标查找点的距离为 3.202，而(5, 4)与查找点之间的距离为 3.041，所以(5, 4)为查询点的最近点；

第三步，以(2, 4.5)为圆心，以 3.041 为半径作圆，如图 10-11（a）。可见该圆和 y = 4 超平面交割，所以需要进入(5, 4)的左子空间进行查找。此时需将(2, 3)节点加入搜索路径中得<(7, 2), (2, 3)>。

第四步，回溯至(2, 3)叶子节点，(2, 3)距离(2, 4.5)比(5, 4)要近，所以最近邻点更新为(2, 3)，最近距离更新为 1.5。回溯至(7, 2)，以(2, 4.5)为圆心、1.5 为半径作圆，并不和 $x = 7$ 分割超平面交割，如图 10-11（b）。

至此，搜索路径回溯完。返回最近邻点(2, 3)，最近距离为 1.5。

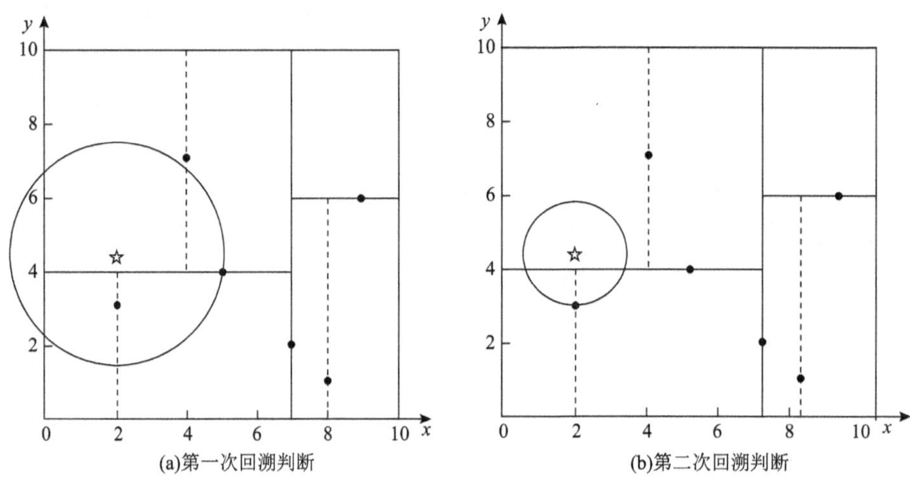

(a)第一次回溯判断
(b)第二次回溯判断

图 10-11　最近邻搜索中的回溯

Kd 树适用于点，同样可以推广到三维坐标空间中的点；然而对于面数据和体数据则很难适用。针对面和线数据，有些学者也提出四维空间 Kd 树的解决方案，即将面或线的 MBR 表达为（xmin ymin, xmax ymax），再将面或线的 MBR 可视为 4 维坐标空间中的一个点，然后再用 Kd 树进行索引。然而，空间对象经目标映射后，在 K 维坐标空间中难以保持目标对象在二维坐标空间中的空间拓扑关系；同时高维 Kd 树还存在区域查询的效率低、维度灾难等问题，通常不用于面线对象的检索。

10.3.2　四　叉　树

四叉树（Quadtree）是建立在对区域循环分解原则之上的一种层次数据结构。四叉树分为：点和区域两类四叉树。点四叉树出现得较早，最早点的四叉树是从 Kd 树发展而来；区域四叉树出现得较晚，现在常用的四叉树通常指的是区域四叉树。

1. 点四叉树

Kd 树是以 x 或 y 为分辨器，以分辨器的值大小为区分的二叉树；点四叉树则是将（x，y）作为联合分辨器，以西北、东北、西南、东南方位为区分的四叉树。简单来说，对于k维数据空间，点四叉树的每个节点存储了空间节点的信息及 2^k个孩子节点的指针，且隐式地与索引空间相对应。

以图 10-12（a）中的 A～F 点为例，其构造过程如下：在二维空间，首先找到一个点，使得过该点且平行于 X 轴、Y 轴的线将空间分为西北（NW）、东北（NE）、西南（SW）、东南（SE）4 个区域，且被分割的各区域内点的数目差不超过 1，此时找到满足条件的（45，45），并将其作为点四叉树的根节点；然后，在上述四个子空间内，再按上面的规则继续迭代划分子空间，直到遍历完所有的点，就生成了图 10-12（b）的点四叉树。可见，点四叉树上所有的节点都是点，这也是点四叉树得名的原因。

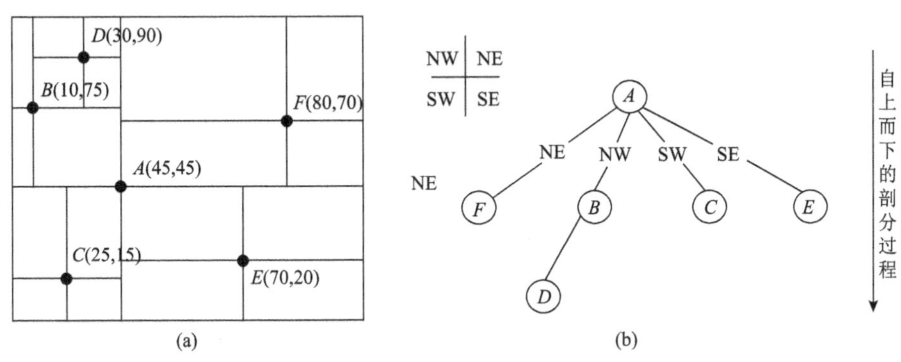

图 10-12　点四叉树示例

点四叉树具有结构简单的优点，对于精确匹配的点查询，查找路径只有一条，且最大查找节点数为四叉树的深度，查找效率高；但是对于区域查找，查找路径有多条，效率则受限。此外，点四叉树还具有如下缺点：①树的结构由点的插入顺序决定，难以保证树的平衡；②当增加或删除点后，为了保证树的平衡，需要重构点四叉树；③对于非点状空间目标，必须采用目标近似与空间映射技术，效率差，不能保持原有空间拓扑关系；④每个节点必须存储 2^k 个指针域，且其中叶子节点包含许多空指针，尤其是当 k 较大时，空间存储开销大，空间利用率低。

2. 区域四叉树

点四叉树的特点是根据点位置决定区域划分，因此由点四叉树划分的区域大概率存在划分面积不均的现象。为了得到均等的区域划分，业界提出了区域四叉树的概念，即对整个空间重复进行 2^k 次等分。其区域等分规则是用经过区域中心点且平行于 X 轴、Y 轴的线将区域分为西北、东北、西南、东南 4 等分。不同四叉树的迭代终止条件有所差异。MX 区域四叉树的终止条件为：点均位于所划分（子）区域的左下角，如图 10-13（a）。PR 区域四叉树的终止条件为：（子）区域仅包含 1 个位于区域内或边界上的点，如图 10-13（b）。由于 MX 树、PR 树存在区域划分过细的问题，业界提出了 CIF 区域四叉树，其终止条件为：（子）区域内包含的对象数不超过某阈值，如图 10-13（c）。

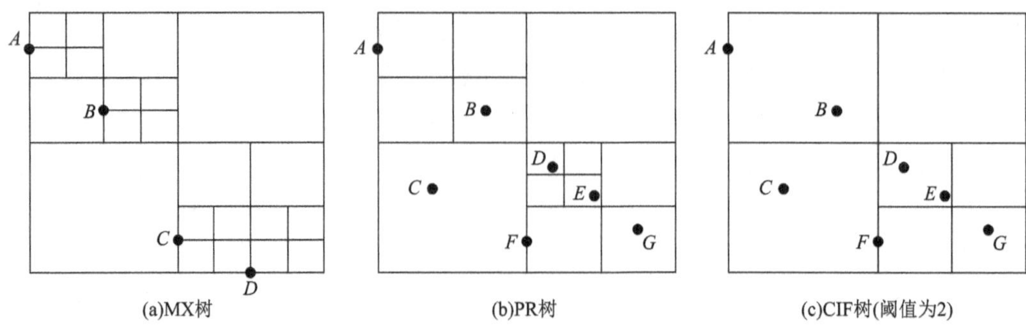

(a)MX树　　(b)PR树　　(c)CIF树(阈值为2)

图 10-13　三种区域叉树的划分终止条件示例

由于阈值的存在，使得 CIF 树的深度可调、结构也相对稳定；此外，以阈值为终止条件的迭代划分，解决了网格索引中网格大小选择的难题，即 CIF 树可以根据空间数据稠密的分布，在不同区域得到不同尺寸的网格。CIF 树成为一种常用的四叉树索引，下文中提到的四叉树特指 CIF 树。

根据四叉树索引（即 CIF 树）的定义，首先将整个数据空间分割为四个相等的矩形区域，四个不同的区域分别对应西北、东北、西南、东南四个象限；若每个象限内包含的对象数（也称：桶量）低于给定的阈值则停止，否则对桶量超过阈值的区域再按同样的方法进行划分，直到桶量低于阈值为止，最终形成一棵有层次的四叉树。以图 10-14 中标号为 1～19 的空间对象为例，阈值为 7 和 4 的空间划分及其四叉树分别如图 10-14（a）和（b）。

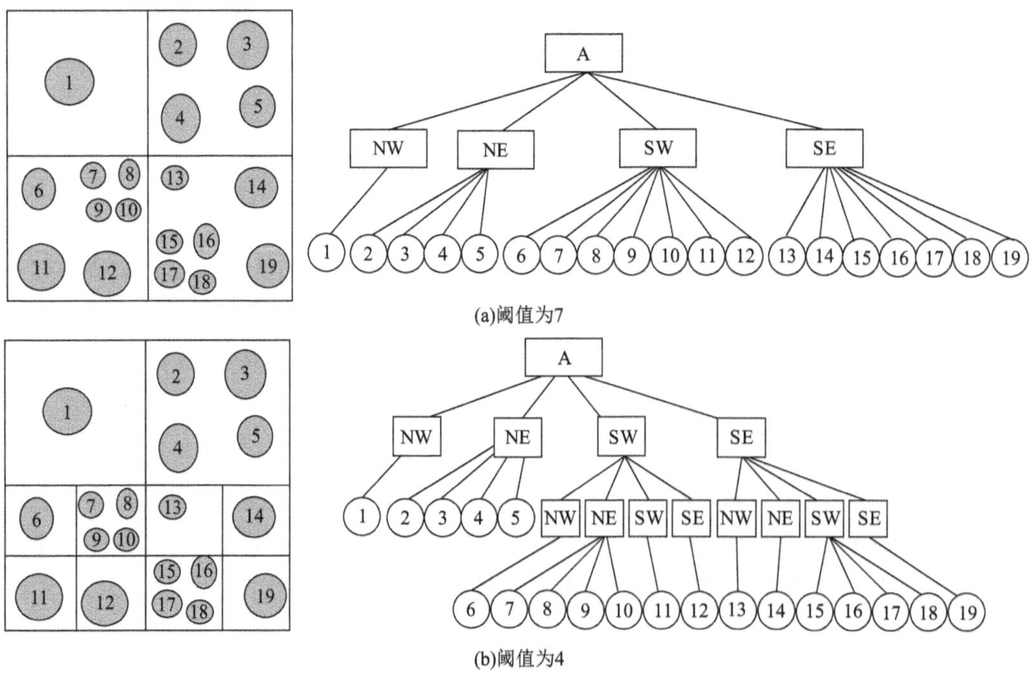

(a)阈值为7

(b)阈值为4

图 10-14　不同阈值条件下的四叉树

当进行空间查询时，先从根节点开始，首先检查与之关联的所有矩形是否为查找结果；接下来检查象限空间与查询区域相交的孩子节点，直到叶子节点。

图 10-14 仅给出了空间对象正好位于网格内的情况，事实上有时空间对象并不能完全位于网格内，例如，图 10-15（a）中除 5 号之外的其他对象。为解决对象不能被网格分割的情况，常用的方法是：在表征区域的节点上再增加一条横向的指针链表，用于存储不能完全归入到下级区域的空间对象，在进行空间查询时，还需要对这些横向连接的对象进行检索，其本质与哈希索引类似。此时该索引是四叉树与 Grid 索引的结合体。

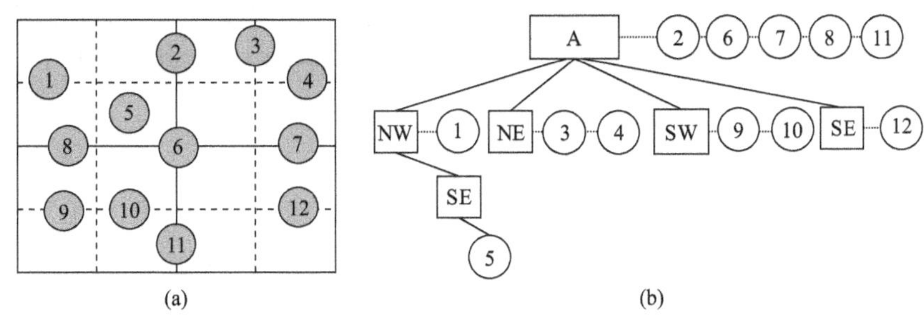

图 10-15　不同阈值条件下的四叉树

四叉树是数据依赖的索引，即增删数据时可能会引发索引的调整。对于因空间数据增删而引起的四叉树的调整规则如下：①当新增空间对象时，首先检查根节点，如果其与根节点的划分线相交，则插入该矩形到根节点对应的桶列表中；否则直接检查包含该矩形的子象限所对应的孩子节点。如果桶内的对象数超过了阈值，则需要对桶对应的区间进行细分，直到桶内的对象数不超过阈值。②当删除空间对象时，首先找到该矩形所位于的节点，然后从其数据桶中删除该矩形。如果桶的链表为空，且该节点没有子节点，则同时删除此节点。同样，该节点删除可能导致其父节点的删除。

四叉树索引在一定程度上实现了地理要素被网格分割，保证了桶内要素不超过某一个数量，提高了检索效率。但是对于海量空间数据，四叉树索引的性能有可能并不理想，因为当空间数据量较大时，四叉树的深度往往很深，这无疑会影响查询效率。但如果压缩四叉树深度，又将导致划分到同一个区域的对象数过多，从而影响检索性能。四叉树的可扩展性不如网格索引，若是扩大空间区域，则必须重新划分空间区域，重建四叉树。即使不扩大空间区域，只增加或删除空间对象，也可能导致树的深度增加（减少），相关的叶子节点也需要重新调整（当然相对点四叉树，这个变动相对较小）。

10.3.3　R 树 索 引

1. R 树索引

R 树是最早支持扩展对象存取的方法之一，R 树是一个高度平衡树，它是 B 树在 k

维空间上的自然扩展。与四叉树自上而下的剖分过程相反，R 树的构建是自下而上的聚集过程。其构建过程如下：首先，把所有要素用最小外接矩形框（MBR）表达，形成多个矩形区域；然后，采用空间聚集的方式把相互靠近的 MBR 合并到一起，形成高一级的节点，并用更大的 MBR 表达；之后，采用空间聚集的方式把相互靠近的高一级节点的 MBR 合并到一起，形成更高一级的节点；依此类推直到所有的要素组成一个根节点。以图 10-16（a）数据为例，其中灰色填充的矩形分别为要素 1 到要素 9 的 MBR，虚线框为查询区域。根据上述逻辑，我们首先将其中的要素 1、要素 2 聚集为节点 a，要素 3、要素 4 聚集为节点 b，要素 5、要素 6、要素 7 聚集为节点 c，要素 8、要素 9 聚集为节点 d；然后我们再对节点 a～d 进行聚类，形成了节点 I、II；最后聚为一个根节点，如图 10-16（b）。

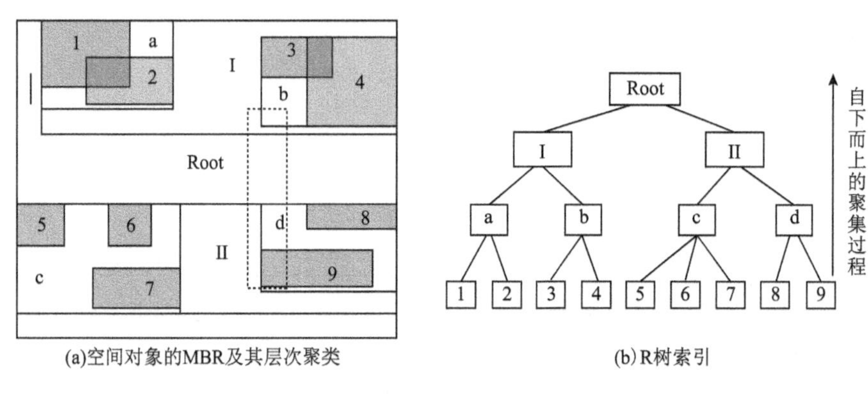

(a)空间对象的MBR及其层次聚类　　(b)R树索引

图 10-16　空间数据及 R 树索引简单示例

为找到与查询区域相交的所有空间对象，查找必须从根节点开始，首先判断根节点的 MBR 与查询区域是否相交，若相交则遍历其子节点，否则停止；在遍历子节点时，若子节点为非叶子节点，则重复上述的操作；若是叶子节点，则检测其 MBR 与查询区域是否相交；若相交，则将其视为查询候选集，再根据记录标示符提取其精确的几何信息，进行精炼步的运算。以图 10-16（a）中虚线查询区域为例，首先我们检测到 Root 的 MBR 与查询区域相交，再根据 Root 的子节点指针找到节点 I 和节点 II；经检测，节点 I 和节点 II 的 MBR 均与其相交，再根据节点 I 和节点 II 提供的子节点指针遍历其下级节点；经检测，仅节点 b、节点 d 与其相交，再遍历节点 b、节点 d 的子节点；发现其子节点为叶子节点，再检测要素 3、要素 4、要素 8、要素 9 的 MBR 与查询区域是否相交，发现仅要素 9 的 MBR 与其相交，则根据其提供的记录指针，找到要素 9 的精确的几何信息，进行精炼步的运算。

上面是 2 叉 R 树，在实际应用中 R 树也可以是多叉的。对于一个 M 叉的 R 树应具有如下特点：①除根节点外，每个叶节点包含 m～M 条索引记录（其中 $m \leqslant M/2$）；②每个叶节点上记录了空间对象的 MBR 和记录标示符；③除根节点外，每个中间节点至多有 M 个子节点，至少有 m 个子节点；④每个非叶节点上记录了 MBR 子节点指针，其 MBR 为空间上包含其子节点中矩形的最小外包矩形；⑤若根节点不是叶节点，则至少包含 2 个子节点；⑥所有叶节点出现在同一层中；⑦所有 MBR 的边与一个全局坐标系的坐标轴平行。以图 10-17（a）中 R8～R19 空间要素的 MBR 为例，其三叉 R 树如图 10-17（b），其中，R1～R7 是要素 MBR 不断合并过程中生成的更高一级节点的 MBR，其指向为位于该区域的 MBR；R8～R19 的叶节点是空间要素的 MBR，其指针指向该要素的存储地址。

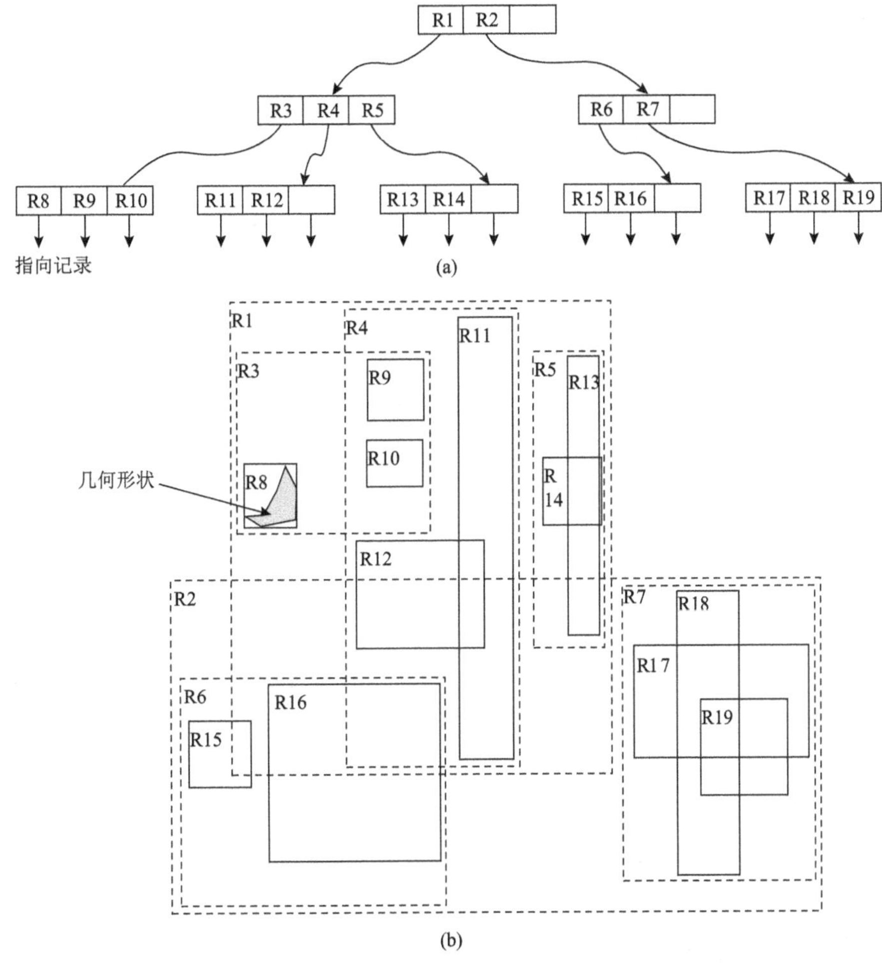

图 10-17　空间数据及其多叉 R 树索引

R 树是采用空间聚集的方法对数据进行分区，提高了空间分区节点的利用效率；同时，R 树作为一棵平衡树，也降低了树的深度，提高了检索效率。但是由于 R 树非叶节点的 MBR 允许重叠，会导致同一空间查询出现多条查询路径的情况。因此，要想得到一棵高效的 R 树，须尽量追求以下几点：

（1）非叶节点 MBR 的面积尽可能小，其中不被其下级节点覆盖的面积尽可能小。这样，查找分支的决策可以在树的更高层进行，从而提高查询性能。

（2）非叶节点 MBR 的重叠率尽可能小，这样可以减少查找路径的数目。

（3）非叶节点 MBR 的周长尽可能小。因为在面积一定的情况下，周长最小的形状是方形，而方形可以减少上一层节点的覆盖范围，从而改善树的结构。

（4）尽可能提高每个节点的子节点的数目，提高空间利用率，降低树的深度。

遗憾的是，上述几条优化准则往往以非常复杂的方式相互影响，优化其中某一因素往往会影响其他因素而导致整体性能的下降。

2. R 树索引的变体

R 树的变体大多保持了原创 R 树的基本结构，改进基本集中在节点分裂算法上，即通过应用不同的优化参数和准则确定近似分裂轴和数据分布。R 树的主要改进过程如下。

为了避免 R 树由于兄弟节点的重叠而产生多查询路径的问题，1987 年，Sellis 等设计了 R^+树，以提高其检索性能。R^+树采用对象分割技术，避免了兄弟节点的重叠，要求穿越子空间的对象必须分割成两个或多个 MBR，即一个特定的对象可能包含于多个节点之中。R^+树解决了 R 树查询中的多路径搜索问题，但同时也带来了其他问题，如冗余存储增加了树的高度，降低了查询的性能；在构造 R^+树的过程中，节点 MBR 的增大会引起向上和向下的分裂，导致一系列复杂的连锁更新操作；在不利的情况下可能造成死锁。

1990 年，Beckmann 等设计了 R^*树，他们认为区域重叠并不意味着更坏的评价检索性能，而插入过程才是提高索引性能的关键。Beckmann 等通过大量对不同分布数据的实验研究，找到了一系列相互影响的、决定检索性能的参数，提出了一系列节点分裂优化准则，设计了节点强制重插技术。这些研究成果提高了 R 树的空间利用率，减少了节点分类次数，使得目录矩形（某一路径所有矩形的最小边界矩形）更近似于正方形，从而极大地改善了树结构，显著提高了树的查询性能，但同时也增加了 CPU 的计算代价。

1994 年，Kamel 和 Faloutsos 提出了 Hilbert R 树，以提高节点存储利用率，优化 R 树结构。其主要思想是利用 Hilbert 分形曲线（详见 10.1.2 节）对 k 维空间数据进行一维线性排序，进而对 R 树节点内的记录进行排序，以获得面积、周长最小化的树节点。此外，对于通过排序后得到的组织良好的兄弟节点集，实施类似于 B^*树的滞后分类算法，从而获得较高的节点存储利用率。

2001 年，Huang 等提出 Compact R 树。由于其特殊的分类算法，该变体可以达到几乎 100%的存储效率，并导致节点分裂的次数明显减少，构建开销低于 R 树，易于实现和维护。但其检索性能仅与 R 树相仿，不及 R^+树、R^*树等变体。

2002 年，Brakatsoulas 等通过深入研究 R 树构建原理，提出了 cR 树，认为动态 R 树的创建本质是一个典型的聚类问题，可利用现有的成熟聚类算法解决。他们采用通用的 K-Means 聚类算法，把传统的两路分裂改进为由聚类技术支持的多路分裂。cR 树插入代价与 R 树相仿，而查询性能与 R*树近似，更适合于数据密集型且实现算法简单的应用，不需要强制重插等复杂技术，易于维护。

有关 R 树的变体还有很多，如在空间对象近似表达方面，有利用最小边界的球树（sphere trees）、最小边界凸多边形的 CP 树、最小边界多边形的 Cell 树和 P 树。DR 树是适合主存索引的变体，而位图 R 树则引入了位图索引的思想等。

10.4　基于空间填充曲线的有序文件

上述两节重点介绍了非聚簇索引，聚簇索引也是空间数据库提高效率的技术之一。通常来说，在结构化数据库中有无序文件（unordered file）、散列文件（hashed file）和有序文件（ordered file）三种形式。具体如下：

- 无序文件：最简单的记录组织形式，也叫堆（heap）文件，其记录并没有特定的顺序。其优点是：在插入数据时很容易在文件末尾插入一条新记录；缺点是：根据给定的关键字属性值查找数据时，最坏情况是文件中所有记录都会访问到。
- 散列文件：是利用散列函数将事先选择的主码域的值映射到一个散列单元中，散列同一单元的记录存储在同一磁盘页面中。根据给定的关键字属性值查找数据时，先通过散列函数算出所查数据所位于的单元，再访问相应的磁盘页面。散列文件的组织方式对于点查询、插入和删除操作都非常有效，若能选择适当的散列函数来组织文件，可以在一个常数时间（例如两次访问磁盘）内完成查询，而与文件中记录的个数无关；但是它不适合范围查询。
- 有序文件：是根据给定的关键字的取值域对记录进行组织，即按关键字值的排列顺序存储记录。这种方式不仅可以使用折半查找算法根据给定关键字属性值查找记录，也可以实现范围查询，即用折半查找法查到第一个符合条件的记录，然后扫描后续记录，直到找到最后一个满足条件的记录。有序文件的优点是查找效率较高，缺点是进行插入操作时需要根据插入数据的关键字属性值调整其后所有记录的存储位置。

在空间数据库中，可以利用有序文件的机制，通过空间填充曲线实现空间记录的有序存储。基于空间填充曲线的有序文件（ordered file）的实质是利用空间填充曲线在一定程度上保持编码的空间对象邻近性，让编码邻近的两个空间对象的磁盘存储位置也邻近；由于数据库系统通常按页加载数据，在加载某数据时与其存储在同一个页面中的空间对象也被加载到内存中；通常说来，空间位置邻近的几何对象被同时选中的概率也比较大，因此，当系统需要读其邻近的数据时，就可以直接从内存中读到，避免了磁盘的读写次数，提高了内存的命中率，从而提高检索效率。

此外，空间填充曲线有时在非聚簇索引中也有用到。例如，在多叉 R 树中，当每个节点需要容纳的空间 MBR 较多时，节点内也可以按 Hilbert 编码的顺序进行存储，故称为“Hilbert R 树”。

10.5　小　　结

对于四叉树索引和 R 树索引的比较，Kothuri 等（2002）基于较大的数据集进行不同的查询、插入、索引创建操作的实验显示：①对于 10 英里半径的查询窗口而言，R 树的性能优于四叉树两到三倍。②随着查询窗口的增加，两个索引性能的差异减小。③对于特定的查询来说，比如外包框相交，四叉树由于更好的近似效果使得性能更优。④对于距离查询来说，R 树优于四叉树三倍。⑤对于更新来说，R 树基本是线性的，而四叉树取决于几何对象的大小及复杂性。⑥对于点数据和大多数其他的数据而言，两者存储开销基本相同。

此外，四叉树和网格索引一般用于基于简单多边形几何对象、更新密集、高并发的或者特定的（如 touches 运算）查询应用中。而且，对于四叉树来说，用户需要对块的分级进行调整以获取最好的查询性能。R 树一般是自调整的，而且一般情况下具有较优的性能，比较适合用于内嵌式数据库中，以加速空间数据的检索性能。

【练习题】

1. 简述网格索引、四叉树索引和 R 树索引的基本思想，对比分析其优缺点与适用范围。

2. 图 10-18（a）中（5）为街道、（23）为河流、（11）为商圈，网格中的数字为其 Hash 编码，虚线框为查询区域；若其网格索引如图 10-18（b），简介查询与虚线框交叠的空间对象的查询过程，并表明哪些步骤为粗过滤、哪些步骤为精匹配。

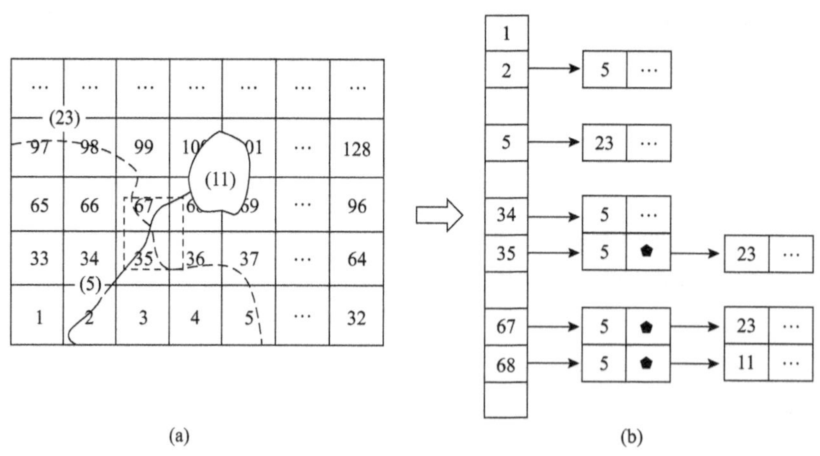

图 10-18　空间情景及其网格索引案例

3. 思考在实现过程中，对于形态各异的空间数据，基于空间填充曲线的空间索引可能存在哪些棘手的问题。

查询处理是 RDBMS 的核心技术之一，而查询优化是查询处理的关键，也是空间数据库管理系统中最核心、最复杂的部分。

第 11 章　空间查询处理与优化

查询优化在关系数据库系统中有着非常重要的地位。关系数据库系统和非过程化的 SQL 之所以能够取得巨大的成功，关键得益于查询优化技术的发展。关系查询优化是影响 SDBMS 性能的主要因素。

11.1　空间查询处理流程框架

尽管现有空间数据库管理系统的查询处理技术各有不同，但由于它们都是在关系数据库的基础上实现的，故其查询处理流程框架基本相同。空间查询处理流程框架如图 11-1，即从通信组件接收特定语法的查询语句作为输入，解析转换生成查询方案，通过优化和编译查询方案，生成最终的执行计划，最终由查询引擎执行并获取查询的结果。下面分节介绍查询处理流程中的各个环节。

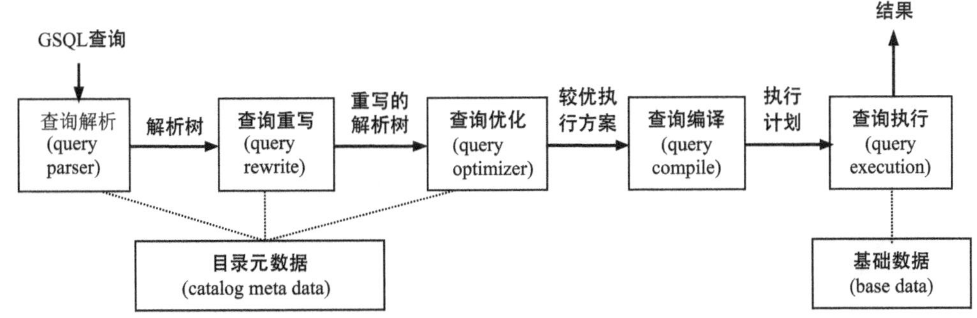

图 11-1　空间查询处理流程框架

11.1.1　查 询 解 析

首先，对空间查询语句进行扫描、词法分析和句法分析。从查询语句中识别出语言符号，如空间函数、空间谓词、属性名和关系名等，再进行词法和语法分析，判断 GSQL 语句是否符合相关的语法规则。

然后，根据数据字典对合法的查询语句进行语义检查，例如，检查语句中数据类型、关系名等数据库对象是否存在且有效；还要根据数据字典中的用户权限和完整性约束定义，对用户的存取权限进行检查。若该用户没有相应的访问权限或违反了完整性约束，则拒绝执行。

经上述查询分析与检查通过后，系统会把 GSQL 转换成等价的关系代数表达式。关系数据库一般都用查询树（query tree），也称语法解析树（syntax tree），来表示扩展的关系代数表达式。以图 11-2（a）的 SQL 语句为例，经查询解析后，其语法解析树如图 11-2（b），其中 root 左子树为左深树，其右侧的叶节点包含了该查询所需查询的列信息，即 GSQL 中需要 SELECT 后的列名；root 的右子树则表示 where 语句中的选择条件信息，除最右侧的 end 节点外，其他叶节点都表示一个列或常量，两个叶节点加上其父节点（包含空间谓词）则组成一个空间判断条件，这些判断条件再由其父节点按照优先级由各类逻辑连接谓词连接在一起。其中，range1 代表 POLYGON((60 60, 70 70, 80 60, 60 60))，range2 代表 POLYGON((10 10, 10 20, 20 20, 20 15, 10 10))。

```
SELECT F.Geo,R.Geo
FROM Forest F, River R
WHERE F.Geo Touches R.Geo AND
    F.Geo Intersects POLYGON ((60 60, 70 70, 80 60, 60 60)) AND
    F.Geo Intersects POLYGON ((10 10, 10 20, 20 20, 20 15, 10 10))
```

(a)GSQL语句

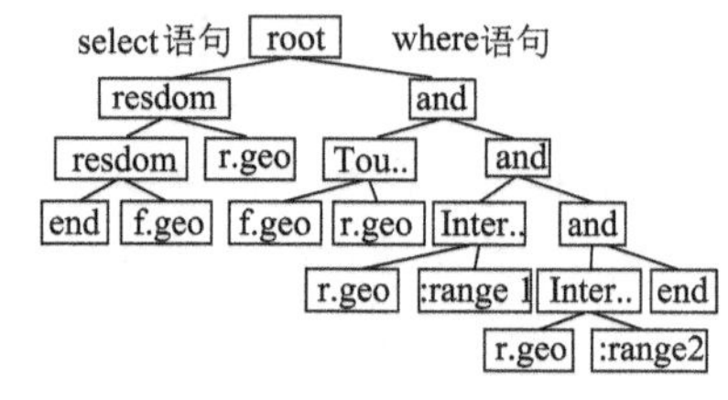

(b)查询解析树

图 11-2　GSQL 示例与其查询解析树

11.1.2　查询重写

查询重写是由一个复杂的规则引擎负责完成，其主要任务是在不修改原有语法的前提下，对内部表达的查询形式进行简化或者规范化。在处理过程中，需要查找与查询本身以及系统元数据相关的信息，此时还不会考虑系统的物理状态。

查询重写组件主要的任务有：

（1）视图展开：对于 FROM 子句中出现的视图引用，重写模块需要根据系统元数据相关定义，将视图引用替换为相应的表的引用。若存在视图的嵌套，则需要进行递归展开；而且在处理中需要避免冗余，尽量取消 SELECT 的嵌套查询和空值等问题。

（2）子查询展平（flattening）：采用展开变换，将带有比较运算符的子查询转换为相应的连接运算，将带有 Not Exists/Not in/<> any 的子查询转换为包含在查询中的外连接，从而消除子查询带来的层次嵌套。

（3）利用德·摩根（DeMorgan）定律消除 ON、WHERE、HAVING 子句中的 not 算子，使用多项式变换将逻辑表达式转换为合取范式。

（4）执行常量表达式，简化查询。采用空间谓词的运算与简化等规则对语法分析树进行简化、消除冗余。例如，对于图 11-2（b）中右下部分由两个 r.geo 与常量 range1 和 range2 构成的两个 intersect 条件分支，可简化为如图 11-3 的一个 intersect 条件分支。

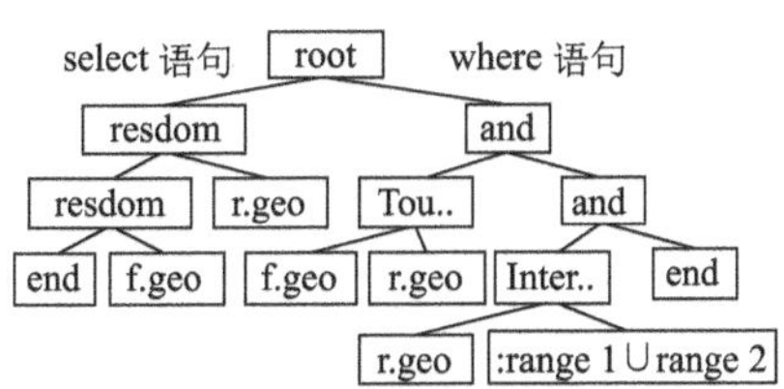

图 11-3　查询重写后的解析树

（5）谓词的逻辑重写，NFST 转换；另外，需要利用谓词的传递率来增加新的谓词，增强优化器选择方案和尽早选择元组以及索引确定的问题。

（6）语义优化。存储于元数据目录中的完整性约束可以用来简化查询（如，删除重复的连接）。

11.1.3　查 询 优 化

查询优化的主要任务是将查询重写生成的查询解析树，转换为有效的执行方案，并提供给最终查询引擎加以执行。其输入是包含连接或非连接关系的 n 个查询涉及的表及相关的参数信息，输出是具有最（较）高执行效率的查询方案。按照优化的层次一般可分为代数优化和物理优化。

1. 代数优化

代数优化主要是对关系代数表达式进行优化，即按照一定的规则，改变代数表达式操作的次序和组合，使查询执行更高效。最常见的代数优化就是查询树的启发式优化，相关的启发式规则有：①尽早执行选择运算。选择运算减少了关系中元组的数量，从而降低后续算子的复杂度。选择运算通常会大大减小计算的中间结果，从而把查询效率提高几个数量级。②同时执行投影和选择运算。如有若干投影和选择运算，并且它们都针对同一个关系操作，则可以在扫描此关系的同时完成所有的这些运算，以避免重复的表扫描。③把投影同其前或其后的双目运算结合，目的也是减少表扫描的次数。④把某些选择运算与在其前面执行的笛卡儿积结合起来，成为一个连接运算；连接（特别是等值连接）的执行时间远远低于笛卡儿积的执行时间。⑤提取公共子表达式。一个关系表达式若含有多个相同的子表达式，那么只需计算一次公共表达式，把所得的中间结果存起来，以后每遇到这种子表达式，只需检索中间结果，而无须重新计算。特别是查询视图时，此策略比较有用，因为每一次构造视图所用的表达式都是同一个。

以图 11-3 的解析树为例，我们可将该查询转化为图 11-4（a）的查询方案，即先找出表 F 和表 R 中几何列相接（join）的对象“对”，再在这些对象“对”中找出表 F 几何列与 range1 和 range2 合并区域（多多边形）相交的记录。为了使用关系代数表达式的优化方法，我们不妨将其转化为用关系代数表示的查询方案[图 11-4（b）]。

利用规则①可以将 intersect 的选择操作移到叶端，利用规则④可以将 F.Geo Touch R.Geo 的选择操作与下面的连接操作结合成为一个有条件的连接运算，优化后的结果如图 11-4（c）。

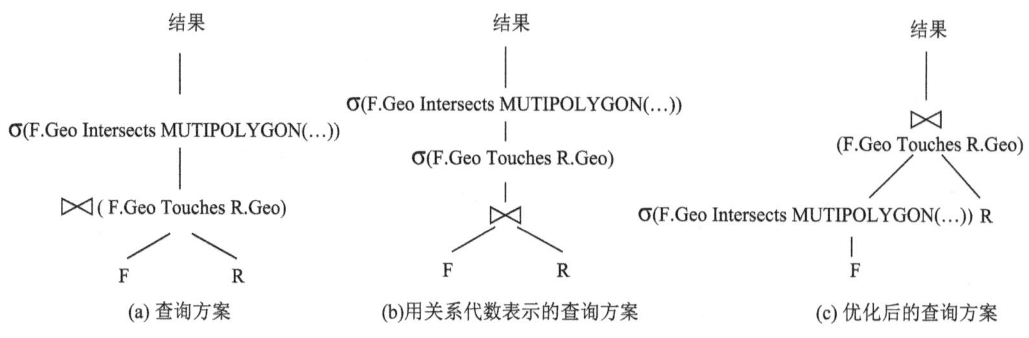

图 11-4　查询方案树的代数优化过程

代数优化仅改变语句中操作的次序和组合，不涉及底层的存取路径。事实上，在执行的过程中，同一空间关系运算在不同的数据情况下（如有无索引、不同数据选择率等）都会有多种执行算法和存取路径，因此，经启发式优化后的同一个查询树也会存在多种不同的物理执行方案，不同执行方案的效率也有较大的差距。故仅进行查询树的启发式优化是不够的，还需要进行适当的物理优化。

2. 物理优化

物理优化是指通过选择高效合理的操作算法或存取路径，求得优化的查询方案。常见的物理优化方法是基于规则的启发式优化方法和基于代价的优化方法。

（1）基于启发式规则的存取路径选择优化

基于启发式规则的存取路径选择优化主要根据已有数据条件、操作算子、逻辑谓词，选择执行效率较高的执行算法，有关细节将在 11.3 节详细介绍。基于启发式规则的优化是定性的选择，比较粗糙，但实现简单且实现代价较小，适合解释执行的系统。在解释执行的系统中，查询优化和查询执行总是相伴而行，优化开销也是包含在查询总开销之内，因此优化的代价越小越好。而在编译执行的系统中，查询优化和查询执行是分开的，即一次编译优化、多次执行，因此可考虑采用精细复杂的基于代价的优化方法。尽管其优化代价较高，但若一次高效的优化，能提高多次执行的效率，其优化开销也是值得的。

（2）基于代价的优化

基于代价的优化方法是通过某种数学模型计算出各种查询执行方案的执行代价，然后选择代价最小的执行方案。在集中式数据库中，查询的执行开销主要包括磁盘存取块数（I/O 代价）、处理机时间（CPU 代价）和查询的内存开销；在分布式数据库中还要加上通信代价。由于 I/O 一直以来都是计算机性能的瓶颈，多年来关系数据库的代价估算主要集中在 I/O 上；但是空间查询既是 I/O 密集型、又是计算密集的操作，因此空间数据库不仅要关注 I/O 代价，还要关注 CPU 代价。有关细节将在 11.4 节详细介绍。

3. 混合的查询优化方法

在实际数据库管理系统中，查询优化器通常会综合运用上述两类优化技术。因为可能的执行方案很多，要穷尽所有的方案进行代价估算往往不可行，会造成查询优化本身付出的代价大于获得的益处。为此，常常先使用启发式规则，选择若干较优的候选方案，减少代价估算的工作量；然后分别计算这些候选方法的执行代价，较快地选出最终的优化方案。

此外，为了避免查询优化本身付出的代价过高（用时过长），数据库通常都会给出一个代价估计的容忍值，若目前查询优化的代价已超过该容忍值，则将目前找到的相对较优的执行方案提交给查询执行模块。

11.1.4　查询编译与执行

查询执行阶段主要是对已得到的较优执行方案进行执行过程的细化，编译生成相应的执行代码，并交给查询执行引擎执行，最终将查询结果返回给客户端。该阶段是对数据库提供的若干实现查询操作的算法进行具体化组装的过程。

此阶段涉及的内容更为底层，除空间关系运算的各种执行方案算法外（见 11.2 节），有关编译、代码生成的部分本书不做介绍。

11.2　空间查询操作执行算法

空间查询的物理优化、查询的编译执行都与空间数据库中提供的空间查询操作的具体算法有关。在进一步细化其他内容前，先介绍空间查询操作的执行算法。其实每一种操作都有多种执行算法，下面主要介绍空间选择操作、空间连接操作和最近邻查询操作中常见的几个算法。关于结构化数据的连接算法可以参见相关文献（程昌秀和宋晓眉，2016）或 3.7.2 节。

11.2.1　空间选择操作

空间选择是在表 R 中查找与查询窗口满足某一空间谓词（θ）的记录。空间谓词（θ）主要有拓扑谓词 intersects（相交）、contains（包含）、overlap（交叠）等，方位谓词 northwest（西北）、southeast（东南）等，度量谓词 distance（距离）等。其中，最常见的空间选择操作是范围查询（range query）。

选择操作一般有两种实现方法：

- 简单全表扫描法：对查询的表顺序扫描，逐一检查每个记录是否满足空间选择条件，把满足条件的记录作为结果输出。对于记录少的表，这种方法简单有效；对于记录多的表，这种顺序扫描十分费时，效率很低。

- 索引扫描法：若选择条件中的空间列属性上有索引（如 R 树或网格索引），则可以利用索引初步找到满足条件的空间对象的记录主码或指针，再通过记录指针调出具体的空间对象坐标与空间查询条件进行精匹配，从而找到满足条件的空间对象。

11.2.2　空间连接操作

空间连接是在两个表 R 和 S 中找出符合空间谓词（θ）的对象“对”（r,s）。此处的空间谓词也包括拓扑谓词、方位谓词、度量谓词等多种形式。

1. 单索引

若参与空间连接的两个列中只有一个列有索引，最简单的算法是嵌套循环连接，即在内层循环使用索引扫描、外层循环使用顺序扫描。这相当于逐一获取外层无索引关系（表）的每个记录，并对内层有索引的表进行范围查询，该方法仅当外层表记录数较少时才够获得较好的性能。

2. 两个索引

若参与空间连接的两个列都有索引，连接运算操作则取决于所拥有的索引类型。若是树结构，如 R 树或四叉树，就可以使用树匹配策略（如图 11-5）。基于树匹配的空间连接算法主要有 2 步：第一步：树匹配（MBR join）：利用参与连接的表的树索引进行粗略的空间关系匹配，找出其 MBR 满足指定空间连接条件的空间对象“对”。该步本质上是基于空间对象的 MBR 做是否满足空间连接条件的判断。第二步：几何过滤：利用更精确的几何近似进一步从候选集中过滤空间对象；包括利用空间对象的外部逼近（如凸包、m 点凸包最小边界圆、m 点凸包最小边界椭圆等）过滤掉不符合条件的空间对象；再利用空间对象的内部逼近（如最大包含矩形、最大包含圆）过滤掉候选集中不符合条件的空间对象。第三步：精几何匹配：对候选集中的每一对空间对象进行精确的几何比较。可采用的算法有平面扫描法（plane-sweep），速度更快的算法有基于对象分解的技术，并采用 TR*树组织处理。

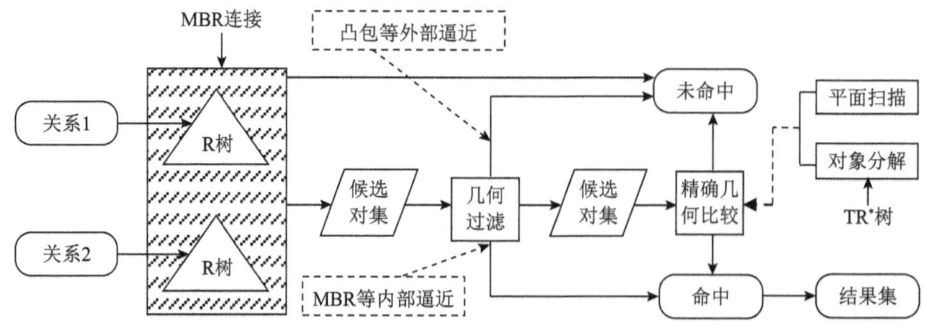

图 11-5　空间查询处理流程

11.2.3　最近邻查询

基于 R 树的最近邻查询算法最早由 Roussopoulos 等（1995）提出。他们使用分支节点的 R 树遍历算法，提出了两个度量标准用于 R 树的排序和剪枝，一个是 MINDIST，称为乐观距离；另一个是 MAXDIST，称为悲观距离；分别作为查询点到树结点 MBR 中最近邻对象的距离下界和上界。基于这两个度量标准，提出了 3 个启发式规则来过滤不包含最近邻的结点，从而减少结点访问次数，减少磁盘 I/O，进而有效地提高查询性能。1998 年，Cheung and Fu（1998）等进一步改进该算法，移除前两个既不能增强剪枝效果又具有高计算复杂度的剪枝规则，减少了 CPU 计算代价。

基于 R 树的最近邻算法有增量最近邻（INN）查询、逆最近邻查询、条件最近邻查询等。

11.3　基于启发式规则的存取路径选择优化

1. 选择操作的启发式规则

在空间数据库中最常用的空间选择操作的启发式规则是：当在某个空间表上做某空间选择操作时，若该表有空间索引，则先在其空间索引上过滤出满足该选择条件的候选集，再将索引中记录的空间对象唯一编码（OID）与原空间表 OID 做连接，读出这些候选集、进行精确的判断，并选出满足该连接条件的空间对象。以图 11-6（a）的空间选择操作为例，经该启发式规则改写后的查询方案如图 11-6（b）。

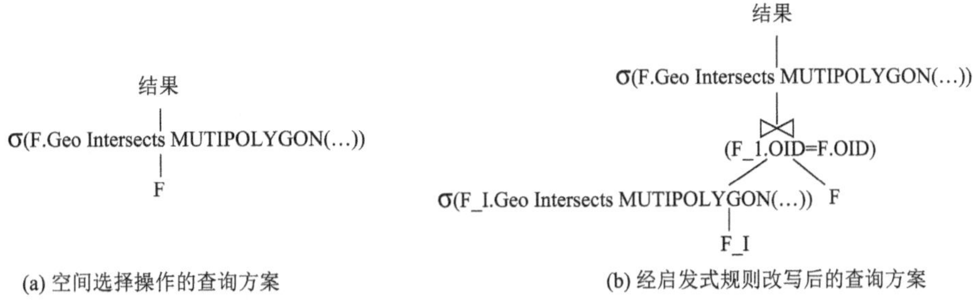

图 11-6　常见的空间选择操作的启发式规则

在空间数据库中，有些关系数据库的启发式规则也是可以被采用的。在关系数据库中，对于记录少的表，即使选择列上有索引，也要使用全表顺序扫描；而对于记录多的表，则有如下启发式规则：

（1）若选择条件是“主码=值”的查询，则选择主码索引。因为在这种情况下，查询结果最多是一个，用主码索引可以直接定位到需要查找的记录。

（2）若选择条件是“非主属性=值”且选择列上有索引，则要估算查询结果的记录数目；若选择记录数目占总记录数的比例（选择率）较小（如<10%），则使用索引扫

描，否则还是使用全表的顺序扫描。关于空间选择率的估计方法见 11.5 节。

（3）若选择条件是属性上的非等值查询或者范围查询且选择列上有索引，同样要估算选择率；若选择率较少（如<10%），则使用索引扫描，否则还是使用全表顺序扫描。

（4）对于用 AND 连接的合取选择条件，若涉及的属性有组合索引，则优先采用组合索引扫描；若某些属性上有普通索引，则可用 11.2.1 中介绍的索引扫描，否则使用全表的顺序扫描。

（5）对于用 OR 连接的析取选择条件，一般用全表顺序扫描。

2. 连接操作的启发式规则

在空间数据库中最常用的空间连接操作的启发式规则是：若这两表都有空间索引，则先在这两空间索引表上过滤出满足该空间谓词的空间对象“对”的候选集，再根据空间索引中记录的 OID，读出这些候选集“对”、进行精确的判断，并选择满足该空间条件的空间对象“对”。以如图 11-7（a）的空间连接操作为例，经该启发式规则改写后的查询方案如图 11-7（b）。

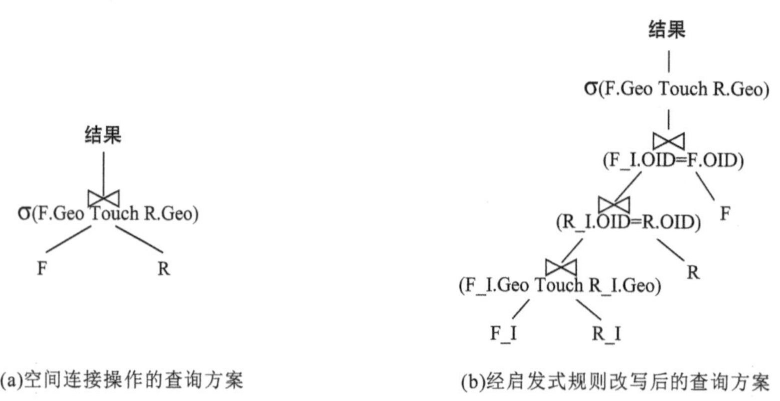

(a)空间连接操作的查询方案　　(b)经启发式规则改写后的查询方案

图 11-7　常见的空间连接操作的启发式规则

同样，空间数据库也可以采用一些关系数据库的启发式规则。相关的启发式规则如下：

（1）若两个表都已经按照连接属性排序，则选用排序-合并方法，见 3.7.2 节。

（2）若一个表在连接属性上有索引，则可选用索引连接方法，见 3.7.2 节。

（3）若上面两个规则都不适用，其中一个表较好可以选用哈希连接方法，见 3.7.2 节。

（4）最后可以选用嵌套循环方法，见 3.7.2 节，并选择其中较小的表，确切地讲是占用的块数（b）较少的表作为外表（外循环的表）。理由如下：设连接表 R 与 S 分别占用的块数为 Br 与 Bs，连接操作使用的内存缓冲区块数为 K，分配 $K-1$ 块给外表。若 R 为外表，则嵌套循环法读取的磁盘块数为 $Br+（Br/K-1）Bs$，显然应该选块数小的表作为外表。

11.4　基于代价的优化方法

目前，基于代价评估的查询优化方法是现有数据库管理系统软件普遍采用的方法。其基本思想是：①方案枚举与搜索：根据 GSQL 语句、查询重写，枚举出所有可能的执行方案，再基于启发式优化规则选出一些可能会有较好查询表现的查询方案；②代价评估：对上步生成的查询方案，进行查询代价的估算；③（最）较优方案选择：根据上步的评价结果，选择“代价最小”的方案树。尽管该方法的理想是找到具有最优执行效率的查询方案，但是由于参数、约束条件的变化以及搜索开销的限制，往往不能如愿。为了使执行方案更为高效，查询优化阶段通常需要一定的方案来寻找最（较）优的执行方案。

11.4.1　方案枚举与搜索

方案枚举通常是指在无启发式有关规则的作用下，根据 GSQL 给定的选择、连接条件，枚举出所有可能的查询方案的过程；而方案搜索则是指基于启发式优化规则选出一些可能会有较好查询表现的查询方案的过程。数据库的查询优化器通常可以枚举出数百种不同的执行方案，而程序员一般只能考虑优先的几种可能性。

查询枚举与搜索的核心问题是连接顺序的确定。在不考虑启发式优化规则的前提下，Moerkotte 分析了不同关系的查询图及其执行方案的连接顺序，量化了不同方案的执行复杂度（表 11-1），可以看出大多数的连接问题是 NP-hard 问题。

表 11-1　连接顺序的复杂度（Moerkotte, 2009）

查询图	连接树	考虑笛卡儿积连接	代价函数	问题复杂度
普通	左深度树	否	ASI	NP-hard
树状/星状/链状	左深度树	否	一种连接算法（ASI）	P
星状	左深度树	否	两种连接算法（NLJ+SMJ）	NP-hard
普通/树状/星状	左深度树	是	ASI	NP-hard
链状	左深度树	是	—	open
普通	浓密树	否	ASI	NP-hard
树状	浓密树	否	—	open
星状	浓密树	否	ASI	P
链状	浓密树	否	任意	P
普通	浓密树	是	ASI	NP-hard
树状/星状/链状	浓密树	是	ASI	NP-hard

对于方案枚举和搜索，一般存在两类算法。若参与连接的表较少，通常采用确定性搜索算法枚举出所有可能的查询方案，再利用启发式规则过滤出一些较少的查询方案；若参与连接的表较多，由于非多项式时间对问题解决的复杂性增加，一般采用随机算法通过一定策略寻找较优解。但在有些数据库中，也将这两种方法联合使用。相关算法如表 11-2，这里不做详细介绍。若读者有兴趣可以参考（程昌秀和宋晓眉，2016）。

表 11-2 方案枚举与搜索的相关算法

算法类型	算法名称	相关参考文献
确定性搜索算法	启发式贪婪算法	Fegaras 等（1998）、Cormen 等（2001）
	动态规划算法 DP	Selinger 等（1979）
随机搜索算法	迭代改进算法	Swami 等（1988）、Swami（1989）、Ioannidis 等（1990）
	模拟退火算法	Ioannidis 等（1987）
	限制搜索算法	Glover（2006）
混合算法	两阶段优化算法	Ioannidis 等（1990）
	AB 算法	Swami 等（1993）
	导向模拟退火算法	Lanzelotte 等（1993）
	迭代 DP 算法	Kossmann 等（2000）, Shekita 等（1993）

11.4.2 空间查询代价评估方法

在代价的优化方法中，核心而基础的问题是空间查询代价的评估。根据是否了解查询执行的具体细节，我们将空间查询代价（执行时间）的评估方法分为黑盒法和白盒法两大类。

1. 黑盒法

所谓黑盒法就是在不了解空间查询具体执行细节的情况下，对某空间查询请求的代价进行评估。黑盒法通常容易做到，且其代价评估的开销较少，但是其估计结果的准确性不够稳定。常见的黑盒法有采样法和自适应法。

（1）采样法

所谓采样法是在原始数据集上选择一个样本，在其上进行查询得到该查询的执行代价，由此来估算在原始数据集上的查询代价。该方法在数据均匀分布的情况下可得到较理想的估算结果。但在实际应用中，样本的不稳定性往往限制了这一方法的应用范围。

（2）自适应法

自适应法的基本思想是：在数据库每次执行空间查询时都记录下该查询案

例的一些详细信息及其执行代价；当需要对指定的空间查询进行代价评估时，则到已经记录的案例中查找是否有相似的案例，若有则将其执行代价做简单修正，就得到了该查询的执行代价。

2. 白盒法

所谓白盒法就是根据空间查询执行的具体细节，对某空间查询请求的 I/O 代价、CPU 代价，甚至通信代价都进行细致的估算。常见的白盒法有空间索引法和空间属性一体化代价推演法。

（1）空间索引法

商用空间数据库大多采用 R 树及其变型树作为索引结构，因此有不少基于 R 树的代价模型。该模型是基于 R 树记录的信息及其执行过程与特点，研究检索过程中 R 树中间节点的访问次数、谓词的选择率、谓词的计算代价、I/O 代价、CPU 代价等因素，最终得到基于 R 树的查询、检索执行代价。

有关 R 树的代价评估模型研究始于 1987 年，其研究成果相对较为成熟。但是，索引法与具体的空间索引结构、检索算法有紧密的联系，故仅适用于采用相应索引的查询处理方案，对于无索引或采用其他索引的查询处理方案则无能为力。此外，在实际应用中，空间查询语句可能很复杂，会被分解为由一系列空间查询处理操作组成的、层次较深的查询方案树，查询树中某些更高层的空间操作往往是在前一空间查询操作节点的结果集上进行；由于难以获得前一空间查询结果集的相关索引，也难以使用索引法对这些更高层的空间操作节点进行评估，从而限制了它在数据库内核中的推广与应用。

（2）空间属性一体化代价推演法

空间属性一体化代价推演法是由程昌秀和宋晓眉（2016）提出的一种较为实用的查询代价评估方法。该方法主要是以方案执行树为依托，自底向上依次评价各节点可能的具体执行方案，评价到根节点时，则选择具有最小执行代价的执行方案。图 11-8 给出了一个由三个表参与的空间属性一体化代价推演法的示意图。首先，从表 1 和表 2 节点出发，除前面所述的无序、Hash、有序的文件组织方式外，空间数据库还有一种空间索引文件结构（如 R 树）；对于在每个表上的投影或选择操作，根据每个表对应的组织结构、记录个数，若有 m 种执行方案，在 m 种不同的选择执行算法下，分别估算其 I/O 代价、CPU 代价和总代价。通常情况下，有 m 种执行方案就会有不少于 m 个执行代价，通常数据库会记录执行代价较小的前 n 种方案；对于两个投影或选择操作之上的连接操作，则根据两子节点的 n 种方案进行排列组合，最多会生成 $n \times n$ 种执行方案，数据库再选择执行代价较小的前 n 种方案记录在连接节点上，由此自底向上推演，直到算出根节点的最小执行代价，然后根据此执行方案，由上向下找下去，找到不同节点上的最优执行方案，形成该方案树的最优执行方案，如图 11-8 中灰色方框所示。

在该一体化框架下，空间属性已经被一体化对待。空间查询代价的不同之处仅在于：需结合空间数据及操作的特殊性，给出其所需的基本参数信息（如空间选择率）。尽管在上述框架的支持下，统一了空间和属性的代价评估，但如何准确地得到这些参数，还有许多细节问题都有待进一步研究。例如，空间选择率的估计、空间连接算法复杂度的估计等等。

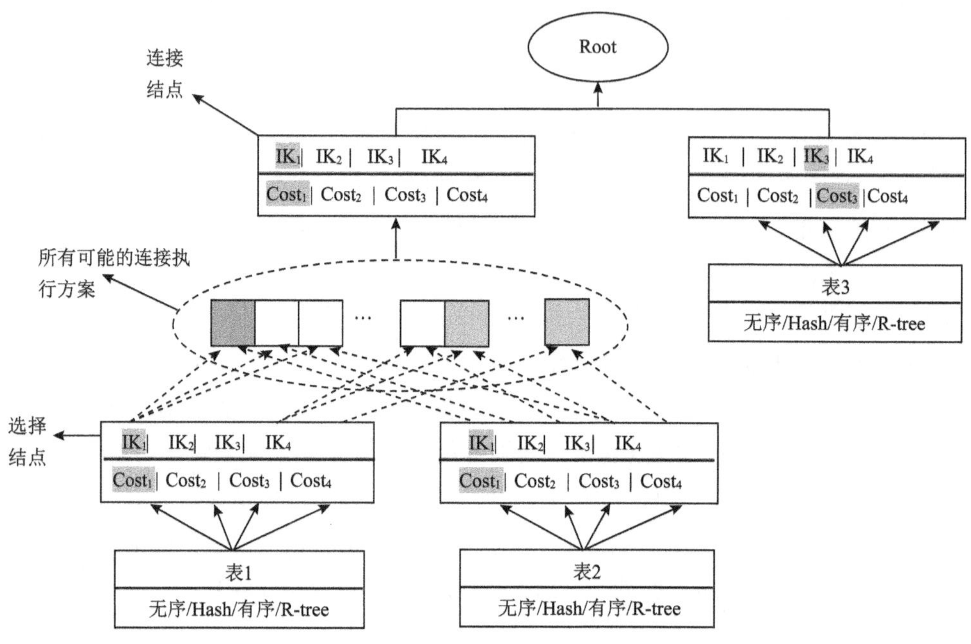

图 11-8　空间属性一体化代价推演法示意图

11.5　基于空间直方图的空间选择率估计

空间选择率是指空间查询后结果记录数占查询前记录数的百分比。空间选择率是查询优化的重要参数。估计空间选择率的方法有采样法、分形法、索引法、直方图法、sketch 法（程昌秀和梁晓眉，2016）。下面重点介绍常用的直方图法。

目前属性直方图较为成熟，但是，由于空间数据具有维数多、结构复杂等特性，空间直方图及其代价评估方法的研究还处于初级阶段。自 1998 年以来，先后出现了 6 种支持空间选择的直方图：Euler、MinSkew、SQ（Aboulnaga et al.，2000）、CD（Jin et al.，2000）、S-Euler（Sun et al.，2002）、EulerApprox（Sun et al.，2006），1 种支持空间连接的直方图：GH（An et al.，2001），1 种既支持空间选择又支持空间连接的累计 AB 直方图（Cheng et al.，2013）。沿袭属性直方图的思想，它们也采用某种策略将数据空间划分为若干子空间（桶），记录桶及落入桶中空间对象的数目；用相应的公式对这些统计值进行推算，得到空间选择率的估算值，进而推演空间查询代价。空间直方图较好地沿袭了属性直方图的相关理论和框架，基于已有属性直方图的实现框架和机制，可以较好地与数据库内核集成，形成空间/属性一体化的代价评估模型，从而促进它在数据库内核中的实现与应用。

空间直方图法充分考虑数据的空间分布特征，具有较好的数据基础；其次，它基于预存储的空间数据概略表达进行估算，无需调用真实的空间数据，不会造成太高的系统开销；最后，它不受空间索引的影响，比索引法具有更广的适用性。下面重点介绍一些常见的空间直方图。

1. MinSkew 直方图

MinSkew 直方图是由 Acharya 等（1999）提出的，其创建过程如下：首先，直方图中只有一个桶（对应整个数据空间）；然后，按照最大程度减少空间数据倾斜（spatial skew）的原则（尽可能保证桶内空间对象的数目相对均匀），从直方图中选出计数值最大的桶，将其对应的子空间划分成两个子空间，并把该桶分裂成两个子桶；重复这一过程，直到桶的数目达到指定的数目为止。

如何把子空间划分为更小的子空间（是二等分还是其他的划分方式）是一个复杂的问题（Sun et al.，2002）。此外，如果一个对象跨越多个直方图的桶，MinSkew 算法会对这些桶都计数，从而造成重复计数问题（Sun et al.，2002）。

2. SQ 直方图

SQ 直方图（structural quadtree histogram）是 Aboulnaga 等（2000）提出的，也称四叉树直方图。其基本思想是根据对象的 MBR，将相似的对象划分到一个桶中；每个桶中存储桶内对象的数目、对象的平均宽度和高度以及桶的边界信息；在每个桶内假设对象是均匀分布的，最后，由这些桶构成四叉树中的节点。

SQ 直方图是针对多边形数据提出的，但其缺点在于：①当同一子空间的数据特征（对象大小、分布状况等）差异较大时，SQ 直方图的性能将不理想；②它允许子空间交叠，即对于一个较大的面对象，它往往会出现在多个子空间中，造成重复计数问题。

3. CD 直方图及其修正估计方法

（1）CD 直方图

为了避免重复计数问题，Jin 等（2000）提出了 CD（cumulative density）直方图。CD 直方图是将数据空间划分为大小相等的单元格，用 4 个子直方图表征几何对象 MBR 的 4 个角点的分布情况，子直方图的桶存储落入该桶中对应角点的数目。CD 直方图将多边形分解为点进行统计，避免了重复计数问题。

CD 直方图假设所有的对象均是用 MBR 近似表示，建立 H_{ll}、H_{lr}、H_{ul}、H_{ur} 四个子

直方图，每个直方图的大小是 N，且每个桶对应一个格网单元。H_{ll} 中的一个桶记录了落入该桶中左下角顶点的数目；H_{lr}、H_{ul}、H_{ur} 分别表示右下角、左上角、右上角顶点的数目。为了提高查询效率，所有直方图都是累积的（cumulative），即一个桶 $H(i, j)$ 存储了区域（0 0）到（$i\ j$）中顶点的数目，如图 11-9 所示。对于任意矩形查询窗口（$x_a\ y_a, x_b\ y_b$），与其相交的元组数可以按公式 11-1 计算。例如，与图 11-9 查询窗口相交的对象数目是 $H_{ll}(x_b, y_b)-H_{lr}(x_a-1, y_b)-H_{ul}(x_b, y_a-1)+H_{ur}(x_a-1, y_a-1)=3-0-1+0=2$。

$$N=H_{ll}(x_b, y_b)-H_{lr}(x_a-1, y_b)-H_{ul}(x_b, y_a-1)+H_{ur}(x_a-1, y_a-1) \quad (11\text{-}1)$$

CD 算法能精确的返回与查询窗口相交的对象数目，而且其估算代价不足真正执行查询时间的 1%。但是由于需要为每个格网存储 4 个变量，因此需要一定的存储空间，此外，还需要一些时间来计算累积信息（cumulative information）。

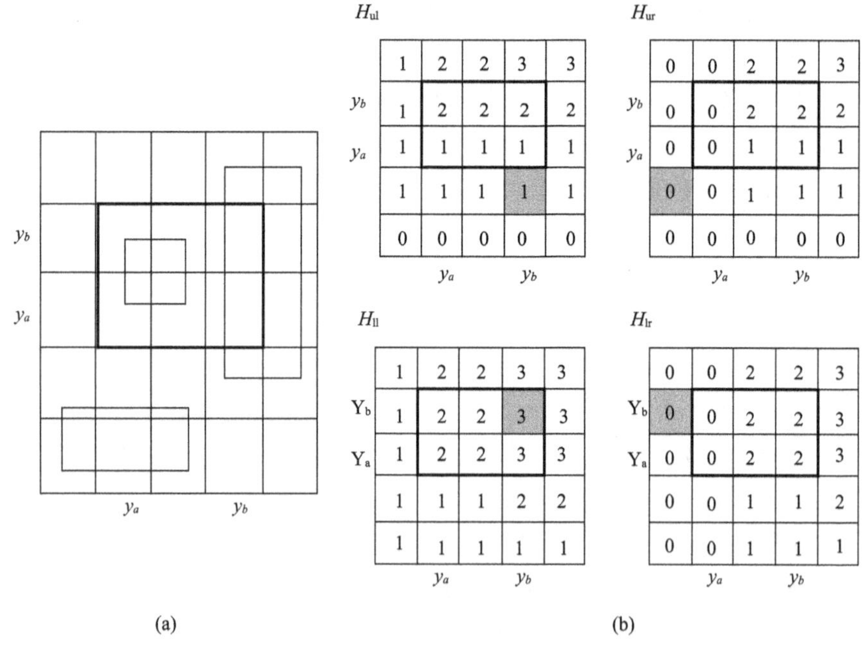

图 11-9　CD 直方图与选择率估计（Jin et al.，2000）

（2）CD 直方图的修正估计法

程昌秀等（2010）发现：上述算法仅针对查询窗口边界与直方图格网线重合的情况，在实际应用中查询窗口边界往往不与直方图格网线重合，此时如何更好地估算其选择率有待进一步研究。程昌秀等在 CD 直方图基础上，提出了一种精确的基于窗口查询的空间选择率估算方法。该方法从 CD 直方图的原理入手，确定了影响空间点（x, y）直方图估计值的相关格网，并对其中确定的部分直接引用，对于不确定的部分则充分利用格网提供的信息进行了修正，从而可以较为精确地计算出空间点（x, y）的直方图估计值，即 CD 直方图修正估计法。

该方法没有增加额外反映空间数据分布信息的存储空间，而是充分利用 CD 直方图的原理，通过公式反算出每个格网内点的分布情况，再根据格网内点密度的情况和格网内虚线区域所占面积与格网面积之比，估计格网内虚线区域的点个数，从而保证了格网非累计修正值的估算精度，为提高空间点（x, y）的直方图估计值、查询选择率估计值的准确性奠定了基础。

精确的基于 CD 直方图的选择率估算方法在不加额外假设条件和存储容量的情况下，能精确地估计任意空间区域的查询选择率，此方法不仅能较好地反映零星空间数据的分布特征，也能较好地反映多边形的分布特征，故有较好的普适性。

4. Euler 直方图及其扩展

（1）Euler 直方图

为了解决重复计数问题，Beigel 等于 1998 年提出了基于欧拉原理的直方图，即 Euler 直方图。传统的方法只为格网分配桶，而欧拉直方图不仅将格网内部（grid cell）视为桶，也将格网的边（edge）和顶点（vertex）视为桶。

在二维空间中，欧拉直方图（Euler histogram）的创建过程如下：首先，将整个数据空间分为 $n_1 \times n_2$ 个相等的格网，直方图 H 就是建立在 $n_1 \times n_2$ 格网上的；再在 $n_1 \times n_2$ 格网上建立欧拉直方图，需要用（$2n_1-1$）×（$2n_2-1$）个桶来保存信息，它与格网的面、线、点对应：①如果一个对象与格网面相交，则这些对应的桶中数值加 1；②如果一个对象包含格网点，则这些格网点对应桶中的数值加 1；③如果一个对象的边经过格网的线，则这些格网线对应桶中的数值加 1。例如，图 11-10（a）中细实线所示的 3 个矩形其 Euler 直方图如图 11-10（b）。

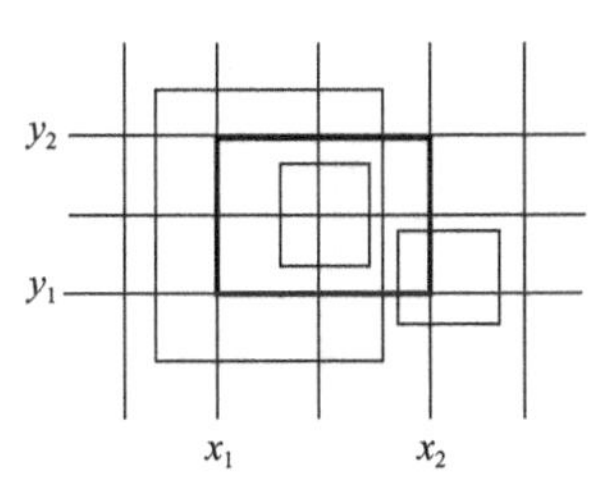

(a)空间数据集与查询窗口

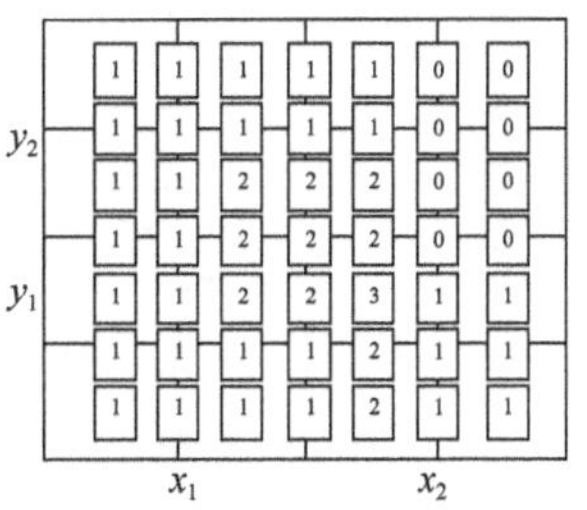

(b)空间数据的Euler直方图

图 11-10　Euler 直方图示例（Sun 等，2002）

根据图论中的欧拉公式，对于一个选择窗口 S，它的选择率可以用公式 11-2 进行计算。故该直方图被称为欧拉直方图，也有人称之为 BT 算法。以图 11-10 为例，其位于（x_1 x_2, y_1 y_2）的选择窗口 S 选中的对象数目为：（−1）^{0}×2+（−1）^{1}×

（2+2+2+2）+（−1）^{2}×（2+2+2+3）＝3，恰好与图中选中的数目相等（注意只计算选择窗口 S 内的）。

$$N(S)=\sum_{0\leqslant K\leqslant d}(-1)^k F_k(S) \tag{11-2}$$

其中，F_k（S）表示 S 内的 k 维对象的个数，如零维是点、一维是线、二维是面或多边形。

（2）S-EulerApprox 和 EulerApprox

CD 直方图和 Euler 直方图只能为相离（disjoint）和非相离（non-disjoint）拓扑关系提供精确的解决方法，不能分辨更精细的拓扑关系（图 8-11 中第二、第三层次的拓扑关系）的选择率估计。例如，图 11-11（a）示出两种不同的空间分布，上图中与灰色查询窗口区域满足包含、交叠关系的 MBR 数目都是 1，下图中与灰色查询窗口区域满足包含、交叠关系的 MBR 数目分别是 0 和 2；但是这两种情况的 CD 和 Euler 直方图却相同，如图 11-11（b）和（c）。

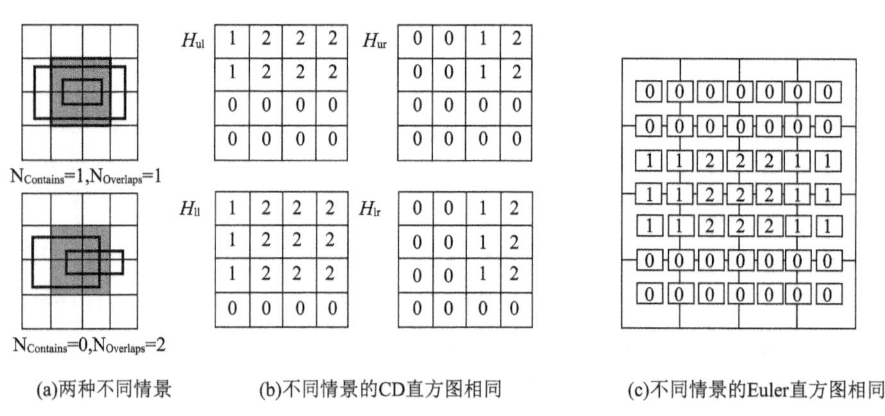

图 11-11　两种不同情景具有相同的 CD 和 Euler 直方图（Sun 等，2002）

在欧拉直方图的基础上，Sun 等（2002）对查询窗口 Q 和数据集 S 中的对象间的相离（ST_Disjoint）、交叠（ST_Overlaps）、包含（ST_Contians）和包含于（ST_Within）关系做了研究，先后提出了 S-EulerApprox 和 EulerApprox。在近似算法中，均假设满足 ST_Equals 关系的数目为 0，即认为查询窗口与空间对象的 MBR 间不存在相等关系。在实际应用中，查询窗口与空间对象的 MBR 存在相等（ST_Equals）的概率很小，故该假设是合理的。

在 S-EulerApprox 算法中，它还假设满足 ST_Contains 关系的空间对象数目为 0，即认为查询窗口足够大，不存在比它还大的空间对象；故 S-EulerApprox 的准确度与包含查询窗口的空间对象数和穿越查询窗口的空间对象数有关。当数据集中较小的空间对象占大多数时，该算法精度较高。但当数据集中有大量的较大空间对象，或者查询窗口相当小时，S-EulerApprox 算法的假设就不再有效，即被包含关系的空间对象数目不再为 0。于是就设计了 EulerApprox 算法。但是 EulerApprox 在估算空间对象的内部与查询窗口外部相交的空间对象数时，若查询窗口较大，会忽略了大量与查询窗口左边相交的小对象，导致误差较大。

（3）闭 Euler 直方图

陈海珠（2004）指出，当空间对象的边界与查询窗口分割线部分重合时，用欧拉公式计算也会出现统计错误，即欧拉直方图的边界问题。产生错误的原因是：欧拉直方图对格网顶点、格网边和格网单元分别计数，由于格网单元不包含边界、边不包含端点，因此在对格网单元和格网边对应的桶计数时这些桶是开的。为避免该问题，陈海珠等提出了闭欧拉直方图统计方法，即在原来欧拉直方图基础上修改空间对象边界与查询窗口分割线部分重合时相应桶的统计方法，将格网单元和格网边对应的桶视为闭的。

5. PH 直方图

CD、Euler 直方图在进行空间连接操作的选择率估计时，常常将一个数据集作为基本数据，另一个作为查询窗口。这样，空间连接操作的结果集的元组数就是所有查询窗口选择率估计值的总和。若作为查询窗口的数据集的数据量不大，系统计算空间连接选择率的估计开销还可忍受；若其数据量较大，则这种开销是不可忽视的。

Walid 等提出了 PH（parametric histogram）算法（Aref and Samet., 1994）。PH 直方图的基本思想是：将数据 DS_k 所在的空间进行均匀的格网划分，对于每个格网单元 cell（i, j），记录 $Cont_k$（i, j）和 $Isect_k$（i, j）两个值，其中，$Cont_k$（i, j）是数据集 k 中空间对象 MBR 位于 cell（i, j）内的数目；$Isect_k$（i, j）是数据集 k 中空间对象 MBR 与 cell（i, j）相交的数目。对于任意两数据集 DS_1 和 DS_2，每个格网单元 cell（i, j）的选择率估计有四种情况：（a）$Cont_1$ 和 $Cont_2$ 相交；（b）$Cont_1$ 和 $Isect_2$ 相交；（c）$Cont_2$ 和 $Isect_1$ 相交；（d）$Isect_1$ 和 $Isect_2$ 相交。对于上述的四种情况（S_a, S_b, S_c, S_d），可根据公式 11-3 到公式 11-6 计算选择率。

$$S_a(i,j) = \mathrm{Num}_1(i,j)\times \mathrm{Cov}_2(i,j) + \mathrm{Num}_2(i,j)\times \mathrm{Cov}_1(i,j) + \mathrm{Num}_1(i,j)\times \mathrm{Num}_2(i,j)\times \frac{\mathrm{Xavg}_1(i,j)\times \mathrm{Yavg}_2(i,j) + \mathrm{Yavg}_1(i,j)\times \mathrm{Xavg}_2(i,j)}{\mathrm{Areacell}} \tag{11-3}$$

$$S_b(i,j) = \mathrm{Num}_1(i,j)\times \mathrm{Cov}_2(i,j) + \mathrm{Num}_2(i,j)\times \mathrm{Cov}_1(i,j) + \mathrm{Num}_1(i,j)\times \mathrm{Num}_2(i,j)\times \frac{\mathrm{Xavg}_1(i,j)\times \mathrm{Yavg}_2(i,j) + \mathrm{Yavg}_1(i,j)\times \mathrm{Xavg}_2(i,j)}{\mathrm{Areacell}} \tag{11-4}$$

$$S_c(i,j) = \mathrm{Num}_1(i,j)\times \mathrm{Cov}_2(i,j) + \mathrm{Num}_2(i,j)\times \mathrm{Cov}_1(i,j) + \mathrm{Num}_1(i,j)\times \mathrm{Num}_2(i,j)\times \frac{\mathrm{Xavg}_1(i,j)\times \mathrm{Yavg}_2(i,j) + \mathrm{Yavg}_1(i,j)\times \mathrm{Xavg}_2(i,j)}{\mathrm{Areacell}} \tag{11-5}$$

$$S_d(i,j)=\frac{\mathrm{Num}_1(i,j)\times\mathrm{Cov}_2(i,j)+\mathrm{Num}_2(i,j)\times\mathrm{Cov}_1(i,j)+\mathrm{Num}_1(i,j)\times\mathrm{Num}_2(i,j)\times\mathrm{Xavg}_1(i,j)\times\mathrm{Yavg}_2(i,j)+\mathrm{Yavg}_1(i,j)\times\mathrm{Xavg}_2(i,j)}{\mathrm{Areacell}} \quad (11\text{-}6)$$

其中，Areacell 是一个 cell 的面积，Num_k（i, j）是数据集 k 中空间对象 MBR 位于 cell（i, j）中的数目[即 Cont_k（i, j）]，Cov_k（i, j）是 Cont_k（i, j）中 MBR 面积的总和与 Areacell 的比率；Xavg_k 是 Cont_k（i, j）中 MBR 的平均宽度；Yavg_k 是 Cont_k（i, j）中 MBR 的平均高度；Num_k（i, j）是数据集 k 中空间对象 MBR 与 cell（i, j）相交的数目[即 Isect_k（i, j）]；Cov_k（i, j）是 Isect_k（i, j）中 MBR 与 cell（i, j）相交面积的总和与 Areacell 的比率；Xavg_k（i, j）是 Isect_k（i, j）中 MBR 与 cell（i, j）相交的平均宽度；Yavg_k（i,j）是 Isect_k（i,j）中 MBR 与 cell（i,j）相交的平均高度。

在以上四种情况的基础上，Walid 等用公式 11-7 来估计空间连接操作的选择率（这里首次提到了空间查询的另一个更复杂的重要操作）。由于上述四种情况中，只有 S_d（i, j）可能引起重复计数问题。为了对重复计数进行修正，可以将 S_d（i, j）除以 $\mathrm{AvgSpan}_1$ 和 $\mathrm{AvgSpan}_2$ 的平均值；但这只能起到近似的作用。

$$S=\sum S_a(i,j)+\sum S_b(i,j)+\sum S_c(i,j)+\sum S_d(i,j)\Big/\left((\mathrm{AvgSpan}_1+\mathrm{AvgSpan}_2)/2\right) \quad (11\text{-}7)$$

其中，$\mathrm{AvgSpan}_k$ 是数据集 k 中空间对象 MBR 跨越格网单元（cell）边界的平均格网单元数。

这些公式背后的基本思想是：将跨越多个格网单元的 MBR 分解为更小的 MBR，然后在适当的单元格内处理这些 MBR。尽管该算法的时间和空间开销很小（几乎可以忽略不计），但保证其估计精度的前提是：数据在整个空间范围内是均匀分布的。一旦背离了这一假设，该估计将会带来很大的误差。

6. GH 直方图

GH（geometric histogram）直方图是另一种支持空间连接选择率估计的直方图。An 等（2001）发现：当两个矩形相交时，它们的相交区域仍然是个矩形，具有四个角点（也称之为相交点）。每个相交点可能是以下两种情况中的一种：①一个 MBR 的角点落入另一个 MBR（图 11-12 中，案例 1～4，都有两个这样的点；同理，案例 7～10 有两个点；案例 11～12 有四个点）；②一个 MBR 的水平线与另一个 MBR 的垂直线相交（图 11-12 中，案例 1～4，均有两个这样的点；案例 5～6 有四个点；案例 7～10 有两个点）。如果能精确地估计两个数据集间有多少个相交点，然后除以 4 就可以得到空间连接的选择率。于是 An 等（2001）提出了一种新的方法——GH 直方图。

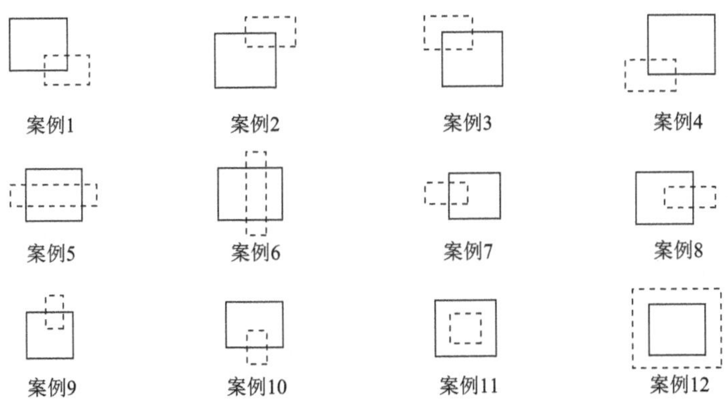

图 11-12　两个矩形相交的情况（An 等，2001）

GH 建立直方图文件（histogram file）的方法同 PH。对每个格网单元 cell（*i, j*），我们需要记录以下信息：①V_k（*i,j*）表示有多少条 MBRs 的垂直边通过 cell（*i, j*）；②H_k（*i, j*）表示有多少条 MBRs 的水平边通过 cell（*i, j*）；③I_k（*i, j*）表示有多少个 MBRs 与 cell（*i, j*）相交；④C_k（*i, j*）表示有多少个 MBRs 的角点落入 cell（*i, j*）。这样，两个数据集 *a* 和 *b* 相交点的数目可以用公式 11-8 估计，其中，前两项是计算两个 MBR 的边彼此相交的相交点；后两项是计算一个 MBR 的角点落入另一个 MBR 中的相交点。

$$Nab = \sum(Ca(i,j)\times Ib(i,j)+Ia(i,j)\times Cb(i,j)+Va(i,j)\times Hb(i,j)+Ha(i,j)\times Vb(i,j)) \quad (11\text{-}8)$$

例如，在图 11-13 中，利用 GH 直方图提供的公式来计算 *a* 和 *b* 的相交点的结果为 4，再除以 4 便得到空间连接的选择率为 1。GH 作者研究发现，GH 比 PH 具有更高的选择率估计精度。

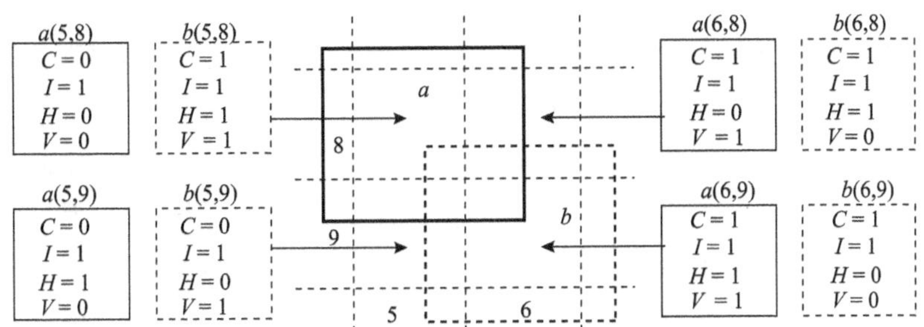

图 11-13　GH 直方图示例（An et al.，2001）

7. PostGIS 直方图

据目前有关资料显示，只有开源数据库 PostGIS 中实现了空间直方图，但其他数据库中尚未实现基于空间直方图的选择率估计。PostGIS 直方图（PostGIS-1.3.5 版本,源码可参见\postgis-1.3.5\lwgeom\lwgeom_estimate.c）是用一张二维空间直方图粗略统计落入格子的空间对象 MBR 的个数。对于图中的每一个空间对象，其具体创建步骤为，读取空间对象的 MBR，若对象 MBR 与格子相交的面积大于格子面积的 5%，则将此格子的计数器加 1。

在选择率估计时，首先确定查询区域在空间直方图上所覆盖的格子范围，再依次求出该查询区域覆盖各格子面积的百分比，最后，利用各格子所覆盖面积的百分比乘以各格子的统计值（即计数值），并求和得到查询区域的选择率估计。可见，PostGIS 的直方图也存在严重的重复计数问题，故估计准确率很差。经实验发现：其选择率估计误差通常都在正的 15%以上。

8. 累计 AB 直方图

CD 直方图和 Euler 直方图能较好地解决重复计数问题，但难以解决精细拓扑谓词选择率估计、空间直方图推演等问题。我们认为 CD 直方图和 Euler 直方图是将空间对象转换为点来统计和存储，从而打破了空间对象的完整性，导致难以根据空间直方图推出空间对象的分布状态，因此难以进行更精确的计算和推理。例如，图 11-11（a）的两种不同的空间分布情景对应相同的 CD 直方图[图 11-11（b）]和 Euler 直方图[图 11-11（c）]。我们可以很容易地将空间对象打破为点，转换为相应的直方图；但是从已无空间完整性的直方图中，就难以分辨空间对象的分布情景，给精细拓扑谓词选择率估计、空间直方图推演带来了困难。

针对上述理解，我们提出了 AB 直方图（Anular Bucket histogram）。AB 直方图保持了空间对象 MBR 的整体性，使得空间推理相对容易。与其他空间直方图类似，AB 直方图也是将数据空间划分为相等大小的网格，也是用空间对象的 MBR 代替空间对象本身。不同之处在于我们不是简单地将一个个网格视为桶，而是将网格组成的环形区域视为桶，统计落入环形桶内的 MBR 的个数。以图 11-14（a）为例，图中 8 个空间对象的 MBR 分别落入到环形桶 A、B、C、D 中，其 AB 直方图如图 11-14（b）。直方图中的每个“桶”都记录了环形区域左下网格和右上网格的空间坐标，根据这些坐标信息和环形桶内几何对象均匀分布的假设，不难推理出 8 个对象的空间分布状态，也不难推理出几何对象与查询窗口满足不同拓扑关系的查询选择框。虽然推演出的空间分布状态与实际的空间分布可能仍存在细微差距，但是已经十分接近原始的空间分布。

AB 直方图记录了空间对象作为一个整体的位置分布状态，因此，也可用于空间位置关系和方位关系的选择率估计中，也能扩展到三维空间查询的应用中。由于环形桶的形状较为复杂，在实际的应用中环形桶的数据可能比较多。如果每次选择率估计都要挨个找出相关的桶，并推算出选择率，会产生大量的时间消耗。为了提高选择率的估算速度，我们提出累计 AB 直方图。累计 AB 直方图无需遍历各个桶，仅根据累计稀疏矩形中的数值简单加减得到，其计算复杂度与 AB 直方图内桶的个数无关，时间复杂度是 O（1），详见（Cheng et al.，2013；程昌秀和宋晓眉，2016）。

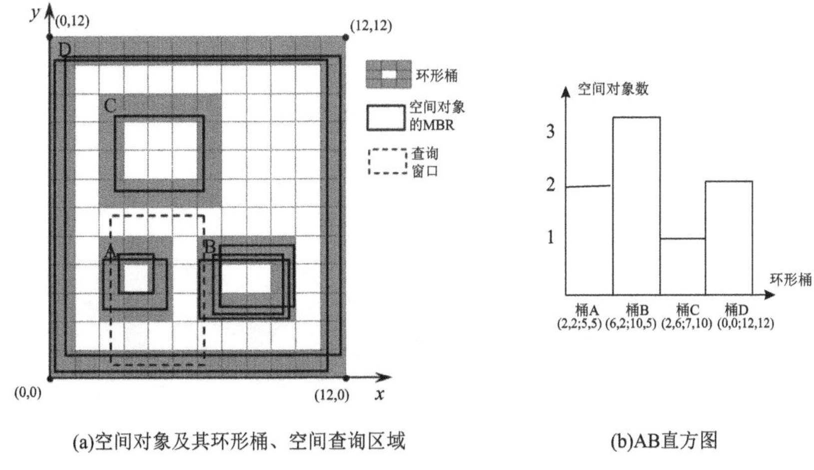

(a)空间对象及其环形桶、空间查询区域　　(b)AB直方图

图 11-14　空间数据样例及其 AB 直方图（Cheng 等，2013）

累计 AB 直方图具有如下优势：①不仅能较好地支持图 8-11 中第 1 个层次拓扑谓词的空间选择操作的选择率估计，还支持更精细拓扑谓词、其他空间（方位、度量）谓词以及复合空间谓词（由多个空间谓词复合而成）的选择率估计。②不仅支持空间选择的选择率估计，还支持各类空间谓词的连接选择率估计。③支持基于查询结果集直方图的快速生成（转换）方法，因为查询结果集空间直方图的生成对更高层空间操作节点的选择率估计有重要的意义。

9. 小结

空间直方图法具有数据基础较好、适用范围较广、系统开销较低的特点。空间直方图法充分考虑数据的空间分布特征，具有较好的数据基础；其次，它是基于预存储的空间数据的概略表达及相应计算公式进行估计，不会造成太高的系统开销；最后，它不受有无空间索引的影响，比基于索引法的选择率估计具有更广的适用性。

【练习题】

1. 简述空间查询处理流程。
2. 简述常见的两种空间查询代价评估方法。
3. 简介各种空间直方图的优缺点与适用范围。
4. 思考空间查询优化与普通的属性查询优化的不同之处。

近年，新一代信息技术的不断发展促进了地理信息行业时空大数据采集、处理、存储、分析等相关服务的高速发展，同时也催生了系列时空大数据的新技术、新方案，服务于地理时空大数据的存储与分析。

第 12 章　地理时空大数据的新技术和新方案

12.1　分布式数据存储技术

随着计算机和信息技术的迅猛发展，行业应用系统的规模迅速扩大，行业应用所产生的数据量呈爆炸式增长，动辄达到数百 TB 甚至数百 PB 的规模，已远远超出传统计算技术和信息系统的处理能力，集中式数据库面对大规模数据处理时逐渐表现出其局限性。

分布式数据库是在集中式数据库的基础上发展起来的，是计算机技术和网络技术结合的产物。分布式数据库是指数据分布存储在不同的物理节点上，而逻辑上是一个统一的整体。物理上分布是指数据分布在物理位置不同并由网络连接的计算机节点或站点上；逻辑上统一是指各数据库节点在逻辑上是一个整体，并由数据库管理系统统一管理。分布式数据库具有透明、数据冗余、易于扩展、自治等特点，还具有硬件成本低、性能优越、响应速度更快、灵活的体系结构、易于集成现有系统等特点。分布式数据库尽管有着天生的高贵血统，但它依赖网络，对事务的处理远没有集中式数据库成熟，很长一段时间内分布式数据存储与集中式数据存储共存。

12.1.1　关系型分布式技术（Postgres-XL）

1. Postgres-XL 的体系结构

Postgres-XL（PGXL）是以 PostgreSQL 为底层节点，提供透明的大规模并行计算和写入性能线性扩展的分布式开源数据库。其名字中的 XL 是 eXtensible Lattice，形象地表达了分布在不同机器上数据库可以作为“格子”，实现 PGXL 的横向扩展。PGXL 的体系结构如图 12-1，有 GTM（全局事务管理器）、coordinator（协调器）和 data node（数据节点）三种角色的节点。这里需要注意，load balancer 组件并不属于 PGXL 集群本身，需要其他负载均衡工具实现。

GTM 用于保证集群数据的一致性，它与 coordinator 节点和 data node 节点不断通信，是整个集群的核心。图 12-1 中给出了一个 GTM，实际应用中也可以增加一个 GTM 备份（GTM Standby）节点。当 GTM 出现故障时，可以切换到 GTM standby。当然，若部署了 GTM Standby，同时也需部署 GTM proxy，通常它和 coordinator、data node

部署在同一服务器上。GTM 节点发生故障后，GTM standby 成为新的 GTM，此时 coordinator 和 data node 节点并不需要重新指定 GTM 地址，只需要 GTM proxy 重新连接到新的 GTM 地址即可。

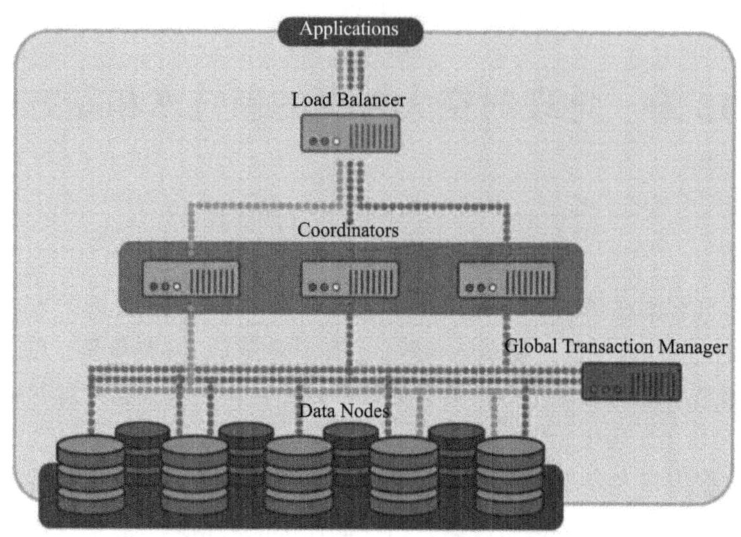

图 12-1　Postgres-XL 的体系结构

（https://www.postgres-xl.org/documentation）

coordinator 节点用于接收数据访问请求。当接收查询指令后，coordinator 节点执行查询计划，然后会根据查询数据涉及的 data node，将查询分发给相关的 data node。写入数据时，也会根据不同的数据分布策略，将数据写入相关节点。可以说 coordinator 节点保存着集群的全局数据位置。coordinator 节点可以任意扩展，各个节点之间除了访问地址不同外，其它都是完全对等的，通过一个 coordinator 节点更新的数据，在另一个 coordinator 节点上立刻就可以查到。为了避免单点故障，每个 coordinator 节点也可以配置一个对应的 coordinator 备份节点。

data node 是实际存取数据的节点，接收 coordinator 的请求并执行 SQL 语句存取数据，data node 之间也会互相通信。通常一个 data node 上的数据并不是全局的，data node 不直接对外提供数据访问。表数据在 data node 上有复制和分片两种分布模式。复制模式是指一个表的数据在指定的 data node 上存在多个副本；分片模式是指一个表的数据按照一定的规则分布在多个 data node 上，这些 data node 共同保存一份完整的数据。

2. Postgres-XL 优缺点

通过上述节点的协同，使 PGXL 具备了数据物理分布与逻辑统一的能力。目前，PGXL 适用于 OLAP（online analysis processing），即数据湖、BI（business intelligence）等数据分析业务；但不建议用于 OLTP，因为在事务的并发、数据的一致性管理方面，PGXL 尚存不足。这是由分布式数据库事务处理能力差的先天不足所导致。

12.1.2　分布式文件数据库（MongoDB）

MongoDB 是基于分布式文件存储的数据库，介于关系型数据库和非关系型数据库之间，是 NoSQL（not only SQL）数据库中功能最丰富、最像关系数据库的产品，在许多场景下可以替代传统关系型数据库和 key-value 数据库。

1. MongoDB 的非关系模式

为了提高数据库系统的效率、扩展性和易用性，MongoDB 团队决定创建一个仅用于处理文档（而不是“行”）的数据库，但不支持事务、ACID 兼容性等概念。这是根据 MongoDB 的目标“简单、快速和可扩展”，做出的权衡之计。一旦不支持这些重量级特性，数据库则可轻松实现水平扩展。MongoDB 放弃了对事务的支持，也就无法用于 OLTP。因此有些应用中会出现 RDBMS 与 MongoDB 联合使用的情况，RDBMS 负责 OLTP，MangoDB 负责文档管理。此外，MangoDB 非常适合非结构化地图瓦片数据的管理；同时，MongoDB 强调数据库应该具有多个副本，方便出现故障时轻松切换。

MongoDB 采用自包含的 BSON 格式存储数据，即相关的数据存储在一起；而各个文档间没有联系，即一项任务需要的所有数据存储在一起。MongoDB 的查询是在文档中寻找特定的键和值，因此其查询可以轻松地扩散到所有可用的服务器上。每台服务器都执行查询，并返回结果。因此，MongoDB 的可扩展性和执行效率的提升几乎是线性的。

2. MongoDB 分片

MongoDB 支持分片，允许将数据分散到多台机器中，每台机器负责更新数据集的不同部分。分片集群的优势是在不更改任何应用程序代码的情况下，通过添加额外的分片就可以增加部署的资源；而非分片的数据库只能通过垂直缩放，即添加更多的内存/CPU/磁盘提升资源，这样系统很快就会变得非常昂贵。分片部署也可以垂直缩放，但更重要的是，它们可以根据需求横向扩展：一个分片集群可以包含更多、能买得起的商用台式机，而不是几个价格非常昂贵的服务器。

对于涉及大规模部署的应用，自动分片可能是 MongoDB 最重要和最常用的特性。在自动分片场景中，MongoDB 将处理所有数据的分割和重组，保证数据正确地分布在服务器上，并以最高效的方式运行查询和重组结果。事实上，从开发者的角度看，使用含有数百个分片的 MongoDB 和使用单个 MongoDB 并没有区别，因此 MongoDB 很容易实现从单实例到多实例的扩展。

3. MongoDB 强大的聚合工具

除了提供丰富的查询功能外，MongoDB 还提供强大的聚合工具，如 COUNT、GROUP 等，也支持使用 MapReduce 的 Map 和 Reduce 函数。Map 函数用于查找所有符合条件的文档，然后将这些结果传递给 Reduce 函数处理。不过 Reduce 函数并不会返回一个文档的集合，而是一个新文档，其中包含衍生出的信息。在 MangoDB 中 Map、Reduce 函数的使用类似在 SQL 中使用 SELECT-WHERE GROUP BY。

4. MongoDB 与空间数据

MangoDB 的数据结构非常松散，非常适合存储非结构化、且很少用到 SQL 的地图瓦片。MongoDB 也支持点、线、面等矢量数据的存储，其内置的 spatial 扩展还支持空间索引和空间查询等功能。

12.1.3 ElasticSearch

对于结构化数据，通常采用 RDBMS 的表和索引技术进行存储和搜索。对于非结构化数据，则通常采用顺序扫描、全文检索的方式进行搜索。Apache 的 Lucene 产品因为其倒排索引的检索技术，成为全球最好的全文检索引擎开源工具包。Solr 和 ElasticSearch（ES）都是基于 Lucene 且较成熟的全文搜索引擎，两者的功能和性能也基本相同。但 ES 本身就具有分布式、易安装、易使用的特点，而 Solr 则需要借助第三方软件（例如 ZooKeeper）才能实现分布式协调管理。由于 ES 本身就是一个能为所有类型数据提供近实时的分布式搜索和分布式分析的引擎；它不仅可以进行简单的数据探索，还可以通过汇总信息发现数据中的趋势和模式；随着数据量和查询量的增长，ES 的分布式特性可以使数据库的部署顺畅且无缝增长。

1. 文档和索引

ES 将数据存储为 JSON 格式，而非“行-列”的结构，也属于 NoSQL 数据库。ES 使用倒排索引，支持快速的全文本搜索。倒排索引是一个逻辑命名空间，可以看作是文档的优化集合，每个文档都是字段的集合。倒排索引由文档中所有不重复词的列表构成，对于其中每个词都有一个包含它的文档列表。ES 默认对每个字段的所有数据都建立索引，并且不同的索引字段类型具有不同的索引结构。例如，文本字段存储在倒排索引中，数字、空间字段则存储在 BKD 树中。此外，ES 还支持动态映射，即自动检测并向索引添加新字段；我们可以定义规则来控制动态映射，也可以显式定义映射以完全控制字段的存储和索引方式。

2. 搜索和分析

在搜索方面，ES 提供了一个简单、一致的 REST API，用于管理集群以及建立索引和搜索数据。REST API 支持结构化查询、全文本查询以及两者相结合的复杂查询；其中，结构化查询类似于 SQL，按索引搜索字段，然后按字段对匹配项进行排序；全文本查询是在文档中查找所有与查询字符串匹配的片段，并按相关性排序。

在分析方面，ES 的聚合功能可实现数据复杂摘要的构建，并深入了解关键指标、模式和趋势。聚合与搜索可以采用相同数据结构，因此速度很快，可以实时分析和可视化数据。聚合操作和搜索请求可以同时运行，既可以在单个请求中同一时刻运行，也可以用相同的数据搜索文档，还可以同时过滤结果并执行分析。

3. 可伸缩和弹性

ES 集群通常由一个或多个节点组成，每个集群都有一个集群名作为标识。ES 集群通常有 green、yellow、red 三种状态。green 意味着所有主分片和副本分片都准备就绪，即查询结果数据不会出现丢失。yellow 意味着所有主分片准备就绪，但至少一个主分片对应的副本分片没有就绪；即集群高可用、但容灾能力下降。red 意味着至少有一个主分片没有就绪；即查询结果可能出现数据丢失。

ES 可以按需扩展节点，天生具有分布式的能力。为了增加容量向集群添加节点，需要简单修改应用程序，之后 ES 会自动将数据和查询负载分布到所有可用节点。

4. ES 与 MangoDB

ES 和 MongoDB 两者具有如下共同的特点：①都使用 JSON 定义查询语言；②具备较强的亿级对象数据查询能力；③支持全文检索；④提供基于地理坐标（经纬度）的几何数据空间查询能力；⑤支持批量写入、高并发写入；⑥提供基于集群与分片的横向扩展能力等。

与 MongoDB 相比，ES 在“流”数据存储管理方面存在明显优势，具体体现如下：①在编程 API 方面，ES 比 MongoDB 丰富，它提供 REST API，可以方便地在各种环境下写入数据；②ES 提供了 MongoDB 所没有的服务端扩展的开发能力；③MongoDB 不支持基于地理网格的聚合，ES 则支持基于 GeoHash 的地理网格聚合，可以方便地实现空间聚合；这也是 ES 优于 MongoDB 的一个最重要的能力。

5. ES 与空间数据

ES 高效的 I/O 和索引机制适合管理空间大数据，尤其对空间点状数据的聚合查询有非常突出的性能优势。ES 常用于云计算的应用场景，具有稳定、可靠等特点，可以用于海量、实时、小记录频繁更新的数据存储和处理，并且能够达到实时响应。ES 能够实现对大规模数据的聚类切分，并且通过空间分片索引，提升查询效率。

12.1.4　Hadoop 分布式文件系统（HDFS）

Hadoop 分布式文件系统（Hadoop distributed file system，HDFS）是指被设计成适合运行在通用硬件（commodity hardware）上的分布式文件系统。它和现有的分布式文件系统有很多共同点。但它也有其特有的优势，即 HDFS 是一个高度容错的系统，适合部署在廉价的机器上。HDFS 能提供高吞吐量的数据访问，非常适合大规模数据集的应用。

HDFS 能够很好地与 Spark 技术无缝结合，因此常被视为通用的大数据存储技术方案。在地理大数据中，HDFS 的使用方式主要有两种：一种是直接作为文件系统，将 CSV、JSON 等格式的大文件存储其上，构建基于 HDFS 的空间数据库引擎，支持对所存储空间数据的管理与访问。另一种是作为 Spark 计算引擎的存储方案，使用自定义的二进制格式存储空间数据，并设计和实现空间索引，以高效对接基于 Spark 的分布式空间计算。HDFS、ES 和 Mango DB 一样，对事务的处理远没有集中式数据库成熟，难以支持 OLTP 的应用。

以 Postgres-XL 为代表的数据库可以直接使用自带的空间扩展模块，便捷高效地进行空间数据存储。ES 和 MongoDB 具备原生空间对象类型和空间索引等基础能力，可以直接使用，也可以扩展封装后使用。HDFS 自身并不具备空间存储能力，可以针对其存储模式、索引类型、分片策略等技术，通过自定义扩展的方式实现空间对象和空间索引，以支持超大规模空间数据的分布式存储需要。

12.1.5　列数据库（Hbase）

HBase 是基于 Hadoop 的 Key-Value（键-值）的列（而非行）存储模式；也属于 NoSQL 数据库。HBase 具有超强的扩展性和大吞吐量，即使数据量增大也几乎不会影响查询性能。该技术来源于 Fay Chang 所撰写的 Google 论文“BigTable：一个结构化数据的分布式存储系统”，它能以容错方式存储海量的稀疏数据。Hbase 的目标是在廉价、可扩展的硬件设备上，托管数十亿行和数百万列级别及以上的超大表对象。它支持水平扩展和自动表分片，支持不同区域服务器之间的自动故障转移。

1. HBase 的优缺点

HBase 作为一种数据存储产品，具有如下优点：①当传统关系数据库数据结构发生变化时，通常需要停机维护，而且需要修改表结构；而 HBase 数据表内的列在不停机的情况下可以动态增加，并且列为空的时候可以不占存储空间。②HBase 适合存储 PB 级的海量数据，即使只采用廉价 PC 来存储，也可以在几十到一百毫秒内返回查询结果；这与 HBase 的强扩展性密切相关。③传统关系数据库无法应对在数据规模剧增时导致的系统扩展性问题和性能问题；而 HBase 可以做到自动切分数据，并且会随着数据的增长自动拆分和重新分布。④HBase 可以提供高并发的读写操作，而且可以利用廉价的计算机来处理超过十亿行的表数据。⑤HBase 具有可伸缩性，若当前集群的处理能力明显下降，可以增加集群的服务器数量来维持甚至提高处理能力。

当然 HBase 也有其不可避免的不足：①不支持条件查询，只支持按照 RowKey（行键）的方式查询，即只能按照主键查询；这样在设计 RowKey 时，就需要设计出符合业务查询的完美方案。②不支持连接查询、聚集分析，若想实现 GROUP BY 或者 ORDER BY 时，要编写很多的代码来实现。③HBase 不能支持 Master（主）服务器的故障切换，当 Master 宕机后，整个存储系统会崩溃。④不支持 SQL 语句。

2. HBase 的应用场景

HBase 常见的应用场景主要有：①数十亿行和数百万列级别及以上的超大表对象。若单表记录数只有百万的数量级或者更少，建议考虑关系数据库，而非 HBase；若单表记录数超过千万或者有十亿、百亿的数量级，且伴有较高并发的存取需求，则可以考虑使用 HBase，即可以充分利用分布式存储系统的优势。②数据分析需求不高的情景。虽然说 HBase 是一个面向列的数据库，但是它与真正的列式存储系统（比如 Parquet、Kudu 等）又有所区别，再加上自身存储架构的设计，使得 HBase 不擅长做数据分析。因此，若应用需要做数据分析，比如做报表，则不建议使用 HBase。③基于主键的实时查询的情景。HBase 是一个 Key-Value 数据库，默认对 RowKey 做了索引优化，所以即使数据量非常庞大，根据 RowKey 查询的效率也会很高。但是，如果还需要根据其他条件进行查询，则不建议使用 HBase。④基本没有多表连接查询的情景。HBase 与其他 NoSQL 产品一样，不能进行表连接查询等操作；若应用需要事务支持、复杂的关联查询，则不建议使用 HBase。

12.1.6　上述技术的特点与 GIS 应用场景

针对空间数据的应用情景，图 12-2 总结了上述分布式存储技术的特点与适用范围，便于根据需求选型。

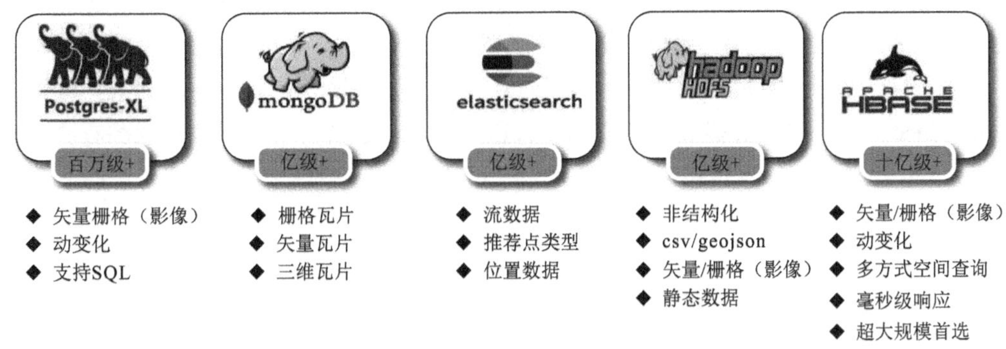

图 12-2　分布式产品的特点和 GIS 应用场景（修自超图公司培训 PPT）

12.2　分布式计算框架

分布式计算是计算机科学的重要研究方向；它研究如何将算力要求高的问题分解成许多小的部分，然后把这些部分分配给多个计算机处理，最后再把这些计算结果综合起来得到最终的结果。GIS 作为数据密集型和计算密集型并重的应用，迫切需要与分布式计算融合，一方面可以大幅提升计算性能，另一方面方便进行水平扩展，支撑不断激增的超大规模数据的高效处理。

“分而治之”是处理大规模数据的常用思路，是对相互间无计算依赖关系的计算，通过分布式实现并行处理，提高处理效率。例如，传统以消息传递接口（MPI）为代表的并行计算缺少统一的计算框架。但是 MPI 在使用时需要考虑数据的存储、划分、分发、结果收集、错误恢复等诸多细节；因此开发复杂，维护不易。

Hadoop MapReduce 和 Apache Spark 是两种新型的分布式计算框架。GIS 要想利用其分布式计算能力，就必须进行两个方面的改进：一方面，需要梳理原有基于 C 和 C++的空间算子，并提供原子级接口供计算框架使用；另一方面，需要根据计算框架提供的 API，将 GIS 空间分析算法进行重构，即利用计算框架 API 重新研发。

12.2.1　Hadoop MapReduce

Hadoop 是一个由 Apache 基金会研发的分布式系统基础架构，包括 HDFS 分布式存储技术和 MapReduce 分布式计算框架。MapReduce 合并了两种经典函数：Map 过程和 Reduce 过程。Map 函数用于数据元素间进行一对一的映射或转换过程，例如，截取、过滤、转换等，这些一对一的转换就是映射（Map）；Reduce 则主要用于元素的聚合，即遍历多个元素返回一个综合后的值，如 Sum、Count 等。

尽管 MapReduce 极大简化了大数据分析，但随着需求和使用模式的扩大，用户需求越来越多：①更复杂的多重处理需求（比如迭代计算、ML、Graph）；②低延迟的交互式查询需求（比如 ad-hoc query）。而 MapReduce 计算模型的架构导致上述两类应用先天缓慢，用户迫切需要一种更快的计算模型，以弥补 MapReduce 的先天不足。

MapReduce 是 Hadoop1.0 的核心，尽管 Apachach Spark 的出现慢慢替代了 MapReduce，但目前还有很多应用依赖它，因此 MapReduce 不是一个独立的存在，已经成为 pig、Hive 等产品生态系统中不可替代的部分。

12.2.2　Apachach Spark

Spark 是加州大学伯克利分校 AMP 实验室（Algorithm，Machines and People Lab）研发的通用大数据处理框架，是一个快速的通用集群计算系统，包括提供 Java、Scala、Python 和 R 语言的高级 API，以及一个经过优化的支持通用性执行流程图的引擎。它还包含一组丰富的高级工具，包括用于 SQL 和结构化数据处理的 Spark SQL、用于机器学习的 MLlib、用于图计算的 GraphX 和用于流数据计算的 Spark Streaming。

Spark 拥有 Hadoop MapReduce 所具有的优点；但不同之处在于：Spark 的中间输出结果可以保存在内存中，不再需要读写 HDFS，故 Spark 能更好地适用于数据挖掘与机器学习等需要迭代的算法。

12.3　分布式存储、分布式计算的典型地理应用

下节结合谷歌地球和流数据两个应用案例，进一步复习和体会上面介绍过的一些分布式存储和分布式计算的技术方案。

12.3.1　谷歌地球（Google Earth，GE）

谷歌地球（Google Earth，GE）是一款谷歌公司开发的虚拟地球软件，它把卫星照片、航空照相和 GIS 数据叠置在一个三维地球上。GE 于 2005 年向全球推出，被《PC 世界杂志》评为 2005 年全球 100 种最佳新产品之一。用户可以通过下载安装一个客户端软件，免费浏览全球各地的高清晰度卫星图片。

1. GE 的分布式存储技术

GE 采用了 BigTable 和 Sharding 两种分布式存储技术。Google 的数据中心为了更好地存储和利用 PB 级以上的网页或地理数据等非结构化数据，研发了名为“BigTable”的数据库系统。BigTable 是典型的 NoSQL 数据库，不支持连接等高级 SQL 操作，而是一种向大规模处理、错性强的多级映射数据结构，拥有 TB 级的内存和 PB 级的存储能力，并每秒可以处理数百万的读写操作。BigTable 正在为谷歌公司 Google Print、Orkut、Google Maps、Google Earth 和 Blogger 等 60 多种产品和项目提供数据支撑。目前，谷歌公司至少运行着 500 个 BigTable 集群。随着谷歌公司内部服务需求的不断提高和技术的不断发展，早期的 BigTable 也遇到了一些瓶颈，而谷歌公司也正在开发下一代 BigTable，名为 Spanner（扳手），它增加了一系列早期 BigTable 难以支持的特性，例如，①支持 table、familie、group、coprocessor 等多种数据结构；②基于分层目录和行的细粒度复制和权限管理；③支持跨数据中心的强一致性和弱一致性控制；④基于 Paxos 算法的强一致性副本同步，并支持分布式事务；⑤提供许多自动化操作；⑥强大的扩展能力，支持百万台服务器级别的集群；⑦用户可以自定义诸如延迟和复制次数等重要参数以适应不同的需求。

Sharding 就是分片的意思，虽然非关系的 BigTable 在谷歌公司具有非常重要的地位，但面对传统 OLTP 应用时，谷歌还是沿用 MySQL 等传统关系数据库技术。由于谷歌需要面对的流量巨大，所以他们在数据库层采用了水平扩展（scale out）的 Sharding 解决方案。Sharding 是对传统垂直扩展（scale up）分区模式的改进，主要通过时间、范围和面向服务等方式，将大型数据库分成多片，并且这些数据片可以跨越多个数据库

和服务器实现水平扩展。Sharding 技术具有如下优点：①扩展性强：在谷歌生产环境中，已经有支持上千台服务器的 MySQL 分片集群；②吞吐量惊人：通过巨大的 MySQL 分片集群能满足巨量的查询请求；③全球备份：无论是在一个数据中心还是在全球范围，谷歌都会对 MySQL 的分片数据进行备份，这样不仅能保护数据，而且方便扩展。

2. GE 的分布式计算技术

GE 采用了 MapReduce 和 Sawzall 两种分布式大规模数据处理技术。在谷歌数据中心会有大规模数据需要处理，例如，用网络爬虫（web crawler）抓取的大量网页。由于这些数据多是 PB 级，导致处理工作不得不尽可能的并行化。为解决这个问题，谷歌引入 MapReduce 框架。Map 函数会先对由很多独立元素组成的逻辑列表中的每一个元素进行指定的操作，且原始列表不会被更改，会创建多个新的列表来保存 Map 的处理结果。这就意味着，Map 操作是高度并行的。当 Map 函数完成后，系统会先对新生成的多个列表进行清理（shuffle）和排序，再对这些新创建的列表进行 Reduce 操作，即对一个列表中的元素根据 Key 值进行适当的合并。MapReduce 的编程模型不仅能用于处理大规模数据，而且能将自动并行化、负载均衡和机器宕机处理等繁琐的细节隐藏起来，极大简化了程序员的开发工作。Yahoo 也推出 MapReduce 的开源版本，目前相关技术已在业界大规模使用。

Sawzall 可理解为：构建在 MapReduce 之上采用类 Java 语法的 DSL（domain-specific language）或分布式的 AWK（一个优良的文本处理工具，是目前 Linux 及 Unix 环境中功能最强大的数据处理引擎之一）；主要用于对大规模分布式数据进行筛选和聚合等高级数据处理操作。在实现上，主要是通过解释器将其转化为相对应的 MapReduce 任务。除了 Google 的 Sawzall 之外，yahoo 推出了相似的 Pig 语言，但其语法类似于 SQL。Google Earth Engine（GEE）近期也开始尝试用 SQL 分析遥感影像（Ankur and Chad，2020）。

12.3.2 流数据的空间应用

大数据时代，数据可以分为静态数据和流数据，静态数据是指很长一段时间内不会变化、且一般不随运行而变化的数据。流数据是一组顺序、大量、快速、连续到达的数据序列，一般情况下数据流可被视为一个随时间延续而无限增长的动态数据集合。这些数据通常包含时间、位置、环境和行为等内容，这些数据不仅格式复杂、来源众多，而且数据量巨大，这对实时计算提出巨大挑战。典型的流数据有监控摄像头采集的视频数据、GNSS 数据、车船轨迹数据、手机信令数据、水文记录仪采集的水文监测数据等。

结合流数据的特点，流数据处理系统通常采用分布式架构，采用从接收、处理到输出、存储的持续计算模式。

1. 流数据的分布式存储

在数据管理方面，流数据应用通常需要支持高并发写入、支持亿级以上对象的高效查询、支持良好的横向弹性扩展，支持动态分析等；同时，由于流数据是一次性写入，通常不涉及多表关联、同步更新等事务需求，查询也多为单表内部查询，故可以降低事务管理的需求。鉴于上述情况，流数据通常采用 ElasticSearch 实现分布式存储。

2. 流数据的分布式计算

除分布式存储外，更重要的是需要实现持续且不间断的计算与处理，支持业务的高效运转。例如，网约车派单系统要求根据乘客的上车地点和可以接单车辆的实时位置等数据实时计算并选择最优的车辆派单。又如，公共安全管理系统要求能够实时计算热门区域的人流情况，及时部署限流措施，避免人流过于密集引起踩踏事件。每个行业的流数据处理系统，都需要对数据处理的多个环节设计技术方案。

Spark Streaming 是实现流数据处理的更优计算框架，其显著优势是对流数据和存档数据采用统一的 RDD 处理模型。面向大批量存档数据的 RDD 编程模型可以无缝地在 Spark Streaming 中使用。这使得面向批处理的大数据分析业务和面向流数据的处理系统可以在一个技术框架内完成，简化了流数据技术方案。Spark Streaming 通过微批次架构，将流数据处理看作一系列连续的小规模的数据批处理。流数据处理的过程分为数据输入、流处理和数据输出三部分。数据输入是第一步，是外部流数据进入流数据处理系统的入口；涉及数据接收与数据解析两大功能。流处理是第二步；Spark Streaming 预定义了 Socket、HDFS 等数据接收方式，同时，也可以通过扩展，支持特定格式和特定传输方式的数据接收与解析，以扩充系统的数据接入能力。数据输出是最后一步，即外部系统对流数据处理结果的接收。

12.4　小　　结

关系 SQL 数据库经历了半个多世纪的演进，具有良好的实践和实际场景的验证。它们专为可靠事务和随机查询的应用而设计，是当今大多数业务系统的基石。但严格的数据模型又限制了它们的应用。为克服这些限制，NoSQL 数据库基本以损失 OLTP 为代价，实现了数据库在数百或数千台服务器上的水平扩展。

目前，SQL 和 NoSQL 数据库的差异随着时间推移正逐步消失。现在已有许多 SQL 数据库支持 JSON 文档数据及其相关的查询；甚至有些已经对 JSON 文档进行规范，可以像传统的行列数据一样处理它。此外，NoSQL 数据库也正逐渐添加类似 SQL 的查询语言，添加传统 SQL 数据库的其他特性，例如 MongoDB 就已经开始尝试提供完整的 ACID 属性。尽管如此，未来较长一段时间，SQL 和 NoSQL 数据库仍会在各自的领域发挥作用。NoSQL 数据库在设计灵活性、水平可扩展性和高可用性等方面更强；而 SQL 数据库适合读取一致性和其他保护措施更重要的场景中，此时 SQL 提供的保护要胜过 NoSQL 提供的方便。但长远看来，新一代数据库系统将跨越范式并提供 SQL 和 NoSQL 功能，从而减少数据库用例、避免数据库的碎片化。例如，Microsoft 的 Azure CosmosDB 在后台使用统一的语言来处理不同数据库；Google Cloud Spanner 可以实现 SQL 的强一致性与 NoSQL 系统的水平可扩展性相结合。

在计算方面，流式计算和批量计算分别适用于不同的大数据应用场景。批量计算模式适合先存储后计算、实时性要求不高、数据的准确性和全面性更为重要的应用；流计算则适合于无需先存储而直接进行计算的应用、或实时性要求高但数据精确度要求宽松的应用场景。流式计算和批量计算具有明显的优劣互补特征，在多种应用场合下可以将两者结合使用。通过发挥流式计算的实时性优势和批量计算的精度优势，满足多种应用场景在不同阶段的数据计算要求。

【练习题】

1. 大胆设想你认为的空间数据库未来发展趋势。
2. 展望 SQL 数据库和 NoSQL 数据库的发展趋势。

主要参考文献

陈海珠. 2004. 空间查询优化研究. 硕士学位论文. 重庆: 重庆大学.

程昌秀. 2012. 空间数据库管理系统概论. 北京: 科学出版社.

程昌秀, 陈荣国, 朱焰炉. 2010. 一种基于窗口查询的空间选择率估算方法. 武汉大学学报(信息科学版), 35(3): 399-402.

程昌秀, 宋晓眉. 2016. 基于执行代价的空间查询优化方法. 北京: 科学出版社.

龚健雅. 2001. 空间数据库管理系统的概念与发展趋势. 测绘科学, 26(3): 4-9.

郭薇, 郭菁. 2006. 空间数据库索引技术. 上海: 上海交通大学出版社.

王珊, 萨师煊. 2014. 数据库系统概论(第 5 版). 北京: 高等教育出版社.

钟耳顺, 宋关福, 汤国安, 等. 2020. 大数据地理信息系统: 原理、技术与应用. 北京: 清华大学出版社.

Aboulnaga A, Naughton J F.2000. Accurate estimation of the cost of spatial selections. In Proceedings of the16th International Conference on Data Engineering, San Diego, CA, USA, 123-134.

Acharya S, Poosala V, Ramaswamy S.1999. Selectivity estimation in spatial database. In Proceedings of 1999 ACM SIGMOD, 28(2): 13-24.

Aitchison. 2008. Beginning Spatial with SQL server. Singapore, Springer.

An N, Yang Z Y, Sivasubramaniam A.2001. Selectivity estimation for spatial joins. In Proceedings of the 17th International Conference on Data Engineering, 368-375.

Ankur W, Chad W J. Analyzing satellite images in Google Earth Engine with BigQuery SQL. https://cloud.google.com/blog/products/data-analytics/analyzing-satellite-images-in-google-earth-engine-with-bigquery-sql. [2023-1-16].

Cheng C X*.2017. Indexing. The International Encyclopedia of Geography(AAU). DOI: 10.1002/9781118786352.

Cheng C X, Niu F Q, Cai J, et al. 2008. Extensions of GAP-tree and its implementation based on a non-topological data model. IJGIS, 22(6): 657- 673.

Cheng C X*, Song X M, Zhou C H.2013. Generic cumulative annular-bucket histogram for spatial selectivity estimation of spatial database management system. IJGIS, 27(2): 339-362.

Cheung K L, Fu A.1998. Enhanced Nearest Neighbour Search on the R-tree. ACM SIGMOD record, 27(3): 16-21.

Cormen T.2001. Introduction to algorithms. Cambridge: The MIT press.

Egenhofer M J, Franzosa R.1991a. Point Set Topological Spatial Relations. IJGIS, 5(2): 161-174.

Egenhofer M J, Herring J.1991b. Categorizing binary topological relations between regions, lines and points in geographic databases, the 9-intersection: Formalism and its Use for Naturallanguage Spatial Predicates. Santa Barbara CA National Center for Geographic Information and Analysis Technical Report, 94: 1-28.

Fegaras L.1998. A new heuristic for optimizing large queries. Berlin, Springer: 726-735.

Glover F M, Martí R.2006. Tabu search. Metaheuristic Procedures for Training Neutral Networks. Operations Research/Computer Science Interfaces Series, vol 36. Springer, Boston, MA. https://doi.org/10.1007/0-387-33416-5_3.

Hall G B, Michael G L.2008. Open source approaches in spatial data handling. Berlin, Springer-Verlag

Berlin Heidelberg: 278.

Ioannidis Y, Kang Y.1990. Randomized algorithms for optimizing large join querie. New York, ACM: 312-321.

Ioannidis Y, Wong E.1987. Query optimization by simulated annealing. ACM SIGMOD Record, 16: 9-22.

Ioannidis Y E, Christodoulakis S.1993. Optimal histograms for limiting worst-case error propagation in the size of join results. ACM Transactions on Database Systems, 18: 709-748.

Jin J, An N, Sivasubramaniam A.2000. Analyzing range queries on spatial data. In Proceedings of the 16th International Conference on Data Engineering, 525-534.

Kamel I, Faloutsos C.1994. Hilbert R-Tree: An Improved R-Tree Using Fractals. San Francisco, Morgan Kaufmann Publishers Inc: 500-509.

Kossmann D, Stocker K.2000. Iterative dynamic programming: a new class of query optimization algorithms. ACM Transactions on Database Systems (TODS), 25: 43-82.

Lanzelotte R S G, Valduriez P, Zai M. 1993. On the Effectiveness of Optimization Search Strategies for Parallel Execution Spaces. In: Proceedings of 19th VLDB: 493-504.

Moerkotte G.2009. Building Query Compilers[EB/OL]. http://pi3.informatik.uni-mannheim.de/～moer/querycompiler.pdf.

Roussopoulos N, Kelley S, Vincent F.1995. Nearest Neighbor Queries. In ACM SIGMOD Record, 24: 71-79.

Selinger P, Astrahan M, Chamberlin D, et al. 1979. Access path selection in a relational database management system, ACM New York, 23-34.

Shashi S, Sanjay C. 2003. Spatial Databases: A Tour. Prentice Hall.

Sherkita E, Young H, Tan K.1993. Multi-join optimization for symmetric multiprocessors, Citeseer: 479.

Sun C Y, Agrawal D, Abbabi A E. 2002. Selectivity estimation for spatial joins with geometric selections. Lecture Notes in Computer Science, 2287:609-626.

Sun C Y, Agrawal D, Abbabi A E. 2006. Exploring spatial datasets with histograms. Distributed and Parallel Databases, 20(1): 57-88.

Swami A.1989. Optimization of large join queries: combining heuristics and combinatorial techniques, New York: ACM:376.

Swami A, Gupta A.1988. Optimization of large join queries, New York: ACM: 8-17.

Swami A, Iyer B.1993. A polynomial time algorithm for optimizing join queries. Proceedings of Ninth international conference on data engineering: 345-354.